東芝の悲劇

Yasuaki Oshika
大鹿靖明

幻冬舎

東芝の悲劇

プロローグ

東芝の綱川智社長は二〇一七年八月十日午後三時、ＣＦＯ（最高財務責任者）の平田政善取締役を伴って、東京・浜松町の東芝本社ビルの記者会見場に姿を現した。

これでいったい何度目だろう。綱川は次々生じる前代未聞の出来事に頭を下げ続ける役回りを果たしてきた。前年暮れ、傘下の米ウェスチングハウス（ＷＨ）に巨額損失が発生すると唐突に明らかにしては陳謝し、その三カ月後には同社が米連邦破産法十一条の適用を申請し、経営破綻したことについても謝罪した。そして、この日は、東芝の不正会計を疑ったＰｗＣあった監査法人との係争に一応の終止符が打たれ、監査にかろうじてお墨付きを得たことを知らせる記者会見だった。ＰｗＣは、ＷＨが突然死したことに疑念を抱き、東芝はもっと早くからＷＨの致命傷となった病巣の所在を知っていたのではないかと疑った。その嫌疑は完全に晴れたわけではなかったが、ＰｗＣはとりあえず矛を収めた。もし、ＰｗＣが東芝に決算「不適正」を通告したら、東芝は上場廃止に見舞われかねないところだった。

日本を代表する名門企業の東芝に異常な出来事が相次いで出来《しゅったい》した。東芝の異常事態は年中行事化し、経営の迷走と無様な凋落ぶりは数年間にわたって日本列島に同時中継されてきた。

この日、つめかけた記者たちには聞きたいことが山ほどあった。司会進行役の、この道三十年のベテラン広報マンの長谷川直人執行役常務が促すと、会見場に一斉に手が挙がった。放送局の女性記者が切り出した。「社長として内部統制に不備があると思いませんか」。経済誌のベテラン記者は「結果として会社をつぶすかもしれない損失がわからなかったのは、大きな問題ではないですか」と、当然の疑問を提示した。「ウェスチングハウス以外に大きな損失を計上する可能性はないと明言できますか」と別の記者が聞いた。

子会社のWHの経営破綻によって債務超過に陥った東芝は、競争力のある半導体NAND型フラッシュメモリー事業を「東芝メモリ」として分社化し、東芝はそれを第三者に売却することによって、バランスシートに空いた大きな「穴」を埋め合わせる計画でいた。欲しがる買い手は少なくないのに、売り出した東芝の腰が定まらず、売却交渉は二転三転した。交渉はもう半年近くかかっていた。

記者たちの関心はこちらにも向いた。「半導体メモリー事業の売却がなぜ、今日の時点で決まっていないのですか」「本当に間に合うのですか」、そして根源的な質問。「利益の大半を稼いでいる半導体メモリー事業を売却した後、東芝は本当に大丈夫なのですか」——。

想定問答を繰り返し練習したであろう綱川は、どんな質問が飛んできても、用意した官僚的な受け答えでその場をしのいだ。彼はいつもそうなのだが、このときも、ときおり笑みを浮かべているように見えた。針のむしろなのに、四方八方から矢が飛んでくるのに、哀れな己の姿を客体視し、悲惨な状況を自嘲しているかのようだった。

綱川はこの事態に責任を負う東芝の最高経営責任者であったが、窮地に陥った際の日本型エリートがよくそうするように、どこか〝他人事〟のように振る舞っていた。いま起きていることは自分のせいではない。科《とが》は、幾代もの前任の社長たちにある。自分はたまたま、社長のバトンを託されたから、この場に立たされているだけだ、と。隣に侍るCFOの平田はつい半年前、出勤途上、「こうなったのもウチのOBたちのせいだよ」と漏らしたことがあったが、綱川も同じ思いだっただろう。そうであるがゆえに、当事者意識に欠け、どこか傍観者的だった。

名門の東芝は、平田が口にしたように、その声望にあぐらをかいた歴代の経営者によって内部から崩壊していった。後事を託された綱川や平田は、もはや手の施しようがないほどの混乱に拱手《きょうしゅ》傍観し、舵取り役を果たせないまま、東芝の経営は漂流していた。まるで応仁の乱後の足利将軍のように、権威は失われ、リーダーシップを発揮できないでいた。

東芝は、経済環境の激変や技術革新の進化の速度に対応できず、競争から落伍したわけではなかった。突如、強大なライバルが出現し、市場から駆逐されたわけでもなかった。

その凋落と崩壊は、ただただ、歴代トップに人材を得なかっただけであった。彼ら歴代トップは、その地位と報酬が二十万人の東芝社員の働きによってもたらされていることをすっかり失念してきた。

それが東芝の悲劇であった。

本書はその記録である。

東芝の悲劇／目次

ブックデザイン　鈴木成一デザイン室
写真　朝日新聞社／時事通信社／東京電力
ＤＴＰ・図版　美創

2000-2005　岡村正

・ITバブル崩壊(2001)
・半導体DRAM事業からの撤退(2002)
・パソコン事業大赤字からV字回復、バイセル取引の導入(2004)
・キヤノンとSED開発合弁会社設立(2004)
・四日市にNAND型フラッシュメモリーの新製造棟建設(2004)
・ラゾーナ川崎プロジェクト起工式(2005)

2005-2009　西田厚聰

・ウェスチングハウス買収(2006)
・半導体事業への大規模投資、四日市に第四製造棟建設(2006)
・東芝セラミックス、東芝EMIの株式売却(2006)
・銀座東芝ビル売却(2007)
・カザトムプロムと原子力分野の協力推進の覚書締結(2008)
・リーマンショック(2008)

西田厚聰

2009-2013　佐々木則夫

・東日本大震災、福島第一原発事故(2011)
・ランディス・ギアを産業革新機構とともに買収(2011)

佐々木則夫

2013-2015　田中久雄

・不正会計疑惑で証券取引等監視委員会による開示検査(2015)
・特別調査委員会、第三者委員会設置(2015)
・田中社長ら歴代3社長が引責辞任(2015)

2015-2016　室町正志

・東京証券取引所が東芝株を「特設注意市場銘柄」に指定(2015)
・東芝メディカルシステムズ売却(2016)
・ウェスチングハウスのれん代2600億円減損(2016)

2016-　綱川智

・ウェスチングハウスが買収したCB&Iストーン・アンド・ウエブスターに「数千億円の巨額損失」が発生と発表(2016)
・ウェスチングハウス経営破綻(2017)
・半導体フラッシュメモリー事業売却を決定(2017)

〔東芝の歴代社長〕

1875年　田中製造所 → 芝浦製作所

1890年　白熱舎 → 東京白熱電燈球製造 → 東京電気

→ 1939年　東京芝浦電気（84年、東芝に社名変更）

1939-1943　山口喜三郎
1943-1947　津守豊治
1947-1949　新開廣作
1949-1957　石坂泰三
1957-1965　岩下文雄
1965-1972　土光敏夫
1972-1976　玉置敬三
1976-1980　岩田弐夫
1980-1986　佐波正一
1986-1987　渡里杉一郎
1987-1992　青井舒一
1992-1996　佐藤文夫
1996-2000　西室泰三

石坂泰三

土光敏夫

- 芝浦製作所、日本電産と東芝の合弁会社設立（1998）
- 空調事業を分離して米キヤリアと合弁会社設立（1999）
- ソニー・コンピュータエンタテインメントとプレイステーション2用の半導体製造合弁会社設立（1999）
- 社内カンパニー制度導入（1999）
- フロッピーディスク用半導体の欠陥で集団訴訟を起こされる（1999）
- NAND型フラッシュメモリー事業で米サンディスクと提携（1999）
- 米GE、日立製作所と国際原子燃料合弁会社設立（2000）

西室泰三

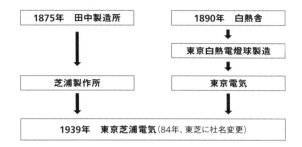

東芝本社

第一章
余命五年の男

凱旋将軍

ＪＲ川崎駅に隣接するラゾーナ川崎プラザは、東芝の堀川町工場の跡地を再開発して二〇〇六年に開業したショッピングモールである。合併会社である東芝の前身のひとつ、東京電気の本社工場があったゆかりの地でもある。

ラゾーナ川崎プラザのとなりに東芝ビルが建ち、東芝の本社機能の一部が入居するほか、東芝未来科学館や会議用のスペースが設けられている。

二〇一五年十月二十二日木曜日の午後、このラゾーナ川崎東芝ビルで東芝のＯＢ会のひとつである「東寿会」の総会・親睦会が開かれた。東寿会は、定年退職時に本社勤務だった者が入会資格を有し、過去は東京・浜松町の東芝本社ビルで開かれてきたが、〇八年に本社ビルを野村不動産に売却した後は、一部の本社機能が移った川崎で開かれるようになっていた。東芝は自慢のインテリジェントビルの四十階建て本社ビル（浜松町ビル）もすでに売り払った後だった。

この日、出席した百五十人のＯＢたちにとって、気がかりなのは古巣の東芝の行方であった。この年の五月、東芝は「不適切な会計処理」が表面化して、予定していた決算発表を六月以降に延期することになった。東芝ほどの名門企業が決算発表を順延するというのは、よほどの異例の出来事である。

この椿事《ちんじ》を皮切りに、次第に東芝全体を蝕む粉飾決算が行われていたことが判明していった。疑惑調査を委嘱した第三者委員会の報告書が七月にまとまると、ついには田中久雄社長をはじめ、佐々木則夫副会長、西田厚聰《あつとし》相談役の歴代三社長ら首脳陣が一斉に引責辞任する事態へと進展した。日本を代表するエクセレント・カンパニーである東芝で働いてきたことが誇りであるOBたちにとって、なぜこんな前代未聞の大事件が招来したのか、ぜひとも社長の口から事情をきいてみたかった。

例年ならば親睦会の開会時に登壇するはずの社長はこのとき、田中の辞任を受けて、急遽、会長から社長に就くことになった室町正志だった。だが、彼は「多忙」と称して出席しなかった。その代理として登壇した「執行役専務」は、聞き取りにくい小さな声で、ありきたりのことを話すばかりだった。

座が白けたころ、参加者一同は、意外な人物の登壇に目が釘づけになった。日本郵政社長を務める西室泰三・東芝相談役が現れたからである。

西室は東芝の社長、会長を務めたとはいえ、相談役に退いてもう十年になる。もはや、東京証券取引所会長や日本郵政社長を務めるなど公職や財界活動がメーンのはずであり、東芝のOB会に出てくること自体が珍しい。参集したOBたちは不可解な面持ちで眼前の光景を眺めていた。

「皆さん、ご心配をおかけして申し訳ありません」。そう切り出した西室は、日本郵政や東芝のことにごく簡単に触れたあと、語気を強めて「東芝の再建は私が責任をもってやります」と語った。さらに「安倍総理にも『私が責任をもって東芝を再建します』と約束して参りました」と、にこやかに〝宣言〟した。

予想外の発言に出席者は呆気にとられたが、西室はまったく意に介さない。満面の笑みを浮かべ、会場全体にむけて「やぁやぁ」と大きく手を振った。そして、足の不自由な西室は、周囲に抱きかかえられるようにして車いすに乗って、会場を後にした。OBの一人はその様子を「まるで凱旋将軍のようだった」と評した。

その後、立食パーティー形式の親睦会で、そのOBは偶然、同じテーブルに居合わせた先ほどの「専務」に、かねて疑問に思っていた点について勇を鼓して問いただしてみた。

「東芝の不正会計は、社内から証券取引等監視委員会に内部告発があったことがきっかけだったようですが、なんとも情けない。いつから自浄作用が効かない組織になってしまったのか。どうせ社内抗争が背景にあるのだろう」

当時、東芝は、田中の前任社長の佐々木と、そのさらに先代社長の西田が、人目をはばかることなく激しく対立し、とりわけ西田が佐々木を批判し続けたことで、すっかり有名になっていた。東芝経営陣の内紛はマスコミを通じて日本全国に知れ渡ったが、それを特段、恥ずべきことと思わないほど西田の感覚は麻痺していた。

ＯＢはこの対立の挙句、誰かが証券監視委に不正会計を「内部告発」したのではないか、と疑った。不正会計疑惑は、後に西田が率いたパソコン部門が温床だったことが判明するが、当初は佐々木が育ってきた原子力部門から発覚したためである。

このＯＢがそう水を向けると、専務は無言だったものの、ＯＢには、彼がうなずいたようにも見えた。

「それから、あの西室さんだ。西室さんは化け物だ。いったい、いつまで東芝にしがみつくつもりかね」

ＯＢには、東芝を悪くした遠因は西室にある、という思いがあった。彼が二十年以上の長期間にわたって東芝を支配し、人事を壟断《ろうだん》してきた。その果てが経営陣の内紛と粉飾決算であった。そうであるがゆえに、満面の笑みを浮かべ、凱旋将軍のごとく意気揚々と引き揚げる様子を、「自覚がまったく足りない」と奇異に受け止めた。

専務にとって、東芝の天皇・西室への批判には表だって同調しにくい。ＯＢの質問に言質を与えることなく、専務は、そのテーブルを静かに立ち去った。[*1]

東芝の社長、会長を歴任した西室は、財界トップの経団連会長ポストこそは逸し、副会長に終わったものの、財務省の財政制度等審議会会長、内閣府の地方分権改革推進会議議長、東証の社長、会長、そして日本郵政社長と高位顕職を歴任した。戦後七〇年のこの年は、安倍晋三首相の「談話」のために設けられた「21世紀構想懇談会」の座長役も務めた。頼まれた仕事はすべて引きうけるその姿勢は「肩書コレクター」と皮肉られさえした。東芝作成の西室のプロフィールにずらりと並ぶ社外職歴の華麗さは、位人臣を極めた者のモニュメントのようである。

ＯＢ会のちょうど三カ月前の七月二十二日。日本郵政本社で開かれた西室の社長会見は、その前日に東芝の第三者委員会報告を受けて歴代経営陣が総辞職することを明らかにしたばかりとあって、郵政そっちのけで彼の出身母体である東芝についての質疑一色に染まってしまった。

「東芝の歴代三社長が辞任することにご所見は」。記者にそう尋ねられると、西室の返答は意外なものだった。

「『社長経験者が全員東芝から退職していただく』と非常に早い結論を下していただいたことについては、私自身も最終段階に近いところで、いろいろな相談を受けていないとはいえません」

そういう言い回しで、彼が依然として東芝の首脳人事にかかわっていることを示唆した。

そのうえで、この時点では記者たちが知らない東芝の奥の院の出来事を問わず語りに話し始めた。

「実は室町さんも『こういうことが起きたので会長として責任をとりたい』と、辞めたいと言ってきたのですが、それを私は相談役として『絶対に辞めないでくれ』と言ったのです。『リーダーシップをとる人が必要なんだ。残るのはつらいかもしれないが、それをあなたに期待したい』ということで残ってもらいました」

室町会長と田中社長でペアを組んできたのに、田中が社長を引責辞任することになった。室町も辞めたかったが、彼は結局、会長を辞することなく、田中の後の社長に暫定的に就任し、一時は「会長兼社長」という異例の肩書を有することになった。その背景には西室の説得があった。

さらに西室は続けた。

「これから先の社長、会長の適材には、いろいろな話があります。私のところにもご自分で手を挙げる人が何人もいらっしゃって……」

売り込みに来る男のことを指して破顔一笑した後、より踏み込んで言った。

「そういう方々を含めてどういう方がいいか、いろんな考えがあります。事業経験を持っている人がいい、会社のコーポレート・ガバナンスがわかっている人がいい、弁護士さん、会計士さん、あるいは企業の経営者。いずれも適任者がいれば誰でもいい。その間のつなぎ役は室町さんに身を粉にしてやってもらうしかない」

すなわち室町はあくまでもつなぎ役で、いずれ東芝は弁護士や会計士、企業経営者からなる取締役会主導に移行する。そう〝予言〟してみせたのである。実際、東芝はこの二カ月後、財界人、ヤメ検弁護士、会計士らからなる社外取締役会が大きなウエートを占めるよう変貌する。財界から起用された社外取締役に水面下で就任要請に動いたのは、ほかならぬ西室だった。

西室は自分の右腕として東芝の財務部門出身の元副社長、村岡富美雄を日本郵政の取締役として引っ張り込むつもりで、五月には新任取締役候補として公表していた。しかし、その村岡が粉飾決算に連座していたことが判明した。

そのことを問われると、西室は「こういう状態でお迎えするのは非常に難しいから自主的に辞退してほしいと連絡し、総務省にも村岡さんにはご就任いただかないと届け出ました」と語った。

西室は、結局は不首尾に終わったとはいえ、日本郵政社長という公職に就いたにもかかわらず、出身母体の東芝から気心の知れた後輩を役員に引き上げようとしていた。

しかも会長を退いて十年経ち、いまや相談役に過ぎないのに、東芝経営陣の人事に関わり続けてきた。それを本人が記者たちの前で隠しもしないのだ。

しゃべりすぎは、一面においては、人当たりが良く腰が低い西室特有の、記者に対するサービスかもしれなかったが、この年の十二月に八〇歳を迎える彼に、さすがに老いは隠せなかった。抑制や分別がつかず、話し始めると止まらなかった。

十二月十七日の記者会見では「東芝の話をすると老害と言われる」と言いつつ、「私自身の相談役の任期は来年まで。そこまでは相談役を続けることにはならないだろうが、八〇歳を過ぎると特別顧問になる」と、老害と認識しつつ、やはり東芝の話題に言及した。

そして彼にとって最後となった翌年（二〇一六年）一月二十八日の記者会見では、つめかけた記者たちにも西室の体調の異変が明瞭にわかるようになった。記者から日本郵政グループの株式売却のめどを尋ねられた西室は「（日本郵政が保有する）ゆうちょ銀行とかんぽ生命二社については、できる限り早くやったほうがいいと思っている」「制限がありませんから」などと株式売却に前向きな意向を示したところ、後ろに控える日本郵政の事務方が「当然の前提としてロックアップの期間がございます」と、一七年五月一日まで株を自由に売却できないロックアップ期間があることを補足説明した。すると西室は突然、烈火のごとく怒った。

「きちんと説明しないと！」

　このころから安倍政権の枢要なポストの人たちが、西室の言動の不安定さを危惧するようになった。

　西室は若いときに「不治の病」に侵され、その後遺症で足が不自由だ。それに高齢も手伝って、このころは、いよいよ歩行が怪しくなった。横浜市にある自宅に朝、迎えに来る車に乗り込む際は、右手を壁につき、左手で手すりをつかみながら、おぼつかない足取りでゆっくり玄関先の階段を下りてゆく。たった十段余りの階段を下りて車に乗り込むのに二分もかかった。[*2]

　高齢なうえ、毎晩のようにアルコールをたしなみ、それに出身母体の東芝の不祥事の遠因をつくった者として批判にさらされるストレスも加わり、西室の身体は確実に蝕まれていった。日本郵政に出社してきても、日中なのに眠りこけたり、突然怒り出したりして、周囲は西室の社長在任に疑問を抱くようになった。

もともと心臓に持病を抱えていた西室は胸の痛みを訴え、二月八日に母校の慶應病院に入院した。表向き「検査入院」とされたが、そのまま入院は長期化していった。先に入院していた妻がいる隣室に病室を得ている。

このころ西室を見舞った東芝の元首脳は、西室が現実と幻想のはざまにいるように受け止めた。

「明日からアメリカに出張に行くことになっているんだ」

「東芝はもう大丈夫だ。日本郵政と合併することになっているから、もう心配はいらないよ」

ありもしないことを突然言い出す姿を見て、元首脳はもはや西室の再起はないと悟った。[*3]

それでも西室は周囲に「まだ任期はあと二年あるから」と、日本郵政社長として復帰する意思を語っていた。長兄の陽一（元東京ガス専務）や次兄の黒板行二（旧姓西室、元月島機械会長）ら親族が「もういい加減、この辺で身を退いたほうがいい」「ほかの皆さんに迷惑がかかるから」と必死に説得し、ようやく西室は四月一日付で日本郵政の社長を退任した。先に入院していた妻が亡くなったのはその約一週間後の九日のことだった。

東芝の悲劇は、彼の物語から始まる。

黒紋付の家[*1]

西室泰三は、日本が軍国主義の道に突き進みつつあった一九三五（昭和一〇）年、山梨県谷村町（現都留《つる》市）で染色業を営む家に生まれた。

甲斐・谷村は江戸時代、谷村藩の城下町として整備され、秋元家三代の治世（一六三三〜一七〇四年）のとき養蚕や絹織物の産業振興が図られた。やがて、この地域一帯で産する「郡内《ぐんない》縞《じま》」と呼ばれる縦じまの着物が江戸で大流行するようになり、その中心的産地である谷村には、三越の前身である越後屋の仕入れ専門店がおかれたほどだった。

秋元家が武州・川越に転封後は天領となったが、経済的に栄えたこの地域は、子弟の教育に関心が高く、天保年間には代官所に興譲館という郷学が設けられている。武士階級の藩校ではなく庶民の集う郷学が地域の教育を支えた。そんな教育熱心な土地柄でもあった。

泰三の祖父、西室逸作は慶応元年にいまの大月市に生まれ、若いころに染色業を営む家に奉公に行ったとされる。やがて染色に適した水を求めて谷村に移り住み、染色業者として独立起業し、「西室染工所」を興した。発明家の顔をもつ逸作は、殖産興業を進めた明治の時代に、染色に関する数々の特許を取得してもいる。黒紋付に染色する際に家紋の輪郭が明瞭に白く抜けるようにするには、防染糊《ぼうせんのり》という特殊なゴムのようなものを紋の部分に貼り付ける。この防染糊の発明によって、いくつかの特許を得ているのだ。

礼装として着用された黒紋付は、徴兵検査の際に男子があつらえるのが一般的になり、西室家の家業も富国強兵の時代に栄えていった。逸作は息子の貴義を東京高等工業学校（現東工大）に入学させて染色を学ばせ、やがて貴義は京都帝国大学に経済学を学ぼうと遊学もしている。貴義は、いわば財をなした家の、お坊ちゃんであった。

しかし、貴義がまだ独身の二五歳だった一九二四（大正一三）年の暮れ、創業者の逸作が五九歳で急逝。貴義が妻志《じ》やう《ょう》を娶るのはその二年後のことだった。志やうは、山梨英和女学校から東京の聖学院に進んだ才媛で、やがて夫婦は長男陽一、長女真知子、次男行二、そして三男泰三の三男一女に恵まれた。末っ子の泰三は、長兄とは七つ離れていた。

このころの西室家は、谷村の街道筋に立派な屋敷を構え、その向かいを工場とした。西室染工所の最盛期には二百人もの従業員を抱え、東京・神田淡路町と京都の千本通に支店を設けるほど、業容は拡大した。「甲州黒」という商標名の黒紋付を販売し、主要な販路は白木屋や三越、松坂屋といった百貨店と全国の着物屋だった。

順調だった家業だが、やがて戦争の長期化と戦局の悪化が経営を脅かしていった。兵役につく成年男子を壮丁《そうてい》と呼び、壮丁の数だけ売れたという黒紋付を戦時統制経済は贅沢品とみなしたのである。一九四〇年に施行された奢侈《しゃし》品等製造販売制限規則は、貴金属の類は言うに及ばず、衣類や家具、文房具、さらには果物にいたるまで幅広い物品を「贅沢品」とみなし、それらの製造と販売を禁じた。高級礼装着の黒紋付は奢侈品として統制の対象となり、貴義は戦時中の四三年、ついに廃業を決断せざるを得なくなった。

とはいえ、すでにかなりの財産を築いていたのであろう。街道筋に面した旧宅は疎開してきた者に売り払ったものの、同年に、谷村町駅そばの線路沿いに今も残る新たな屋敷を建てている。新居は四〇〇坪の敷地に建てた木造瓦葺きの二階家だった。通常三寸五分角（一〇・五センチ）の柱が使われるのが一般的な在来工法の日本住宅において、戦時中にもかかわらず四寸角（一二センチ）の太い通し柱が十六本も使われた立派な造りである。十六本の柱は、いずれも切られてから十年も自然乾燥させて強度と耐久性をもたせたものという。

昭和三〇年ごろまでは機織りの音が絶えまなく響いたという谷村は、いまはすっかり繊維産業が衰退し、中心地でさえ空き家や空き地が点在するようになったが、貴義の建てた屋敷からはいまも往時の栄華がしのばれる。資産家だったせいか、廃業した後もしばらくはゆとりのある暮らしを送れていたようだ。鬱蒼と茂った樹木に囲まれ、庭木はよく手入れされ、風情のある邸宅である。庭内には創業者の逸作をたたえる碑も建てられている。

貴義は教育熱心な父親で、真知子、行二、泰三の三人の姉弟に対して毎朝『論語』や『大学』の素読をさせている。泰三は小学校に入学する以前で、漢字の読み書きができない時分から暗唱させられ、頭の中に叩き込まれた。真知子が女学校に進学すると、貴義は「俺が英語を教える」と言い出し、家庭で子供たちの英語学習に乗り出した。かくして泰三は小学生のころから姉や兄に交じって英語を教わることになった。

幼少時から背が高かった泰三は身体が大きいものの、腎臓が悪いのか血尿が出ることがしばしばあった。末っ子のうえ病弱とあって、両親は特に彼を大事に扱い、それゆえに穏やかでおおらかな気質が形成されていった。小学校におけるあだ名は、大きな身体でのそのそ歩くことと、泰三の「ぞう」をかけ合わせた「象ちゃん」だった。

泰三が一〇歳のとき日本は敗戦を迎え、やがて山梨にも米軍が進駐してきた。彼はそこで、母の英語力に驚かされる場面に遭遇している。

「当時の英語の先生方の実力では米軍の通訳ができない。そこにうちの母親が行くと、とても流暢《りゅうちょう》な英語で話したそうなんですよ」

次兄の黒板行二は後年、泰三本人から聞いた話としてそんなエピソードを紹介する。母が通った山梨英和には外国人の英語教員がおり、ネイティブの英語に慣れ親しんでいたうえ、英語は彼女の得意科目だったようだ。兄弟は父から英語を教わったものの、「本当はおふくろのほうが上手だったみたい」と泰三も言っている。[*2]

長兄の陽一は都留中学校を卒業後、海軍兵学校に進んだ。次兄の行二は、空襲を恐れて地方に疎開する子供たちが増えているというのに、逆に東京の武蔵学園に進学させられている。末弟の泰三は地元の谷村国民学校を経て新制の谷村中学校に入学した。

西室泰三の転機は中学二年のときにやってきた。

武蔵の寮生活

東京・江古田の武蔵学園は、東武鉄道を率いた甲州出身の財界人、根津嘉一郎が一九二二（大正一一）年、旧制七年制（尋常科四年、高等科三年）の武蔵高等学校として開校したのが始まりである。

子供の教育に熱心な西室貴義は同じ山梨県出身の根津への親近感とともに、取引先の三越新宿店の店長の強い推薦によって武蔵に魅力を感じていた。七年制の旧制高校は武蔵、成城、学習院、それに官立の東京高等学校があり、私立では武蔵が最古。高校としては都内有数の広大な敷地に、武蔵野の面影を残す木立があり、キャンパス内には小川も流れている。建学の精神である「自ら調べ自ら考える力ある人物」をめざすなど三理想は、暗記中心のつめこみ教育とは一線を画し、戦後の日本社会にも適したように思えただろう。

旧制武蔵の尋常科に入った次兄の行二に続いて、長兄の陽一も旧制高等科文科に入学。しかし、学制改革の混乱から旧制尋常科は四七年に募集を停止し、新制武蔵中学校として発足したのは四九年のことだった。このときに新設された新制中学一～三年生が一斉に募集となり、泰三は二年生になる際に山梨の谷村中から武蔵中の二年生に転校したのだった。

三人の息子が東京の学校に通うようになり、西室家は山梨から神田淡路町にあった店に越してきた。貴義は戦後、学生時代の同級生が経営する名古屋の石塚硝子の東京進出に伴い、同社に取締役兼東京事務所長として招かれることになった。

泰三は学年でいちばん背が高く、バスケットボール部に所属。当時の武蔵高校は全国大会で優勝・準優勝することもある強豪校だった。中学校時代は神田から武蔵まで通学したが、高校に進学すると、当時再開した寮に寄宿することにした。

学制改革の混乱によってしばらく募集を停止していた寮が、再び生徒を受け入れることになった。「親元から離れて暮らせという親父の方針で、まず行二君が尋常科の寮に先に入っていて、そのあと泰三君が行った。私は海軍兵学校で集団生活を体験してきた後だったので、『もういいや』と思ってね」（長兄の陽一）[*1]。この、高校時代の三年間の寮生活は、泰三の人格形成に大きく役立ったと思われる。

寮で一緒だった東大名誉教授の坂井栄八郎は「完全に自由な、滅多にない経験でした。一六歳から一八歳までの子供たちによる自由な自治寮なのです。あんなことは、あの当時の日本全国を探しても珍しかったでしょう」と語る[*2]。学園側は舎監を送り込んで生徒たちの生活を管理しようと企てたが、西室や坂井たちは抵抗する。舎監をあきらめた学園側は代わりに、地方出身の体育の教員が「住むところが見つからない」という理由で暫時、入寮することを提案する。しぶしぶ受け入れた西室たちだったが、案の定、この教員が生徒たちの集会に「自分も顔を出したい」と次第に言い出すようになった。寮の賄いの女性の給料まで自分たちで決めていたほど、自治を謳歌してきた西室たちにとっては、迷惑千万な申し出である。坂井と西室は早速示し合わせて、食事の際くだんの教員の味噌汁に下剤を忍び込ませた。

「それで先生は便所から出てくることができなくなってね。無事に私たちの手で集会を終わらせたわけです。……その先生はその後、僕らが卒業するときに僕と西室を池袋の小料理店に呼んでくれて、酒を飲ませてくれた。なかなか粋な計らいでした」（坂井）

このころから西室はすでに「大人の風格」を漂わせていたという。クラスではクラス委員（級長）を務め、寮ではリーダー格。身長は一八〇センチを超え、他の生徒よりも頭一つ分大きく見える。「西室はいつも中心にいた。でしゃばるリーダーではなくて、よく人の話を聞いて最後は彼がまとめる。それが実に自然なんだな」と坂井。いまでも印象に残るのは、学校側の介入を防ぎ、自分たちの自治を守るため、汚れきった便所を率先して掃除する彼の姿だという。

授業は教員が作成したオリジナルの教材をもとに進み、中には著書のある教員もいた。高校レベルをはるかに超え、大学の一般教養並みの授業内容である。西室は後に「五年間で教養の基礎を身につけさせてくれた。英語や歴史の授業は大学の講義並みで、今でも強く脳裏に焼き付いている」と語っている。[*3]

勉強ばかりのガリ勉型秀才タイプではなかったが、成績はよかった。坂井とともに制服のまま池袋の居酒屋に出入りし、マントを翻して浅草のロック座にもぐりこんだ。西室を囲む仲間たちが自然とでき、夏休みになると彼らを谷村の屋敷にひき連れて一週間ほど泊まらせたこともあった。小説家を夢想する文学青年めいたところもあったらしく、「坂上田村麻呂を主人公にした小説を書きたい。懸賞に応募すれば当選する自信があるよ」と家族に語っている。*4

寮の学園側の担当は、漢文を受け持ち、著書のある名物教諭の内田泉之助教頭だった。週に一回、寮生たちと食事をとりにくる内田に対して、西室は『金瓶梅《きんぺいばい》』など中国古典の官能小説の講釈をせがんで実現させたことがあった。あるいは学校の授業が休講になると、次の時間割の授業を繰り上げて開始してくれるよう教員室に赴いては教師たちと交渉した。大人の教員を相手に交渉して「実」をとる。そんなことが自然とできた。

武蔵学園での五年間の生活は人格形成に大いに役立ち、青春を謳歌したといえるだろう。日本郵政社長を退任する二〇一六年までの十年間もの間、彼は、武蔵学園の後援会長を務め、東芝など三井グループ各社にいる武蔵卒業生でつくる三井武蔵会の会長も引き受けている。

後に長兄陽一の妻は「泰三ちゃんは笑顔千両」と評したが、容貌魁偉《かいい》な大男なのに、それに不釣り合いといえるほどの愛らしい笑顔が他人を安心させ、そして魅了した。西室には他人をひきつける独特の魅力があった。その一つが、後に「西室スマイル」と呼ばれる人懐こい笑顔にあった。

充実した中学、高校生活を送ったはずだったが、西室は東大受験に失敗。やむなく浪人生活を送ることになる。一浪して受けなおしたものの、受験当日に麻疹で高熱に襲われ再び東大に不合格。二浪したが、なおも東大に受からなかった。二人の兄は東大にストレートに進学したのに、西室は二浪後、慶應大経済学部に進むことにした。

この挫折経験が、彼が東大卒を疎んじる遠因となった。

全塾委員長

慶應大に進学した西室は、相変わらず友達付き合いはよく、慶應でもクラス委員になっている。

武蔵で同級の中谷矩章は結核で休学し、仲間より四年遅れで大学に進学することになった。彼が慶應大医学部を受験する際に「一人では心細いだろう」と、すでに経済学部に進学していた西室が、中谷と一緒に願書を提出し、試験当日はわざわざ一緒に試験を受けにやってきてくれた。

「西室は医学部に来るつもりなんかないのに、僕のために受験料を払って試験会場にまで来てくれたんです。僕は病気でしばらく休んでいたので大学に進んだのは皆より四年遅れとなってしまった。焦りと孤独感もあったから、彼がそうしたのだと思う。そういう点では西室は面倒見がものすごくいいんです[*1]」

西室が学生たちの間で頭角を現したのは、こうした面倒見の良さに加えて、武蔵の寮生活で培った大人への交渉力だったようだ。西室は当時のことをインタビューに答えて「主な仕事が先生の休講を獲得する交渉でして（笑）。『あのドイツ語の先生が面白くないから、ちょっと交渉して来るから、休講にさせようよ』という具合」と語っている。休講を勝ち取る交渉手腕が買われて、西室は大学三年になった際に慶應大の全塾自治会委員長に立候補し、以来、委員長を二期二年間務めている。[*2]

そのときに取り組んだのが、慶應の学生を対象にした学生健康保険の創設だった。武蔵・慶應と同窓の中谷は　彼自身が結核を患い、その後、医学部に進学したせいか、西室から「学生は若くて健康だから安い掛け金で薄く広く集め、本当に病気で困った人が安く医療を受けられるようにしたい」とアイデアを披露されたことを覚えている。西室は当時の厚生省の認可を得て、一九五九年に慶應学生健康保険互助組合を創設。「新しいことにチャレンジするのが好きだったんですね」と振り返っている。[*3]

時代は六〇年安保闘争を迎え、全学連を中心に学生運動が次第に過熱化していった。西室も当時流行した「世界」など総合雑誌をまじめに読んでいたが、左翼全盛の時代風潮とは一線を画した。「彼は積極的に参加する姿勢ではなかった。慶應の場合、デモに個人単位で参加しても、自治会がこぞってという感じではなかった」と中谷。やはり武蔵・慶應の両方で同窓の筑波大名誉教授、加藤慶二は「西室は赤旗を振るような運動には否定的で、『こういうことをやっていたのでは勉強ができない』と言っていた。当時の全学連主流派のような学生運動に嫌気

がさしていたようだ」と振り返る。＊4

西室家に五七年一月、突然不幸が襲った。飲んで帰宅した父が突然「頭が痛い」と言って脳梗塞《こうそく》で急逝したのだ。五八歳の若さだった。長兄陽一はすでに東京ガスに、次兄行二も日本鋼管へ入社し、西室はまだ慶應の学生だった。東大があきらめきれなかったのか、父が亡くなるとすぐに「もう一回挑戦したい」と四度目の東大受験を口にしたこともあったが、さすがに家族が「もういい加減……」と押しとどめたという。

二浪し、しかも父が亡くなったとあって、四年生になると大手総合商社に的を絞って就職活動を始めている。そこに、友人から「留学生試験があるけれど、どうする？」と尋ねられて、カナダのブリティッシュ・コロンビア大への一年間の交換留学生制度の応募に関心が向いた。

「僕が行きたいといえば、大学側は行かせてくれるんじゃないかな」。先鋭化しがちな自治会活動を穏健なものに抑えてきた西室には、応募すれば大学側が応えてくれるのではないかという自負があったようだ。＊5

英語が得意だった母も彼を留学させたがった。長男、次男が東大に合格したのに対し、三男の泰三は東大に落ちて慶應に進学。「それが不憫だというんです。かわいそうだから一年間ぐらい留学させてやってほしい、と言われました」（陽一）

学内選考の結果は、西室の予想ほど甘くなく、英語の点数はぎりぎりの水準だった。ただし日本の文化や歴史について尋ねられた面接試験では、断トツの高得点を収め、最終的に留学資格を射止めた。[*6]

この留学が西室の人生を大きく決定づけた。「英語がとても上手だった」と東芝の国際部門のベテランの英語使いが認めるほど、西室の英語は自然なものだった。在学中にガードマンのアルバイトをして同輩たちからスラングを教わり、下情にも通じた英語が使えるようになった。留学期間が終わっても、サンフランシスコの友人宅に転がり込むなど海外暮らしを楽しんでいたようだ。二浪していたのにさらに海外留学をすることになると、現役で進学した同学年よりも三年遅れで社会に出ることになるため、普通ならば焦るところだが、「その辺は気分がおおらかというか、まったく気にしないたちだった」と次兄の行二は振り返る。

帰国後、大手商社の住友商事への就職を考えたが、長兄の陽一の妻の親戚に東芝の副社長がおり、陽一は相談に行くことを勧めた。当時の東芝は輸出入業務は同じ三井グループの三井物産に任せがちで自前の貿易部門は脆弱だった。それで「英語のできるものを採りたい、と」（陽一）。海外勤務を希望していた西室にとっても願ったりかなったりで、東芝への就職がトントン拍子で決まった。一九六一年、東京芝浦電気（現東芝）に入社した。

帰国した弟の姿を見て長兄の陽一は「おや」と思うことがあった。泰三が心なしか少し足をひきずるようにして歩いていたからだった。

いた。

合併会社のお家騒動

西室が入社した時代、東芝はまだ東京芝浦電気といい、それはこの会社の成り立ちを表して

創業者の一人、田中久重は寛政年間に九州・久留米の鼈甲《べっこう》細工職人の長男として生まれ、幼名は儀右衛門といった。若いころから発明の才があり、からくり人形や懐中燭台を作っては人々を驚かせたので「からくり儀右衛門」と呼ばれた。幕末、五四歳のときに佐賀藩主の鍋島直正（閑叟《かんそう》）に呼ばれて大砲や電信機、さらには蒸気船の建造に携わった。明治維新後は明治新政府の工部省の招きで七三歳のときに上京し、一八七五（明治八）年に田中製造所を創業。電信機を始め、水雷など海軍兵器の製造を請け負ってきたが、官需依存が強すぎ、海軍の入札制度が変更されたり海軍が直営の横須賀海軍工廠を設けたりすると、たちまち業績が悪化した。創業者の養子、二代目久重は一八九三年、メーンバンクの三井銀行に経営の全権を委ねることとし、社名を芝浦製作所と改めた。以後、三井財閥から代々経営者が送り込まれるようになり、発電機をはじめ工場や鉱山で使う機械類を製造する重電メーカーとして育っていった。

もう一人の創業者は、工部大学校の学生時代の一八七八年に日本初の電灯をともすのにかかわった藤岡市助だった。藤岡はその後教職の道に進んだが、東京電力の前身である東京電燈の

技師長に転身。さらに自ら白熱電球を製造しようと一八九〇年に白熱舎を興した。のちに社名は東京白熱電燈球製造、さらに東京電気と改まり、ゾロアスター教の光の神「アウラ・マツダ」の名をとった「マツダランプ」を商標にした電球がヒット。昭和に入ると真空管ラジオの売り上げが増え、傘下に日本ビクター蓄音機を有するなどラジオ、蓄音機といった家電品の構成比が増していった。

この重電の芝浦製作所と、家電や電球の東京電気は、ともに米ゼネラル・エレクトリック（GE）から技術を導入し出資も受けていたことや人的な交流も深かったことから一九三九年に合併し、ここに東京芝浦電気が誕生した。しかしこの二つの出自の違いは、東芝の中に片や重電や原子力、片や家電や電子部品という二つの大きな潮流を後々まで形成することになった。

戦後は公職追放による経営陣の放逐《ほうちく》や激しい労働争議を経て、三井銀行から再建を託される格好で、社外取締役だった石坂泰三（逓信《ていしん》省の官僚を経て第一生命保険の元社長）が四九年、迎え入れられる。石坂は二万二千人の従業員のうち二〇％の人員整理を実施し、戦闘的な労組は分裂し、新労組が発足した（レッドパージ後、新旧労組は統一）。やがて社会が落ち着きを取り戻すようになると、再三繰り返された労働争議はやみ、朝鮮戦争の特需景気を追い風に業績は伸長してゆき、石坂は名経営者の名声を獲得する。そして経団連会長を十二年間も務め、「財界総理」という評価も得た。

石坂は五七年、旧東京電気出身の生え抜きの岩下文雄を副社長から社長に起用して自らは会長に退いた。西室が入社したのは、外様の石坂から生え抜きの岩下に禅譲があって二年半の後であった。岩下は西室と同様、山梨県出身でもあった。

ところで生え抜きの岩下からすると、社内の実務を握っていたのは副社長時代の自分たちであり、東芝を再建したのは自身を含めた生え抜き派という自負がある。それを石坂一人に栄誉を持ち逃げされたのでは、たまったものではない。それに対して〝再建請負人〟として招聘された石坂は、新聞記者たちの前でも平気で東芝経営陣を無能呼ばわりし、岩下の経営方針の拙劣さをあげつらうことさえあった。そうこうするうちに二人の間に隙間風が吹くようになる。石坂は六四年秋、石川島播磨重工業会長で東芝の社外取締役に就いていた土光敏夫を後任社長に推し、岩下の退陣を迫ったが、岩下はそれに抵抗し、いったん交代案は消えたかに見えた。石坂は、岩下が重役会で決定した事項を覆したり、彼が持ち込む人事案をひっくり返したりし、一方の岩下は石坂が外部から頼まれた寄付金の依頼を断ったりし、もはや二人の間は修復不能なほど悪化していた[*1]。

結局、山陽特殊製鋼の倒産や山一證券の経営危機があった「昭和四〇年不況」に見舞われて、東芝の業績は急降下し、それを石坂は岩下追い落としの好機と見た。六五年四月十九日朝、岩下の退任と土光の新社長就任を伝えるニュースを通信社が配信し、これを受けて各紙は同日の夕刊と翌日の朝刊で相次いで東芝の首脳人事を報じた。だが、この人事は岩下にとって寝耳に水の出来事であった。土光は後に日本経済新聞連載の「私の履歴書」の中でこう振り返っている。

「この人事は、まだ正式に話が煮つまらない段階で新聞に発表され、多少、トラブルめいたことがあった。つまり、石坂さんが前任の岩下文雄社長と十分に話し合わない内に、新聞に書かれたのである」[*2]

当の石坂はこの間の事情を「(自分が)四月十八日に大阪で話したんだ」と自身が情報源だったことを打ち明け、「まだ発表してくれるなと記者に言っておいた」のに「デスクのほうで、勝手に発表してしまったらしい」と言っている。[*3]石坂が新聞を通じて首脳人事案を既成事実化し、疎ましい岩下の放逐にとりかかったというのが真相だろう。

石坂は、土光を社長に起用するとともに自身は会長にとどまり、岩下を相談役に追いやる人事構想でいたが、岩下は「わたしが相談役になるという見方もあるが、そうはならないだろう。会長として、残るつもりでいる」と抵抗し、後任人事についても「現在の社長として主導権を持って決めたい」と語っている。[*4]岩下は本心では、石坂が推す土光ではなく、生え抜きの大谷元夫副社長に社長職を譲りたい気持ちがあったようだが、石坂に加えて三井銀行の佐藤喜一郎会長ら三井系の長老が調停に乗り出し、[*5]最終的に岩下は相談役ではなく会長に就くことで折り合い、逆に石坂が相談役に退いた。石坂相談役、岩下会長、土光社長という人事が固まったのである。

生え抜きの岩下が事実上失脚し、石坂が外部から土光を連れてくる——。東芝という名門企業のこんな「お家騒動」は、経済ジャーナリズムにとって格好のネタだった。雑誌「財界」を発行する財界研究所社長の経営評論家、三鬼《みき》陽之助がこの内幕を書いた『東芝の悲劇』（光文社）は六六年一月に初版が発行されると、わずか二カ月弱で三〇刷も増刷するほどのベストセラーになった。同書には、岩下が側近政治を好んで周囲を側用人で固めたり、社長室には当時としては異例の豪華なバスやトイレを併設させたりしていたなど、岩下にとって厳しい指摘もある。若かりし西室とて同書に目を通さないはずがないだろう。この半世紀後、東芝の粉飾決算が明るみに出て相次いで事業売却に追い込まれるようになると、西室は、武蔵学園の同級生たちとの宴席で、同書のタイトルを引き合いに、「これは、東芝の悲劇だな」とつぶやいている。[*6]

東芝は芝浦製作所（重電）と東京電気（家電、電子部品）という二つの異なったカルチャーを有する会社だった。そして明治の昔から経営に行きづまると外部勢力が再建を支援してくれた会社でもあった。かつては三井財閥やGEだったし、戦後は石坂泰三や土光敏夫だった。強いトップを上にいただく以上、その分、社員の自立する意識は弱まる。債権者や大株主という強い権限をもつ者や強烈な個性を有する経営者が君臨するなか、一般の社員の間には周囲との摩擦を起こさない穏やかな社風が次第に形成されていった。本社が東京の銀座や浜松町におかれ、工場も川崎や横浜など関東近県の立地が多く、東京の学校秀才が集まりやすかった。後に日立製作所、東芝、三菱電機の総合電機メーカー三社の社風を比較して、日立「野武士」、東芝「お公家さん」、三菱「殿様」と揶揄《やゆ》されるようになるが、確かに東芝には「お公家さん」とからかわれるような、穏やかでおっとりした人が少なくなかった。逆に言うと、胆力のある者がめったにいないのだ。

失敗経営者の烙印を押されてしまった岩下だが、彼が社長だった時代、トランジスターの開発で先行したソニーを東芝が急追した様子を、評論家の大宅壮一は「週刊朝日」の連載記事で、「必要な資金がどしどし投じられるところに、東芝の強みがある」と指摘し、「ソニーは東芝のためにモルモット的役割を果たしたことになる」という有名な評価を下している。大宅はこの記事の中で、朝鮮戦争特需と高度経済成長による家庭電化ブームが追い風になって「今日の隆盛を見るにいたった」とし、東芝を「バランスのとれた総合メーカー」と高く評価している。もっとも慧眼の大宅は「〝大東芝〟意識というものがあって、そこから生まれる官僚主義が、戦後の再出発をさまたげた」とも断じている。[*7] 東芝の〝名門〟病ともいえる宿病は、このころから外部の者にも容易にうかがえたわけだ。

死に至る病

西室泰三は東芝入社後、貿易部貿易第三課に配属され、米国向けに真空管の輸出業務にかかわることになった。海外留学の経験からの英語力を買われての起用だったが、重電と家電という二大勢力が伯仲する当時の東芝にあって、「真空管の海外販売」というポストは明らかに傍流であった。

土光敏夫が社長に就いた六五年五月、入社四年目の西室は米国の東芝アメリカ社に赴任することになった。学生時代の留学に加えて、その前年の米国出張の実績も買われてのことのようだった。二百人に見送られて羽田から空路、ニューヨークへ向けて飛び立った。

しかし、東芝アメリカ社で真空管やブラウン管など部品担当の営業マンは西室ただ一人。日本でこそ名門企業だが、当時の米国ではまったく知名度がなかった。仕事は一人で考えて担い、取引先には自ら運転して向かったという。[*1]

あるとき、こんなことがあった。半年がかりの営業で品質、価格ともライバルに負けない自信があったのに、取引先から不買通告を受けたのだ。目の前が真っ暗になり、一緒に働いていたスタッフの顔が次々浮かび、一人、ロビーで思案していた。すると目の前を顔見知りの玄関ロビーの案内係が通りかかった。あわてて彼に頼み込んで資材担当の副社長への面談を取り付けた。「初めて会ったのですが、私の説明をじっと聞き、後で調べて回答すると約束してくれました。これが大口受注につながったんです」[*2]。当時の西室は、がむしゃらに働いたという。西室自身、このときのエピソードを「最後まで諦めちゃダメだということですね」としめくくっている。

彼が、がむしゃらに働くのには個人的な深い事情が秘められていた。学生時代に帰国した後、足を少しひきずるような歩き方になった。乗馬の際に馬にまたがろうとしたところ足が上がらない。小走りに駆け足することもままならない。不審に思い、いくつかの病院で診察してもらったが原因がわからない。兄の紹介で東大病院や虎の門病院で診察してもらうと、やっと進行性筋萎縮症と診断されたという。原因不明の病で、徐々に全身の筋力が低下し、四肢の動きが衰えていくという。「筋肉の衰えが脚から始まって、だんだん上のほうまで行って、最後は心臓まで行ったら終わりだと言われました」[*3]。病気の進行を止める方策はなく、余命は「早くて五年」と宣告されたのである。自身の命運は三〇歳代で尽きると考えざるをえない。家族全員が暗澹たる気分に陥った診断結果だった。

なによりも西室泰三本人が自身の前途に絶望し、沈む気持ちを仕事でまぎらわせていた。そんなモーレツ社員ぶりを上司の部長が評価し、アメリカへの転勤を後押ししてくれたのだった。自分という人間が、あと五年もすればこの世からいなくなり、そしてすぐに周囲から忘れ去られるような存在だったら、それこそこれまで生きてきた価値はない。そう考えた西室は、あるインタビューにこう答えている。

「生きている価値があるということは、自分がいなくなったあとでも、『あの人がここでいてくれれば』と思ってくれることじゃないかってね」「(五年もあれば)たぶんみんなが覚えてくれるだけの仕事はやれるよねって思えるようになった」[*4]

彼ががむしゃらに働くのは「西室泰三ここにあり」という自分なりのモニュメントを残した

いからだった。とはいえ、不治の病を抱えたストレスは大きかった。マルボロを一日で一カートン（十箱）以上も空けた。酒も毎晩、浴びるように飲んだ。なかなか結婚しなかったのも、いずれ自分は早世するかもしれないと思っていたからだった。独立した家庭を築かず、米国の駐在から帰国するたびに長兄の陽一宅に厄介になった。

　米国で診てもらった専門医も日本の医師の診断と同じだったが、二年後に再受診すると、「お前はまだ生きていたか」と目を丸くして驚かれた。医師は「ひょっとしたら違う病気かもしれない。五％ぐらいの確率で脊髄の中に何かができている可能性がある」と言い出したが、当時はＭＲＩもＣＴもない時代、検査自体にリスクを伴った。「危険な検査だけれど覚悟するか」と言われると、どうせ寿命は短いと覚悟していた西室はリスクを承知のうえ受け入れた。背骨を折り曲げて注射器を刺して造影剤を入れ、板の上に手足を縛りつけて回転させながらＸ線の撮影を繰り返す。やがて「脊髄の中に何かあるよ」と医師が告げた。進行性筋萎縮症ではなく、脊髄に嚢腫《のうしゅ》ができて、それが神経を圧迫するという珍しい病気らしいことがわかった。手術によって嚢腫を切除できれば、進行を食い止めることができるかもしれない。専門医からは、米国でも五本の指に入るというコロンビア大附属病院の脳外科医を紹介された[*5]。

　西室が藁にもすがる思いで脳外科医のもとを訪れると、なんと一年先まで手術の予定がぎっしりつまっており、とても西室の手術の執刀はできないという。だが、その脳外科医は「二か月後の十三日の金曜日だけが空いているが、どうする」と尋ねた。一般には「不吉」とされる日だが、二つ返事で手術を受けることにした。[*6]

手術は八時間に及んだが、嚢腫の切除に成功した。まだ先進医療の格差が日米間で信じられないほど大きかった時代だ。病院から母に電話した。母は末っ子の不治の病の回復を願い、「お茶断ち」までしたという。「非常に危険な手術だったけど、成功したよ。もう大丈夫だよ」。そう西室が伝えると、母は電話の向こうで泣いていた。[*7] だが、切除した嚢腫は長い間、彼の神経を圧迫してきたため、右足には重い後遺症が残った。最初は軽度の不自由さだったが、次第に足が動かなくなっていった。

武蔵学園と慶應大で友人の、医師の中谷矩章はこう言う。「進行性の病気で、このままでは助からないという不安を家族が抱えていたときに、少なくとも原因がわかり、しかも、その原因となる病巣を手術で取ることができた。以来、漠然とした不安が取り除かれて、彼は明るく積極的になったね。どん底から何くそと這い上がった、あのときの経験は、その後の人生に大いに生きていると思いますね[*8]」

西室はさまざまなインタビューで自身の不自由な足について語っているが、そこにはコンプレックスはなく、むしろ病をバネにして生き方が変わった点を強調している。毎日、青竹踏み八百回と腕立て伏せ百二十五回を必ずおこなって身体を鍛えるようにもなった。早くて「余命五年」と宣告された男が、自身の人生を前向きにとらえることができるようになったのである。

西室は三五歳になってようやく見合い結婚し、後に二人の娘を得ている。

国際派ベンチャー

病を克服した西室は、以前よりもいっそう積極的に働くようになった。その仕事ぶりが国際営業部門の取締役の目にとまり、帰国後、国際事業部電子部品部主任に昇格した。真空管、ブラウン管、半導体を海外に売り込むには、「交渉相手の外国人と話をする前に、まず通訳の私（西室）に分からせないと話が通じない」[*1]ため、社内の技術陣が先端技術の内容を一生懸命レクチャーしてくれたという。こうした耳学問で電子部品の世界に通じていった。

　そして一九七一年に再び米国勤務へ。ちょうど米国の不況時期と重なり、「物が売れない、値段が合わない、在庫の山がある」という三重苦で、タバコの量はひたすら増えていき、いっときは二カートン（二十箱）以上も喫《す》っていたという。健康を害して次第にやせ衰え、禁煙を決意。それからがつらかった。「約半年間毎晩たばこの夢を見ましたから」[*2]

　東海岸と西海岸を週の間に往復し、帰宅は深夜。典型的な日本型「モーレツ」サラリーマンとして国際営業部門で頭角を現してゆく。

　重電と家電・電子部品という二つの流れがある東芝にあって、電子部品の海外販売担当という西室は、重電系の幹部からも重宝がられた。

「西室さんは家電の色がついていなかったため、重電系の幹部からはニュートラルとみられたのです。それで重電出身の幹部からも気に入られました」

元部下はそう振り返った。

電子部品や半導体の海外販売は東芝の中にあっては歴史が浅い分野で、そうであるがゆえに、自分たちでビジネスを開拓してきたというフロンティア精神、ベンチャー精神が部門の中にあった。

「国際部門で頭角を現した人に共通するのは、熱意でモノを売るところです。日本ではともかく、海外では今のように認知されていなかったので、とにかく自分の情熱をぶつける以外に売り込む方法はないのです。重電部門のようにいくつもの派閥があったり、若いころから〝背番号〟をつけられたりすることもありませんでした」

別の元部下はそう言った。

このころの東芝は、土光敏夫が経営を再び軌道に乗せ、さらに経団連会長に就任。東芝としては二人目の財界総理の誕生だった。土光は臨時行政調査会（臨調）の会長として三公社民営化に道筋をつけるなど行財政改革に手腕を発揮し、「メザシの土光さん」として質素な生活ぶりも含めて有名になった。後任社長は通商産業省の天下りの玉置敬三が務め、さらに七六年には久しぶりの生え抜きの岩田弐夫《かずお》が社長に就いた。岩田は石坂泰三の秘書を務め、石坂と土光二人からの信任が厚かった。その岩田の下した大きな決断が、コンピューター事業からの撤退だった。

東芝は一九六四年に米ＧＥと提携してコンピューター開発に参入したが、結局ＩＢＭに対抗できず、開発コストも莫大なため七八年、事業継続を断念した。大型コンピューターからの撤退は、その後の東芝の進路を宿命づけた。日立や富士通のようなシステム構築能力を持てず、むしろパソコンに特化してゆかざるをえなくなった。

岩田が退いた八〇年には佐波《さば》正一が社長に就任。日本の経済成長とともに東芝の売上高は伸び続け、西室が入社したころ一千億円台だった東芝の売上高は八〇年代には二兆円を超えるまでになった。

西室は八四年、電子部品国際事業部長に、八六年には半導体営業統括部長に就任した。腰が低く人当たりのいい西室は酒好き、社交好きでもあり、自然と西室を囲む集まりができていった。部下たちからは「豪放磊落《らいらく》」「明るい」と慕われた。しかし、だからといって派閥が形成されたというほどのものではなかった。

「酒好きの西室さんを囲むいろんな会がありました。でも全部、飲み友達。一緒に飲んだからといって、西室さんの出世とともに彼らも引き上げられたわけではない。私も一度、頼まれた仕事を手伝ったところ、西室さんから気さくに『ずいぶん世話になった』と飲みに連れて行ってもらいました」

元部下の一人はそう言った。

何度か繰り返した米国勤務は合計十四年間にも及び、東芝でも有数の英語使いとして知られるようになった。「英語は非常にうまい。それに海外の習慣にとても詳しい」（元部下の一人）といわれる。

得意の英語能力を生かして欧米人とサシで交渉できた。

「表向きの商談が終わったあと、『君たちはもういいから』と部下を外させ、向こうの要人をそっとバーに連れて行き、そこからサシで本格的な交渉に入るのです。英語が流暢な西室さんじゃないと、なかなかああいうマネはできない。外国人相手に通訳なしで本当の交渉事ができる人でした。翌朝出社すると『こういうふうにまとまったから』と前の晩の成果を告げられたことがありました」

そう別の部下は言った。[*3]

ココムの悲劇

東芝を震撼させる事件が起きたのは一九八七年五月二十七日のことだった。警視庁生活経済課と外事一課は、対共産圏輸出統制委員会（ココム）規制違反による外為法違反容疑で、東芝の子会社の工作機械メーカー、東芝機械の二人の中間管理職を逮捕した。ココム事件の幕開けである。

事件の概要は、全ソ連技術機械輸入公団が、共産圏むけ貿易に強い日本商社の和光交易を通じて「大型船舶用のプロペラ（スクリュー）を造るロボットがほしい」と日本メーカーから輸入することを打診。それに応えた東芝機械がココム規制に抵触するのを知りながら九軸同時制御のスクリュー加工機を不正にソ連に輸出し、この加工機を使ってソ連は米国に探知・追尾されないようスクリュー音を消音化した原子力潜水艦の開発に成功した、というものである。[*1] 和光交易のモスクワ駐在員がことの顚末をパリのココムに内部告発し、その問い合わせを受けた通産省が八五年、東芝機械を問いただしておきながら、東芝機械側は虚偽の説明をして切り抜けた。事態がはかどらないことに業を煮やした米ワインバーガー国防長官は、日本の栗原祐幸防衛庁長官に善処を求め、栗原の指示を受けて通産省はあわてて八七年四月、再調査して東芝機械を警視庁に告発したのだった。

東芝機械は当初からココム規制に違反することを認識し、規制対象外の二軸制御の装置に偽装する工作を施していた。計画経済のため安定的な注文のある共産圏むけ輸出を着実に増やすことで、売り上げを下支えしたいという意図があってのことだった。不正輸出や偽装工作は東芝機械の当時の社長の久野昌信も承認しており、トップの指示のもと行われた「会社ぐるみの犯罪」といえた。

一方、通産省の担当官は東芝機械の饗応を再三受け、どうすれば共産圏むけに輸出できるか、ココム規制を免れる方策を指南していた。[*2] 通産省は自らの不祥事を隠蔽しなければならなかった。

通産省は五月十五日、東芝機械の対共産圏むけ輸出を一年間停止する行政処分を発表し、久野の後任の飯村和雄社長は辞任。通産省の告発を受けて警視庁が東芝機械の二人を逮捕したことで、親会社の東芝の社内は「これで一段落」という受け止め方をしたようだった。当の米国では、国家安全保障上の問題として議員を中心に「東芝」への制裁機運が高まっていくのだが、そうした危機感は東芝首脳に十分に伝わっていなかった。

東芝の佐波正一会長と渡里《わたり》杉一郎社長は六月、慣例としている親しい取引先を訪問するために、そろって訪米したが、渡里はこのとき空港に出迎えに来た東芝アメリカ社の石坂信雄社長（石坂泰三の五男）にむかって、「あの件はもう峠を越したのでは」と語っている。石坂はトップの認識のこんな甘さに「大ショック」を受けている。[*3] 米下院の共和党議員を中心に東芝製品の対米輸出禁止法案が提出され、折からの日本企業の輸出攻勢による対日貿易摩擦も背景にあって、東芝への反感は高まる一方だったからだ。東芝からすると、あれはあくまでも独立した上場子会社である東芝機械が行ったことで、東芝本体はあずかり知らないことと言いたかったのだが、米国人には東芝と東芝機械の区別がつかない。そうこうするうちに六月末、米上院本会議で東芝制裁法案が九十二対五の圧倒的大差で可決され、アメリカが東芝グループの製品の輸入を禁じる事態に発展した。

東芝は七月一日の創立記念日の記念式典後、臨時取締役会を開き、佐波会長と渡里社長がそろって引責辞任することを決めた。東芝のプリンスの渡里は前年の八六年四月に満を持して社長に就任したばかり。佐波会長と渡里社長の体制は少なくとも四年は続くと受け止められてきたのに、渡里はわずか一年三カ月の短命政権に終わった。
会長と社長がそろって辞任することになったのは、ココム問題が一向に収束しないことに危機感を抱いた岩田弍夫相談役（元社長、元会長）がこの日の朝、「お前ら二人とも辞めろ」と、強い口調で辞任を促したからだった。岩田は相談役に退いた後でも社内に隠然たる影響力を有していた。後手に回る対応策に呆れ、「東芝を存続させなければならない。会社を存続させることが重要だ。会長や社長の代わりなんて社内にいくらでもいる」と叱責。当初は佐波一人が会長辞職を申し出たが、岩田が「社長も辞めなければ米国は承知すまい」と二人の同時辞任に固執した。渡里がそれを受け入れ、異例の両トップそろっての辞任となった。[*4]
こんな日本的な責任の取り方に驚いたのは、むしろ米国に駐在している石坂のほうだった。二人の辞任は「青天の霹靂《へきれき》」で「露ほどにも思っていなかった」。それどころか「会長、社長の辞任を聞いた瞬間は、我々は足をすくわれた」「いま辞めるのは無責任じゃないか」と思ったのだった。石坂は、ソニーの盛田昭夫会長から電話で「これはえらいことになる。アメリカに誤解されるよ」と忠告された。佐波と渡里の辞任は米国では「有罪の告白」と受け取られる可能性があった。責任の取り方への感覚が日米で大いに違うのだ。[*5]罪を認めたと受け止めて怒った米議員が、東芝製のラジカセをハンマーで思い切りたたき壊す映像がテレビで再三放映された。後々まで続く東芝の外圧への弱さには、このココム事件のトラウマが深層にあるように思われる。

渡里が急遽《きゅうきょ》、無念の辞任に追い込まれ、代わって社長に就任したのは渡里と同じ一九四八年入社の青井舒一《じょいち》だった。ココム事件がなければ、ありえない番狂わせの社長交代だった。

青井は東大工学部電気工学科を卒業後、原子力事業本部副本部長や重電セクター長などを歴任、このときは副社長だった。佐波を起点とした重電の本流は渡里、佐藤文夫（このときは専務）、山本哲也（同じくこのときは生産技術推進部長）という系譜で、青井は同じ重電畑とはいえ、そこからは少し外れたところにいた。

人徳のあった「情の渡里」に対して、「理の青井」と評された。技術屋出身だけに「夢」が多かった。東芝は佐波社長時代に高度情報化社会に対応する方針を掲げ、インフォメーション、インテグレーション、インテリジェンスの頭文字をとった「I作戦」を進めることにした。その総括責任者の地位にいたのが青井だった。家電市場が成熟し、重電ビジネスも大きな伸びが期待できない時代にさしかかっていた。大型コンピューター開発を断念した東芝は、むしろパソコンやワープロなど情報機器の開発・販売を新しい柱にしようと狙った。さらに青井はこれらに組み込まれる半導体の強化を進める「W作戦」を八二年に提唱し、NECと日立の後塵《こうじん》を拝してきた東芝の半導体部門の強化に力を注ぎ、ついに一メガビットDRAM商戦では他社に圧勝した。

この青井に気に入られたのが、国際派の西室だった。長年電子部品を売りさばいてきただけに、青井が力を入れたい情報機器や半導体の世界に通じている。青井が米タイム・ワーナーに五億ドルの出資を決めた際に、交渉役として先方との折衝にあたったのも西室だった。

青井が妻同伴で海外出張すると外国事情に通じた西室の随伴ぶりは絶妙で、とりわけ青井夫人から絶大な信頼を得たという。

「奥様のことを徹底的に面倒見たのが西室さんといわれている。海外で面倒を見られると違うよね」

元副社長は言った。[*6]

ミスターDVD

西室は九〇年ごろから自身の取締役入りを意識し始めている。

そのころ彼が最もライバル視した相手が、社内で本流を歩んできた山本哲也のようだった。山本は西室よりも年齢は一つ下だが、入社は一年早く、人事部門や東芝の本流である重電部門を歩み、重電生産管理部長、生産技術推進部長を歴任してきた。何よりも、同じ重電部門出身の渡里杉一郎相談役（元社長）や佐藤文夫副社長に近く、その〝子飼い〟とみられていた。西室は役員人事内示の季節になると、こっそり山本のもとを訪れては、「山本さん、取締役に就く内示を受けませんでしたか」と探りを入れに来た。山本は内示を受けていなかったため、「そんなの、ありませんよ」と否定したが、西室は「本当ですか」と疑い深い。山本には「他人の昇進を気にする変な奴」と映る。その翌年も同様のことが繰り返され、山本は自身がライバル視されていることに気づかざるを得なかった。[*1]

青井舒一社長が九二年、社長のバトンを渡したのは、本流の重電部門を歩んだ佐藤だった。このとき西室は山本とともに取締役に就任し、西室は取締役兼東芝アメリカ社の副会長として米国に駐在することになった。

東芝アメリカ社の副会長の席は、パソコンの海外販売で次第に頭角を現してきた西田厚聰が率いる東芝アメリカ情報システム社のあるカリフォルニア州アーバインにあった。西田は当時「あんなのが来て、やっかいなんだよ」と煙たがったようだったが、西室は、西田が甲斐甲斐しくかしずいてくれることに恩義を感じ、ありがたがった。[*2]このころの西室は〝酒のみ営業〟ばかりで、満足に仕事をしないという悪評が東京の本社の一部で広まった。「西室さんは自分では仕事をしない。他人がやった仕事を取り上げて自分の手柄にしてしまう。しかも、仕事をしたその人を追い出してしまうところがある。本社の副社長からは『あいつは事業戦略は皆無。せいぜい理事まで』と言われていた」。部下の一人はそう指摘する。[*3]青井ら権力者には甲斐甲斐しく付き添うが、ニコニコしていても部下には意外に冷淡――。そんな評もある。

西室は青井会長・佐藤社長の時代、九四年に常務、九五年には専務に昇格した。しかし、西室が常務や専務としてテレビなどＡＶ機器を担当していたころ、後に明らかになる東芝の粉飾「キャリーオーバー」と似た会計手法が西室の下で行われていた。「キャリーオーバー」とは一種の「飛ばし」のことで、決算期をまたいで計上したり、そもそも会計上の損失や経費を認識しなかったりすることをいう東芝の隠語である。西室がテレビなどを所管している時期に、テレビを製造する深谷工場は関係会社や取引先の企業に不良在庫や部品をもたせたり、米国の工場にも会計上認識していない不良在庫があったりしたという。当時の関係幹部が匿名を条件にこう打ち明けた。「西室さんのさらにその前の担当幹部から行われていたので西室さんだけが悪いわけではないが、（不正会計は）数十億円から百億円近い金額だった」。西室が後任に引き継いだ後、これらの不良在庫は「当時儲かっていたパソコン部門の収益に紛れ込ませて償却した」という。[*4]

こんな不手際は表ざたになることはなく、西室は順調に出世の階段を駆け上がっている。そんな折に突如、日本の電機業界で喧々囂々《けんけんごうごう》の騒動となったのが、ＤＶＤの規格統一問題だった。

ソニーのベータマックスと、日本ビクター、松下電器産業が推したＶＨＳに割れたビデオの規格争いの記憶がまだ生々しかった時代である。ＶＴＲやＣＤの次世代の記憶媒体ＤＶＤの仕様をめぐって、日本中の電機メーカーが海外勢を巻き込んで激しく争うことになった。

ソニーとフィリップスは、彼らが開発したＣＤの延長線上の仕様のＭＭＣＤという規格を提唱した。ＣＤの基本技術の開発によって両社には年間莫大な特許料収入が転がり込んできた。

彼らの提唱するMMCD方式は、従来のCDと同じく直径一二センチ、厚さ一・二ミリの大きさで、片面に百三十五分の映像が記録できるよう設計されていた。両社がこの方式に固執するのは、CDの基本特許が二〇〇〇年ごろに相次いで切れるため、その技術的資産を生かしつつ知的財産権で優越的な地位を維持したい狙いがあった。ソニーは、ベータマックスの大敗を教訓にして、ライバルの松下電器産業を自陣営に取り込むことを考え、松下の村瀬通三副社長から賛同を得ることに成功した。

これに真っ向から勝負を挑んだのが、家電、とりわけテレビやVTRなどAV機器ではソニーや松下の後塵を拝していた東芝だった。東芝の主唱したSD方式は、大きさは同じ直径一二センチだが、〇・六ミリの板を表裏重ね合わせることで容量が増し、最長二百八十四分収録可能だった。

東芝には二人のスタープレーヤーがいた。一人が技術部門をリードし、〇・六ミリの板の張り合わせ方式の旗振り役だった山田尚志、もう一人が米タイム・ワーナーをはじめ関係する各社との取りまとめを担った長谷亙二だった。長谷と山田はそれぞれ米タイム・ワーナーと交渉して支持をとりつけ、さらに欧州のフィリップスの抱き込みを図ったが、フィリップスはソニー側に回った。

ソニー陣営と東芝陣営がそれぞれ多数派工作にしのぎを削っていた九四年、先輩である担当役員の古賀正一専務の補佐役として、常務の西室が加わった。西室を起用したのは、古賀に物足りなさを感じた青井のようだった。西室が本領を発揮したのは主に海外勢との交渉だった。ソニーが、フィリップスのライバルである仏トムソン・マルチメディアを抱き込もうとしているという噂を耳にすると、彼は何度も訪仏してトムソンを口説いて陣営に引き入れた。タイム・ワーナー、トムソン、さらにはＩＢＭ。「ああいう外国企業との折衝は、国内派の古賀さんではできなかった」と長谷は言う。[*5]

多数派工作で劣勢に陥ったソニーが九五年夏、東芝に対して規格統一を呼びかけると、西室は何度も品川のソニー本社を訪れ、社長になって間もない出井伸之との間で交渉を持った。出井が「技術的なことは後回しにして、まず統一することを先に決めましょう」と投げかけると、西室は「それはいけません。ポリティクスで技術を決めてはいけません」と一蹴し、やにわに席を立って退出した。同席していた長谷が唖然とする展開だったが、後に長谷はこのときの西室の振る舞いを「あれは役者だった」と振り返った。[*6]

最終的にソニーが折れ、東芝が主導する形で規格統一がまとまった。その理由を山田は当時こう語っている。

「そもそもＳＤは八社、ＭＭＣＤは二社。この時点ですでに八対二でこっちが勝っている。ソニーに多数がなびかなかったのは、ＭＭＣＤ方式は業界内ではまったく支持がなかったの。技術的にこっちの方が勝っていたんです。それとソニーはとにかく自分が主導した規格ではないとイヤ。これじゃあソニーがいくら声をかけても他社さんは乗ってこないよね[*7]」

九五年暮れ、ＤＶＤ規格統一が叶った栄えある記者会見に出席したのは、西室だった。途中からＤＶＤの規格統一の担当幹部になったのに、名誉ある席には出たがった。西室は後にＤＶＤで功績のあった者を一人、また一人と遠ざけていった。やがて彼は「ミスターＤＶＤ」の異名を頂戴し、ＤＶＤの功績を〝独占〟するようになった。西室は自分の派閥を露骨に作ることはしなかったが、むしろ「嫉妬の人」と言われ、力のある目立つ部下を排除する傾向があった。

四年間社長を務めた佐藤は九六年の株主総会後、会長に就き、社長を交代するとみられていた。佐藤の系譜を引き継ぐのであれば山本だが、電機メーカーという点を考慮すれば技術者出身の古賀もありえた。後継者を決める人事権は社長の佐藤ではなく、会長の青井のほうにあったようだ。青井の意中の人は西室しかいなかった。後に「ぼく個人は、以前から西室君しかいないと思っていたがね」と語っている。[*8] 佐藤も、青井主導の人事だったことを認める。

「僕は西室君をそんなによくは知らなかったが、青井さんは西室君のことを非常に高く買っていた。これからは国際化の時代なので英語ができる西室君がいいだろうということだった」[*9]

青井にはココム事件というトラウマがあった。さらに自らが進めてきた「Ｉ作戦」は、パソコンやソフトウエアなどで米国企業と丁々発止でやりあわないといけない。東芝が主導したＤＶＤ規格も、米ハリウッドや海外メーカーと膝詰めの交渉が必要だった。国内派ではもう通用しないと思ったのだろう。

東芝は九六年五月二八日、西室の社長内定を発表した。これまでの東芝は副社長を経験したうえで社長に就任するというのが通例で、戦後のこのときまでの東芝生え抜き社長六人全員が皆そうだった。西室が、並み居る副社長や先輩専務八人を追い越して抜擢されるのは異例のことだった。石坂泰三以降の十人の社長では、東京工業高等学校（現東工大）卒の土光敏夫を除く九人までもが東大卒なのに、西室は慶應卒。初めての私学出身というのも異例だった。さらに佐波正一以来四代続いて重電部門出身者が社長に就いたが、西室は重電でも家電でもない海外営業畑出身という傍流育ちだった。多くの点で異例ずくめだった。青井は「東大卒・重電畑出身・副社長経験者」という従来の路線をよほど打ち壊したかったのだろう。

西室の社長内定を聞いて、ある専務は違和感を覚えた。「非常に経験の幅が狭い。大丈夫だろうか」。急いで佐藤文夫社長のもとに駆け込んだが、「もう本人に内示した後だから、いまさら代えられない」という返事だった。「西室君は財務や人事など本社スタッフを煩わしく思い、自分で決めたがる。仲間内の飲み会を頻繁に開き、それに交際費を充てている。彼は私利私欲に走る」。そう感じたという。[*10] 外交官や報道機関の特派員もそうだが、海外勤務者は経費の使い方が甘くなる。西室のそれも、銭単位でコストを切り詰めてきた工場勤務経験者からすると、でたらめに映った。

しかし、時代は西室のような人間を求めていた。ソニーは前年、十四人抜きの抜擢人事で出井伸之が社長に就任していた。出井も早稲田大政治経済学部卒の文系で、欧州駐在など海外営業畑が長く、製造や技術に明るいわけではなかった。電機業界は、欧米との貿易摩擦や海外企業との合従連衡《がっしょうれんこう》を経て海外の要人と対等に渡り合える人材を欲していた。国内育ちの井蛙《せいあ》は要らなかった。国内派ではなく国際派を、内弁慶ではなく見栄えのする人を。日本の電機業界は新しいタイプの経営者を欲していた。

西室と出井の二人はこのとき、電機業界の輝けるスターだった。日本経済新聞など経済メディアは二人を英雄視して報じ、ソニーや東芝の経営改革を「新しい会社」として賞賛するようになった。やがて西室はＤＶＤ規格統一の功労者としての名声を得るようになったが、ＤＶＤ開発にかかわった他の者たちへの処遇は、外部の者が奇異に感じるほど十分報われたものとは言えなかった。長谷は一時、西室から取締役への起用を囁かれ、一瞬期待したが、「決めるのは僕じゃなくて取締役会だからね」と妙な釘の刺され方をし、結局、起用されることはなかった。[*11]

だが、日本メーカーが中心になって作り上げたＤＶＤで、日本勢が果実を享受できたのはあまりにも限定的だった。二〇〇〇年以降、安価な中国製品が先進国市場に流れ込み、日本メーカーの市場を猛烈な速さで蚕食し、日本勢を駆逐していった。日本の村田製作所、ローム、日本電産など部品メーカーから調達したピックアップやモーター、半導体を組み合わせれば、後発メーカーでも容易にＤＶＤ再生機やレコーダーを製造できるからだった。日本勢が席巻したビデオの時代では考えられなかった事態が起きていた。

「日本のノウハウの詰まった部品が中国に流れていき、この流れは止められない。自分で蒔いた種がブーメランのように跳ね返ってきました。しかも彼ら中国メーカーは特許料を支払わないんです[*12]」

ＤＶＤの生みの親の山田は後にそう嘆くことになる。

西室と出井が新しい経営者としてマスコミにもてはやされるなか、電機業界の底流では大きな地殻変動が生じていた。やがて日本メーカーはその変動によって、次第に世界の最先端から脱落していくことになるのである。

西室泰三（社長在任 1996–2000）

第二章
改革の真実

カンパニー制度

一九九七年十二月二十七日、日本経済新聞一面に「東芝、本社を4分割」「持ち株会社設けて専業化」という見出しが躍った。二〇〇〇年度をめどに本社を重電、家電、情報通信、電子部品の四つに企業分割し、それを新設する持ち株会社にぶら下げるという構想である。

掲載されたのは土曜日。しかも、もう年末年始の休日に入っている。ライバル紙は追いかけようがない。広報室長の自宅には朝から電話がひっきりなしにかかってきた。その多くがマスコミではなく、「いったいなんでこんな記事が出るんだ」という役員からの苦情だった。

意図したリークだった。

「あれはね、西室さんが日経の担当記者に書かせたの。社内の抵抗勢力が反対して、なかなかできないから結局、既成事実化を狙って西室さんが使ったのが日経だったんです」

当時の東芝広報担当幹部は、そう率直に日経の〝特ダネ〟記事の作られ方を明らかにする。[*1]

その約二週間前の十四日、東芝は日曜日なのに役員を集めて「トップ戦略ミーティング」と称する会議を開いた。経営企画を担当していた森本泰生取締役が作成した〝たたき台〟をもとに西室が口火を切る。「二十一世紀にむけて分権・分社化を進めないと生き残れない」。総合電機メーカーの東芝は原子力から家電、半導体まで幅広い事業分野をもつ。「秒進分歩」のスピードで意思決定が求められる半導体・電子デバイスや、十年先の受注が決まっている原子力という時間軸がまったく異なる事業を、一つの事業体で統一的に見ることができるのか、という問題意識だった。半導体部門やパソコン部門は社内分社化に前向きだったが、重電や家電は消極的。会議は朝から晩まで六時間に及び、夕方になってやっと賛同する意見が増え始めたという。「みんな何かやらなくちゃいけないという危機感はもっていただいた」と西室は言った。[*2]

しかし、各役員は必ずしも西室の進める方向に全面賛成という感じではなかった。重電部門出身の宮本俊樹常務は「西室の考え方は、将来性のある部門を残して、そうでないところは切り離すということだが、そんなことをやって切り離される部門はどうなるんだ。家電なんて赤字なんだろう。切り離したら成り立たなくなるぞ」と冷ややかな見方をしていた。[*3] 重電部門の役員の中には「西室は足が不自由だからゴルフの予定はないだろうけれど、こっちは取引先とゴルフがある。土日に呼び出されて彼の勉強に付き合わされたくない」と露骨に嫌がるものもいた。

取締役会の雰囲気は、「社長が言い出す以上、総論としては賛成」だが、組織をどのように切り分けるか、あるいは役員の数をどうするか、といった各論となると、甲論乙駁《こうろんおつばく》してまとまらない。〝改革派〟の西室に対し、重電部門を中心とした〝守旧派〟が抵抗勢力を演じる。そんなときに年末、日経の一面に報じられたのである。

山本哲也副社長は新聞記事を見て、「こんなことは運用で十分対応できるから、わざわざ組織をいじらなくても済むのに」と驚きつつも、「社長一人ですべてを見るのが難しくなってきている。自分の分身がほしいんだろう」と理解を示した。むしろ組織・機構改革をめぐって佐藤会長と西室社長の対立が深まることを心配した。そこで「例えば、こういうふうにしたらどうでしょうか」と山本なりの試案をパワーポイントで作って、西室のもとに駆け込んだ。

そのときの山本の骨子は、本体から完全に切り出す分社化をするのではなく、疑似的な分社組織である「社内カンパニー」制度を作って、各カンパニーに権限を委譲する、しかし、各カンパニーに自主的運営を委ねると遠心力が働くため、各カンパニーの業績を測る尺度として、投下資本利益率など本社側が一定の「物差し」をもって評価する、といったものだった。

山本からすると「差し出がましいことをしたかな」という思いで、「こういうことで、よろしいでしょうかかな」と具申したところ、意外にも西室は山本試案に異論を唱えず、あっさり「こういうことでいいと思います」と言った。

「ここのところは、これでいいですか」と問えば、あっさり「はい、それでお願いします」と返ってくる。山本は「なんだ、あまり深い考えはないな」と、かえって拍子抜けした。「マスコミに大きく報じさせて、改革しているポーズをとりたいだけなのではないか」と疑った。[*4]

山本の草稿をもとに担当役員の森本泰生や香山晋たちが肉付けを図ってゆく。こうして西室が主導する改革――社内カンパニー制度の導入が進められた。

西室泰三は一九九六年六月に先輩役員八人を差し置いて社長に就任したが、そうであるがゆえに社内の権力基盤は盤石とは言い難かった。佐藤文夫会長が引き立ててきた山本哲也、古賀正一、内山淳見、大山昌伸の四副社長ら古参の幹部がいて、西室からすれば取締役会は〝舅小姑〟が多く意のままにできなかった。そもそも主流の重電部門出身に比べて、東芝の中では新興の国際営業畑出身とあって社内の基盤はもともと脆弱だ。重電部門出身の役員には「DVD、たった一つしか功績がないじゃないか」と西室を見下す者もいた。

唯一の頼りが、後見人的な存在の青井舒一相談役だったが、その青井が九六年十二月、伊東市のゴルフ場で心筋梗塞で倒れ、急死した。「あのときは後ろ盾がいなくなったと西室さんは非常に青くなっていました」と側近は指摘する。[*5]

加えて、経営者の通信簿とされる業績は九六年度、九七年度と就任以来二期連続で純損益が減益で思わしくない。特に九七年度は、消費税引き上げと山一證券、北海道拓殖銀行の破綻など金融危機の影響による国内消費の急減速の津波をかぶってエアコンやテレビの国内売り上げが二〇％以上もダウン、通貨危機によるアジアの需要減も重なり、家電部門は四百五十億円もの大赤字に陥った。このころ「ダイナブック」ブランドで海外で存在感を高めてきたパソコン事業も、北米の価格競争に巻き込まれ、赤字に転じた。五兆四千億円規模の連結売上高があるのに純利益は七十三億円しかなく、売上高純利益率はわずかに〇・一％にすぎなかった。一九七八年以来、二十年ぶりの業績の悪さだった。

そこに九七年十月、総会屋利益供与事件が襲った。

野村證券など四大証券や第一勧業銀行を舞台にした総会屋事件が日本を揺るがした直後である。あの事件よりも利益供与額は遥かに小さいものの、「海の家」事件という総会屋事件に東芝の関与が明らかになった。総会屋が経営する「海の家」を社員の福利厚生に利用するという名目で、三菱自動車や三菱電機など三菱グループ各社、日立製作所など日立グループ各社、そして東芝も長年にわたって現金を供与していたことが判明したのだった。

警視庁から東芝の総務担当者が事情聴取された後の十月三十日夜、記者会見した藤谷和男広報室長らによると、総会屋グループから海の家の利用を持ち掛けられて、東芝は一九八五年ごろから年間数十万円を支払ってきた。「調べたところ契約書がない。お金は銀行振り込みではなく、たぶん、直接手渡しだったと思う」。そう藤谷は明らかにした。[*6]

この日の晩、出張先から新幹線で上野駅に戻ってきた西室は、現金を渡した理由が「海の家の利用のため」というのは「無理がある」と述べ、総会屋への利益供与とみられることを「状況的にそうみられても仕方がない」と明言した。

「毎年数十万円渡していて、過去にさかのぼって累計三百万〜五百万円ぐらい渡した。総会屋さんが来たからポンと渡していた現金だったから、海の家としての利用実績があるわけではない。総会屋さんへの渡し方として海の家という方法を思いついたのだろう」

そう語った後で、自身の責任の取り方については、「数十万円の使い道なんて社長が知っているわけがない。これで辞めるのが正しい責任の取り方とは思わない。辞めることはまったく考えていない」と述べた。*7

しかし、後の社内調査によって、この「海の家」をはじめ、総会屋系情報誌の購入や広告出稿に年間六千万～七千万円を支出していることが明らかになった。すべて総務部が所管しており、総務部担当幹部は事件後の社内調査に対してもあまり協力的でなかった。警察から総会屋と絶縁するよう過去に何度か警告があったにもかかわらず、総会屋とのトラブルを恐れるあまり、関係は解消されず、そのまま放置されたという。*8

社内権力基盤が弱いなか、業績は不振、そしてスキャンダルが襲った。事情聴取された担当部長は逮捕・起訴され、その上司で担当役員の山岸晴生常務は引責辞任に追い込まれた。こんな逆風が吹きすさぶなか、カンパニー制度導入など組織・機構改革が突如、浮上したのだった。

西室は「海の家」事件が収まった同年十一月ごろ、森本、香山を担当にして改革の検討をスタートさせている。「改革」を御旗に求心力を得ようとし、業績不振と不祥事によって守勢になったムードを切り替えることを狙ったとみられる。そして社内基盤の弱かった西室が、このころから自身の支持基盤として期待し、大いに利用したのがマスコミだった。

西室が組織・機構改革に夢中になった背景には、東芝の構造的な業績不振があったことは間違いない。電力会社のコスト削減によって重電部門がかつてほど安定的な利益を稼げなくなったうえ、価格競争と不況によって家電部門やパソコン部門が赤字になった。半導体の主力商品ＤＲＡＭは過剰生産に起因する供給過剰によって価格が急落することを繰り返し、きわめて不安定なビジネスになっていた。西室はこのころ「（事業部など）一〇六のビジネスユニットのうち四〇ちょっとが水面下（赤字）にある」と苦衷を打ち明け、その打開策のひとつに分社化をあげた。西室がＡＶ機器部門の担当専務だった九六年四月、ビデオ部門を分離してシンガポールに設立した新会社「東芝ビデオプロダクツ」に移管したところ赤字は解消した。「余剰人員を減らし、競争力をもてるところで生産すれば生き残ることができる」と話していた。[*9]これが彼にとって一種の小さな成功体験になった。東芝という大きな傘の下でもたれあうのではなく、独立させて責任を負わせることによって競争力を高める。総合メーカーの一部門として甘えるのではなく、ライバルの専業メーカーと対抗しうるようにしたいと考えた。

社長就任時に目指すべき方向性として「俊敏な経営」をうたった西室は、そんな思いから「分社化・分権化して、意思決定の速度を速めたい。それぞれの部門ごとに企業マインドを持たせたい。そういうマインドを持っていれば情勢変化に応じた対応ができます」と語った。西室は私のインタビューで「三通りの改革案があると思う」と述べたうえで、①純粋な持ち株会社を設けて、そこに様々な事業体をぶら下げる案、②最も保守的な案だが、権限を大幅に委譲した社内カンパニー制度の徹底、③その中間としてカンパニー制を徹底させつつ、いくつかの部門を独立させる事業持ち株会社制度――をあげ、「①が理想だが、東芝は②から始めたい」と語った。[*10]

こうした西室の姿勢に佐藤文夫会長は懐疑的だった。「分権化を進めたら本社の求心力が弱まってしまう。だから本社側の考査機能が非常に大事になる」と、遠心力が働く各カンパニーを本社側が統制する機能の拡充を求め続けた。[*11]このためカンパニー制導入時には考査機能を強化することにし、現行の考査室の二十人体制をカンパニー制導入後は七十五人程度に拡充、幹部候補生が必ず考査部門を経験するようなキャリアパスも採り入れることにした。彼ら考査スタッフは、単に各カンパニーの業績面だけでなく企業倫理などコンプライアンス面のチェックも担うこととされた。

森本と香山が描いた構想には、七百五十人体制の本社コーポレートスタッフを半減するとともに本社スタッフの参謀機能の拡充、カンパニーごとに投資の判断や社員の採用ができるような権限移譲などが盛り込まれた。役員会で配布した「ビジョン21計画」には、東芝の成長率が戦後日本の経済成長率を下回って推移している点を問題視して、将来の東芝のあるべき姿として持ち株会社制度を導入し、傘下の各事業体をM&Aによって入れ替える事業ポートフォリオの組み換えなどが描かれていた。設備投資に巨額資金が必要な半導体メモリー事業は分社化するとともに外部資本を導入し、東芝から半ば独立させることや、巨大化した社会インフラ部門の分割、白物家電事業の売却もしくは外部資本の導入——などを提言した。

こうして東芝は一九九九年四月、セミコンダクター社、電力システム社など八つの社内分社組織からなるカンパニー制度を初めて導入した。だが、西室の意向を忖度《そんたく》する形で始まったこの組織・機構改革は、事務局役の香山晋から見て不十分なものになってしまった。

「あのとき議論したことの多くは、実は、その後、それほど生かされていないのです。それ以前にあった『セクター制』とさほど代わり映えしないものになってしまって。西室さんは意外に引き出しが浅く、私が『こういうことでよろしいでしょうか』と尋ねても、『あっ、そうだね』しか返事がこない。彼が言い出したにもかかわらず……」

セクター制とは岩田弐夫社長時代に導入されたもので、事業セクター——事業本部——事業部という縦割りの組織だったが、その縦割りの弊害を解消しようと一九八七年、セクター制は廃止された。香山には、西室が執心する社内カンパニー制はそれを復活したようなものにすぎないと感じられた。香山は後に「結局、その瞬間マスコミに大きく取り上げられればいいだけなのかな」と、山本同様の感想を抱くに至った。

このあと、香山は出身母体の半導体部門に戻り、経営企画担当の後任には西田厚聰常務が就いた。二〇〇〇年四月に経営戦略会議が開かれた際に、香山が「昨年まとめた計画（ビジョン21）はどう生かされているのか」と西田に問いただすと、途中から西室が割って入ってきて「去年のことは、もういいから」と言い放った。「要するに社内の抵抗が大きそうな、大きな改革はやる気がないんだ」。香山はそう受け止めた。[*12]

西室が採用した社内カンパニー制はやがて、佐藤が危惧したように遠心力を強めていった。それぞれが「関東軍」のように独立性を高め、本社の経理や財務、人事などコーポレートスタッフが実情を把握しにくい伏魔殿が各カンパニーにできていく。

拡充されたはずの考査機能は、考査室を改めた「経営監査部」という部署が担ったが、その機能は形骸化し、各カンパニーから依頼された市場動向や業界動向を調べてレポートする「経営コンサルタント」的な業務が中心になってしまった。将来、各カンパニー内の事業部長ポストに昇進する予定の者がキャリアパスとして経営監査部に配属されるローテーション人事が行われるようになると、彼ら彼女らはカンパニー内における自身の栄達を考え、各カンパニーのトップの意向に反することを指摘できなかった。不適切な会計処理が行われた可能性を発見しても、経営監査部がそこで改善を指導した形跡は、いくつかの例外を除いて、あまり見られなかった。[*13]ましてや企業倫理面のチェックなどできるわけがなかった。

後の東芝粉飾決算問題で明らかになる各カンパニーの暴走とチェック機能の形骸化は、このとき西室が主導した組織・機構改革に遠因がある。

ウェルチと出井

西室が経営改革のお手本としたのが、当時ジャック・ウェルチが率いた米ゼネラル・エレクトリック（GE）だった。戦前大株主だったGEは戦後も東芝の10％の株を保有する筆頭株主となり、東芝は昭和二〇年代以降、GEから蒸気タービン、発電機、ストロボ用電球、そして沸騰水型原子炉（BWR）の技術を相次いで導入し、大型コンピューターの開発も共同で取り組むなど関係は深かった。事業部制など組織論や経営計画の立案の仕方もGEから学んできた。

西室はカンパニー制の導入など組織・機構改革の検討を進めていたころ、「日本の総合電機メーカーはきわめて異質な、スパンの広い事業領域を抱えていて、これをしっかりマネジメントする手法が確立していない」と指摘し、「唯一GEがそれなりにマネジメントできている。そういう成功例によって日本のマネジメントのあり方を見直そう。GEの分権化と小さな本社は見習うべきである」と語った。[*1]

十四年間の米国駐在歴があり、米国通の西室は海外企業のトップと通訳なしで対等に渡り合えた。そこが彼の最大の強みだった。GEのウェルチもそんな交流のある有力経済人だった。ウェルチは当時、来日するたびに西室と会い、西室のことを「素晴らしいリーダーシップを発揮し、新しい経営をしている」と持ち上げていた。[*2]

ＧＥは、トーマス・エジソンの照明会社に由来し、一八九二年に創業した典型的なコングロマリットで、祖業の照明を始め、原子力や火力の発電機・タービン、航空機のエンジン、医療用機器、家電から放送や金融に至るまで幅広い事業を営んでいた。

一九八一年に当時四五歳だったジャック・ウェルチが会長兼最高経営責任者（ＣＥＯ）に就任すると、傘下の事業は「（業界内で）ナンバーワンかナンバーツーであることが必要条件」とされ、それに伴って大胆な事業ポートフォリオの組み換えを進めた。鉱山会社やエアコン部門、小型の家電事業などを相次いで売却する一方、三大ネットのＮＢＣ、仏トムソンの医療用機器部門などを買収。さまざまな部門、子会社を百億ドルで売却し、逆に総額百九十億ドルの事業を買収した。

八〇年に四十一万人いた従業員は八五年には三十万人に大幅に減少し、建屋など設備は残っても人間がいなくなるため、マスコミからは「ニュートロン（中性子爆弾）ジャック」と評された。ウェルチの経営改革によって、三百五十の事業部は四十三の戦略ユニットに再編成され、権限が譲渡された。中間管理職の職層は大幅に減らされ、大企業特有のピラミッド型の階層が減り、組織はフラットになった。

さらにＧＥはメーカーでありながら機器の売り切りではなく、サービスによる収益拡大を図った。代表的な事例がＧＥキャピタルで、このころは航空機リースなど製造業に近いところから消費者金融まで手掛ける巨大なノンバンクに成長していた（しかし、後にリーマンショックで巨額損失を被り、ＧＥは撤退を決めている）。

西室がＧＥを真似たのは、ひとつは分権化と小さな本社——つまり大企業特有の官僚主義の打破だった。そしてハードからソフト・サービスへのシフト、三つ目にＭ＆Ａを多用した事業ポートフォリオの組み換えだった。さらにウェルチが入れ込んでいた品質管理手法「シックスシグマ」の導入だった。

シックスシグマは、モトローラが開発した手法で、例えば「百万個のうち不良品の発生率を三・四個以下にする」といった品質向上をトップダウンで全社的に展開する性格のものだ。西室はこれに入れ込み、東芝版シックスシグマとして「経営変革２００１」（マネジメント・イノベーション＝ＭＩ運動）という運動を全社的に展開することになった。西室直属の経営変革推進本部が手法を開発し、東芝全体に普及させ、「お客様の声を事業活動の出発点にする」「組織を超えたプロジェクト活動をする」ことなどを目指した。そのエキスパートには「ブラックベルト」の称号を与えた。いずれもＧＥを経由して導入したものだった。

実はシックスシグマの源流は日本の製造業のＱＣサークル活動にある。日本で一般的な品質管理運動が八〇年代に米国に〝輸出〟され、それが米国的に味付けされて〝逆輸入〟されたものにすぎなかった。だから黒帯を意味する「ブラックベルト」という称号になった。ウェルチ自身も来日した際にインタビューすると「日本の経営から学んでいる」と言っていたし、彼の自著『わが経営』の中では東芝の「ハーフ運動」から多くのことを教えられたと当の本人が記している。「『ハーフ運動』のアイデア――部品点数半減、重量半減、コスト半減、時間半減――に刺激されてわれわれの業務のスピードが上がり」、日本流の組織的な取り組みは米国企業の模範となったという。[*3]

つまりオリジナルは日本なのだ。佐藤文夫会長は西室が東芝版シックスシグマ（ＭＩ運動）を始めたとき、自身が展開した「ハーフ運動」や山本哲也副社長がかつてトヨタ生産方式を東芝流にアレンジした「ＴＰ運動」と似ていることを知っていた。しかし、西室は海外が長く社内の愚直な生産改善活動に関与してきた経験が乏しいため、佐藤としては彼に地道なことをやらせたかった。佐藤は当時、山本に対して「キミがやってきたＴＰ運動の名称を変えてもいいだろうか」と断りを入れている。

そうやって導入した東芝版シックスシグマだが、ＧＥが真似た手本がそもそも東芝など日本企業にあるため、「そんなことは知っているよ」と社員からの評判は芳しくなかった。「これは単にＴＰ運動を横文字に置き換えただけじゃないか」「外国人の講師を呼んで勉強するほどのことがあるのか」「ＴＰ運動よりも硬直的。手段が目的化して教条となっている」などと社員の不平不満が少なくなかった。

佐藤はずっと後になって「西室君はライバルの山本君を煙たがって、山本君のやってきた足跡を消したがったのではないか」と振り返った。[*4]

西室は自身の流暢な英語で対等にコミュニケーションが図れるGEの大経営者ジャック・ウエルチを「箔つけ」に活用した半面、その動向をライバル視し、警戒した相手が当時スター経営者だったソニーの出井伸之社長だった。

出井は西室が社長に就く前年の一九九五年、十四人抜きで社長に抜擢された。創業者の井深大、盛田昭夫、準創業者といえる大賀典雄らの後を襲い、ソニーにとっては初めてのサラリーマン経営者だった。大賀の長期政権に倦んだソニーの社内を刷新しようと、「リ・ジェネレーション」「デジタル・ドリーム・キッズ」などの標語を多用し、社内の空気を陽性かつ積極的なものに変えていった。

後になって技術や製造を軽視してソニーに長期凋落を招いたとして批判されることになったが、就任当時は大賀の長期支配による澱みを払拭し、とりわけ迷走するソニー・ピクチャーズエンタテインメントの立て直しに成功したほか、家庭用ゲーム機のプレイステーション（九四年）、パソコンの「バイオ」（九七年）、平面ブラウン管テレビ「べガ」（九七年）と次々に大ヒット商品を繰り出し、電機業界におけるソニー独り勝ちの状況をつくりだした。出井時代の初期、ソニーは毎年一兆円も売上高を伸ばし、かつて大宅壮一に「東芝のモルモット」と揶揄されたソニーは、西室が社長に就任した九六年度に売上高で名門・東芝を追い越した。九七年度の売上高はソニー六兆七千五百億円余に対し、東芝は五兆四千五百億円余で、ソニーは東芝に一兆円余も差をつけた。最終利益は東芝がわずか七十三億円なのに対し、ソニーは二千二百二十億円も稼ぎ出していた。

出井は早稲田大政治経済学部卒業後、一九六〇年にソニーに入社、以来、フランスなど十年近く欧州駐在を務めた。帰国後はオーディオ事業部長や広報・宣伝担当などを歴任した。西室からすると、年齢が近く（二歳違い）、同時期に社長に就任し、同じ私大卒（西室は慶應、出井は早稲田）と背景が似ていた。しかも、両者とも海外駐在が長い〝国際派〟で、諸先輩を追い越した抜擢人事で社長に起用された点も似通っていた。西室の業績の一つとされるDVDの規格統一では、直接相対して、やり合った相手でもあった。

西室が導入を進めた社内カンパニー制は、ソニーが大賀時代の末期の九四年にそれまでの事業部制に代わるものとして先行して導入しており、東芝はそれを追いかけた格好だった。各カンパニーの業績や稼ぐ力を測るものとしてソニーはEVAという評価尺度を採用したが、東芝も同様にTVC（Toshiba Value Created）という評価尺度を採り入れた（どちらもコンサルティング会社の編み出したものを自社むけに改良したものだった）。

さらにソニーは九七年、執行役員制度を導入し、四十人余に増えていた取締役の人数を十人程度に絞った半面、残る約三十人は業務をつかさどる執行役員とした。「執行役員」という概念はそれまでの日本にはなく、ソニーの開発した造語でもあった。東芝はソニーの導入一年後の九八年、ソニーに追随して執行役員制度を導入し、四十人いた取締役を十二人に減らしている。

私が取材で夜回りに行くと、西室は「雑誌で出井さんとの対談を持ちかけられたけれど断ったよ」「ソニーの技術なんて、たいしたことない」と言っていた。あるときは「出井さんは相当参謀たちの振り付けや演出に乗っているんじゃないか。うちは自然体だけどね」と漏らしたこともある。このころの西室は、同じ電機業界のソニー、あるいは出井と比べられることが多く、自ずと対抗心を抱いていたようだった。

東芝の「ダイナブック」ブランドのパソコンは世界市場では二位のシェアを持つが、日本国内市場では新参者のソニーの「バイオ」が急速にシェアを伸ばしていた。西室はそれが我慢ならなかった。取締役会で「何とかならないのか」と尋ねて、担当役員が「一過性のブームに過ぎません」「ソニー製品はすぐトラブルを起こしますから」などと弁明したが、西室はまったく納得しない。「現実を見てみろ、量販店に売れ行きを聞いてみろ」と厳しい口調で叱責したという。「後で『なんであんなに怒るんだろう』といぶかる役員もいました」と出席者は言う。[*5]

西室は、東芝のマスコミへの露出が弱いのは広報体制に一因があると感じ、九七年八月、それまで総務系出身者が起用されていた企業防衛型の広報室長職を、もっと外向けにアピールできる営業系センスのある人材に代えることにした。

そもそも、腰が低く、初年兵の記者への応対も丁寧な西室は、マスコミからの受けはよかった。西室はインタビューの依頼をまず断らない。会えば饒舌に語った。出勤前の早朝、横浜市の自宅に朝駆けに行けば、足が悪いのに玄関先に必ず出てきて応対する。帰宅時の夜、夜回りに行けば、社長車のセンチュリーの後部座席に招き入れ、記者の質問に必ず答える。これだけ取材に丁寧に応対してくれれば、記者の側からすれば悪い気はしない。しかも、一定の努力をすれば、西室から次はこういうニュースがあるらしいという〝示唆〟がある。つまりリークというご褒美があった。記者からすると、リーク型の特ダネが期待できるありがたい存在だった。

一方の西室も、自分が情報を発信すると記事になる手法を覚えた。そうした記事によって東芝社内にインパクトを与え、社会に対する存在感を高めることができる。

記者を使って情報を操作することと、マスコミを通じて自身を対外的に売り込むことを覚えたのである。

選択と集中

社内カンパニー制導入の議論を進めていた一九九八年は東芝にとって「M&A元年」だった。「選択と集中」をスローガンにして、M&Aという手法を使いながら東芝グループ内の事業再編を進めた。原発から家電や半導体まで手がける総合電機メーカーは兵站線《へいたんせん》が伸びきっており、主戦場を限定してそこに経営資源を投入しようとした。そのためには不採算の事業を売却したり、強化する新分野を買収したりする「M&A」や、他の企業との提携や合弁を図る「アライアンス」を多用する。まだそうした手法自体が日本の企業社会に定着しておらず、M&Aやアライアンスをするだけで経済ジャーナリズムがもてはやす時代でもあった。

東芝はまず九八年四月に、東芝エレベータ販売、東芝エレベータテクノス、東芝エレベータエンジニアリングの三社を合併させて東芝エレベータを設立。次いで三菱グループの旭硝子の子会社の岩城硝子と東芝硝子が、系列を超えて九九年一月に合併すると発表した。西室は「他社とアライアンスして世界で一位~三位以内に入るものを次から次へと打ち立ててゆく。東芝本社の一部の部門を分社化して切り離し、他社とアライアンスを組む合弁事業にするかもしれない。約五百社あるグループ企業の再編も同時に進めていく。東芝グループ外とアライアンスを組むこともありうる」と語っていた。[*1]

その最初のターゲットが、名門意識の強い伝統ある傘下有力企業だった。

東芝は九八年五月、京都の小型モーターメーカー日本電産と東芝グループの芝浦製作所の三社で共同出資会社「芝浦電産」を設立し、そこに芝浦製作所の小型モーター部門を切り離して移管することを発表した。あわせて子会社の芝浦製作所と東芝メカトロニクスの合併も決めた(現芝浦メカトロニクス)。西室はこのとき「日本電産の永守重信社長が数年前からアプローチをしてきたが、芝浦製作所は永守さんを軽んじて木で鼻をくくったような対応だった」と打ち明けていた。芝浦製作所と東京電気が合併して現在の東芝が誕生した際に、「旧」芝浦製作所の事業の一部を継承して一九三九年に設立されたのが、この芝浦製作所だった。いわば本流意識が強く、このころはまだ売り出し中の、新興の日本電産の永守をまともに相手にしなかったようだった。しかし、小型モーター事業は東芝全体からするとマイナーな存在に過ぎず、しかも赤字を抱えていた。それならばいっそモーター専業メーカーで、モーターに命をかけている永守のもとに嫁いだほうが「将来が開ける」(西室)という判断だった。

続いて八月には、一九五〇年に東芝から分離独立した子会社のテックの事業再編を発表した。テックは東芝から分離独立した際に、東芝の前身企業の「旧」東京電気の照明器具事業を継承し、社名も東京電気と名乗っていた(九四年にテックと社名変更、さらに九九年に東芝テックに変更)。西室は、東芝、テック、東芝ライテックの三社の間で重複していたコピー機事業と照明器具事業を再編することにし、まず東芝のコピー機事業をテックに移管し、テックが担っていた照明器具事業は東芝ライテックに移管する。さらにテックの第三者割当増資を引き受けて連結対象子会社化することにした。

このときの記者会見で西室は「これはやらねばならないと思ってきたことだった。東芝とテックは事業がダブり、十年前に東芝ライテックができるとさらに重複したので、この三社をまとめなければならないと思ってきた」と述べた。テックは五年前から赤字に陥り、その再建策の一環として東芝本体からファクスとプリンター事業を移管してもらったものの、軌道に乗らず、希望退職を募集したり不採算事業を縮小したりしてきた。[*2] 後に東芝テックの社長に就いた森健一によると、静岡県大仁町《おおひとちょう》に主力工場を擁する同社は近隣の農家の納屋など社外に十三カ所も倉庫を借り、売れない在庫品や部品、金型をため込んでいた。「一万二千点の製品のうち直近五年間に売れたのは三百五十点しかなかった。膨大な部品と金型を整理していったけれど、売れる当てのない在庫をいっぱい抱えていた」という。[*3]

芝浦製作所とテック(旧社名・東京電気)という二つの発祥企業のてこ入れは、東芝グループ全体に象徴的な意味合いをもつことになった。それまでグループ企業はそれぞれが自主独立してきたが、西室が主導した再編によって成績の悪いところは切り刻まれることになったからである。当然、グループ企業の首脳たちの目を本社にいる自分に向けさせる、いわばグループ企業に対する求心力を強めることができたのである。それは、重電分野を始め、東芝グループ内で「反西室」とみられてきた守旧派を揺さぶるという副次的な効果もあった。[*4]

続いて打ち出したのが、赤字に陥っていたエアコン部門を分離し、世界最大の空調機メーカーの米キヤリア社との合弁事業に移管するアライアンスだった。

西室は前年の九七年十一月、キヤリアの親会社であるユナイテッド・テクノロジーズのジョージ・デヴィッド会長が来日した際に会談し、「エアコンではちょうど補完関係があるので互いに協力し合えるね」と意気投合したという。当時東芝は、冷夏のたびに収益が逼迫《ひっぱく》するエアコン事業に手を焼いていた。東芝は家庭用の小型エアコンが中心で、キヤリアは工場やオフィスなどの大型機が主体のため、製品ラインナップは重複しない。さらに部品や設計を共通化することでコストダウンが図れそうだった。西室は「世界一流メーカーとのアライアンスで事業を強化し、国内市場依存型ビジネスを改めたい。世界最強のエアコンのジョイントベンチャーができる」と自賛し、「苦しんできたエアコンが夢を持てるようにした」と語った。

このころ西室はエアコンだけでなく冷蔵庫や洗濯機など白物家電事業も分社化することを考えていた。記者会見で「将来の分社化を目指す。国内のみならず海外メーカーとの合弁、アライアンスも考えている」と述べ[*5]、エアコン部門同様に分社化して独り立ちさせ、他社と合弁を図る考えだった。最終的には東芝の社内カンパニーの家電機器社が、スウェーデンの世界最大の白物家電メーカーであるエレクトロラックスと技術交流、共同開発、部品の相互供給をするという緩やかな提携として実を結んでいる。

この当時、水面下で動いていた大きな再編が、東芝の重電部門の中核的存在だった原子力部門の分社化だった。東芝と日立製作所はともにGEが開発した沸騰水型原子炉（BWR）メーカーだが、親元のGEを含めた三社から原発部門を分離し、経営統合しようという壮大な計画だった。GEのウェルチ会長が九七年十一月に来日した際に東芝、日立に打診し、十二月に一回目の会合を開き、九八年二月に二回目の会合がもたれた。プロジェクト名は「BWRインターナショナル」と呼ばれ、三社の実務者レベルで構成するワーキング・グループの会合が断続的に開かれてきた。この八年後、東芝は米ウェスチングハウスを買収して原発事業の強化を打ち出していくが、それ以前はむしろ原発を切り出す逆方向を向いていたのである。

当初は三社が三分の一ずつ出資して合弁会社を設立するアイデアだったが、GEは合弁会社に拠出する自社の資産価値を高く算出し、三分の一の出資相当額を大きく上回るとし、「東芝と日立に対して差額分を金銭で支払えと言ってきた」（東芝の宮本俊樹常務）という。[*6]東芝、日立が難色を示すと、GE側は席を立ち、東芝側は「我々に高く売りつけようという汚いやり方だ」（宮本）と反発を強め、交渉は難航。日立の金井務社長はもともと「選択肢の一つとしてはあるが、急いでまとめるほどのものではない」と意欲は乏しかった。[*7]両社が乗り気薄なのを知って、GEも原発部門丸ごとの経営統合を断念し、核燃料分野における部分的な経営統合を持ち出した。三社は九九年四月、国際原子燃料合弁会社の設立に合意し、三社が日本にもつ日本ニユクリア・フユエル社とGEの米国ウィルミントンの核燃料製造工場を集約・統合することになった。

東芝の矢継ぎ早の事業再編を経済ジャーナリズムはもてはやした。日経は「日本に資産効率化を最優先に考えた欧米流のM&A（企業の合併・買収）が根付き始めたことを意味している」と持ち上げ、[*8]「週刊ダイヤモンド」の遠藤典子は「東芝　総合電機〝解体〟のジレンマ」と題して西室改革を好意的にレポートした。[*9]私も「東芝、聖域なき改革」と題した記事で、同業の日立製作所や三菱電機と比較して東芝の経営改革が進んでいると紹介したことがある。[*10]

しかし、相次ぐ分社化や事業売却は、今後、東芝は何を中核とするのかという根本的な疑問を浮かび上がらせることにもなった。

そして、まるでタコが足を食べるような、後々まで続く東芝の資産切り売り文化は、このころから始まったのだった。

総合電機のスター

ソニーの出井伸之にはかなわなかったが、同業の日立と三菱電機の総合電機メーカー三社の中では東芝の西室泰三は存在感があった。

三菱電機の北岡隆社長は、東芝同様「海の家」総会屋事件で社内から逮捕者を出したことに加えて、九七年度決算が単体ベースでは五十二年ぶりに赤字となる三百三十八億円の純損失を計上したことで社内の求心力を失い、メーンバンクの東京三菱銀行元頭取の伊夫伎一雄監査役や進藤貞和相談役ら長老に引導を渡される格好でしぶしぶ辞任に追い込まれた。退任を発表した記者会見では、会長に就くことも「長老に退けられた」と無念の涙を浮かべ、取締役相談役に退かざるをえなかった。

総合電機三社の長男格の日立は、三田勝茂会長&金井務社長の長期政権が、まるでブレジネフ書記長時代のソ連を思わせるような長い停滞を招いていた。日立も半導体の汎用メモリーDRAMの価格暴落の直撃を受け、九八年度決算で三千億円を超える巨額赤字を計上。辞任を決めた金井自身「競争環境の激変に対し、決断が遅れた」と反省の弁を吐露した。

この二社と比較して東芝の傷は相対的に浅かった。九八年度決算は、西室体制になって三年連続の減益で、しかも終戦直後以来という四十八年ぶり赤字の、百三十八億円の純損失計上に陥ったが、日立と比べるとかなりマシに見えた。西室は、東芝の半導体事業も日立同様「かなりの重傷」とみなしたが、「日立と比べて大きく違うのはパソコン事業があるから」と、世界二位のシェアを占めるパソコンなど情報通信分野が一千億円もの利益を稼ぎ出し、業績を下支えした点を力説した。西室は財界誌のインタビューに答えて、東芝のパソコンの伸長について「結果として西田という人物が出てきましたが、西田を支える多くの人の努力でできたんです」と、米国で一緒だった西田厚聰パソコン事業部長を高く評価してきた。[*1] 西室は九七年、そんな西田を取締役に起用している。

三菱電機の北岡と日立の金井が業績不振を責められて批判にさらされるなか、西室は相対的にマスコミ受けが良かった。そのことが幸運となって総合電機三社の中では「スター」として扱われた。本人の腰の低さに加えて、カンパニー制、分社化や事業売却によって〝改革〟イメージを演出できたからだった。社内でも一般社員からは西室の評判は悪くはなかった。「たまに時間があいていると気さくに我々に『一緒に飲みに行かないかい』と声をかけてくれました。割と陽気な飲み会だった」（広報室長）、「春闘交渉で他の電機メーカーの労担を集めて土日に出てきて会議を開いていると、『よっ、ご苦労さん』と声をかけてくれて出前の寿司をふるまってくれるんです。他社からは『ウチの社長とは大違い、東芝の社長さんはいいなぁ』なんて羨ましがられましたよ」（労務担当幹部）

マスコミや一般社員からの受けはいい西室だが、しかし、彼の進める取り組みはリストラ的な側面が強く、欠けていたのが「では、これから東芝は何でメシを食うのか」という新たな事業の柱だった。その点が証券アナリストや東芝の重電部門など「守旧派」からやり玉にあがることがあった。そこで西室が参考にしたのは、やはりGEだった。

このころのGEは、傘下に有する三大ネットのNBCや金融会社GEキャピタルを収益源としている。さらに原子力部門も、スリーマイル島事故以降、新設はないものの、核燃料の供給やメンテナンスなどサービス面で利益を生み出すように変貌した。それをまねて西室は「これからはサービス事業の拡充をして、箱売り（ハード）のビジネスではなく、メンテナンスやサービスで儲けていく」と言い、さらに「グローバルコンペティションで生き残るには情報通信（IT）分野の強化が必要」と考えるようになった。[*2] サービスとITが柱というのだった。この当時西室の経営改革の参謀役だった森本泰生上席常務は「GEは67％がハード以外の収入。ハードだけでは限界。広義のソフト、サービスに軸足を移していく必要がある」と言い、重電にしろ、パソコンにしろ、売った後の顧客への応対で末永く儲ける仕組みを考えるソフト・サービス部門（サービス事業推進部）を設けたことを明らかにした。「まだよちよち歩きだけれど……」と言ってデジタル出版や映像ソフト、さらには「レンタルやリースなど金融の手段が増えている」と金融業参入に意欲を見せた。[*3]

東芝は、日本信販が保有する東芝クレジット株四〇％を買い取って、東芝クレジットを一〇〇％子会社化した。東芝グループ全体で二十数万人の従業員がおり、全国にはまだ八千店もの家電小売店網を維持していた。これら従業員と小売店の顧客をベースにすれば「地銀上位行並みの規模になる。保険や消費者金融ができないか」（森本）と見込んだが、一年かけて検討した結果、「結局、東芝クレジットを核にするのは無理。やるとしたらリースしかないが、これも子会社のリース会社には不動産管理部門という異質の部門が残り、難しい」（同）という尻すぼみの展開になった。[*4] ＧＥキャピタルを夢見た東芝の模索は、あっけなく終わった。

時代はＩＴバブルに向かい、米国ではドットコム企業が相次いで株式公開していた。そうした時代背景も手伝って東芝は九八年以降、相次いで新規事業を立ち上げた。トヨタ自動車や富士通、日本テレビを巻き込んで、高速で移動中の自動車内でもアニメや映画が見られるという衛星放送会社モバイル放送を設立。さらにヤフーやグーグルの向こうを張る検索サービスのフレッシュアイをスタートさせた。米ワーナー・ブラザーズと日テレとともに映画やテレビ番組を制作する新会社トワーニを立ち上げ、角川書店とはコンテンツ供給会社としてトスカドメインを創業した。

こうした動きを加速させるためにｉバリュークリエーション社という社内カンパニーも設け、社内公募でスタッフを集めた。「駅前探検倶楽部」など情報サイトの運営を始め、それなりに人気も得た。ソニーとは一線を画す東芝流のソフト・コンテンツビジネスを展開する腹積もりだった。

しかし、こうした新機軸はいずれも大きく育たなかった。

フレッシュアイは、同じ東芝の子会社でニュース配信をするニューズウォッチに吸収されたすえ、二〇〇六年にはヤフーに買い取られた。

青井舒一社長時代に西室が交渉役となって出資したタイム・ワーナー株も、東芝全体の業績が振るわないなか、二回にわけて「益出し」（合計約八百億円）の材料に使われてしまった。ワーナーと組んだトワーニはその後、まったくヒット作が出ず、〇四年にはついに清算されている。

モバイル放送は増資に次ぐ増資で二百億円規模にまで資本金を増やしたが、技術的課題が大きく放送開始が難航した。やっと〇四年に放送を始めたが、〇五年度決算は売上高六億円に対し、営業損失は百二十億円にもなった。その後も黒字化は難しく、東芝は〇八年、モバイル放送を清算。駅前探検倶楽部は分社化し、やがて駅探と社名を改め、東芝グループを離れていった。トスカドメインは角川ホールディングスの子会社になったすえ、〇四年には角川映画に吸収された。

東芝には何ひとつ残らなかったのである。

フロッピー事件

業績が急降下するものの、西室は、矢継ぎ早の経営改革や新規事業参入というニュースになる材料を提供し、マスコミを通じて好イメージを演出することで求心力を保ってきた。そこに思いもよらぬトラブルが持ち上がる。

福岡県に住む「ＡＫＫＹ（アッキー）」というハンドルネームをもつ会社員が一九九九年六月、「東芝のアフターサービスについて」と題するホームページを開設し、東芝のＶＴＲを購入した後の東芝側の対応に問題があると告発したのだ。

アッキーは福岡のベスト電器で東芝製ＶＴＲを購入したところ、画面に絶え間なくノイズが出たため、東芝九州支社内お客様相談センターに連絡。すると、あちこちにたらいまわしされた挙句、最終的には東芝本社渉外監理室につながった。警察ＯＢという担当者はそこでこう言い放った。

「おたくさんみたいなのは、お客さんじゃないんですよ、もう。クレーマーっていうの、おたくさんはね。クレーマーっていうの。普通のお客さんだったらそんなことしないですよ。（中略）じゃ、切りますよ、おたくさん。業務妨害だからね[*1]」

アッキーはこれらのやりとりを録音し、自身のホームページ上で音声ファイルを公開。すると、インターネットで音声を「暴露」する手法の新奇性が手伝って、アクセス数が急増し、ワイドショーや週刊誌などマスコミがこぞって取り上げる騒ぎになった。

東芝広報室はこの騒動への対応に忙殺され、町井徹郎副社長が福岡を訪れ、アッキーに「申し訳ありませんでした」と謝罪する事態に発展した。インターネットを使って大企業をやりこめたアッキーはしかし、実はクレーマーの常習犯だったと後に攻撃されることにもなった。

この騒動が持ち上がったころ、さらに深刻な、もう一つの〝事件〟が東芝を襲うことになった。

東芝のパソコンに内蔵されているＦＤＣ（フロッピー・ディスク・コントローラ）という半導体に欠陥があり、「特定のタイプのエラーが発生したことをコンピューター・ユーザーに知らせることなく、保存装置に書き込まれたデータの変質または破壊が発生する」[*2]――。そんな訴訟が九九年三月、米テキサス東部地区地裁ビューモント支部に提訴されたのである。訴えを起こしたのはイーサン・ショーとクライブ・Ｄ・ムーンという二人で、「同様の状況にあるすべてのものを代表して」とする集団訴訟だった。東芝、東芝アメリカ情報システム社、東芝アメリカ社、東芝アメリカ電子部品社、そしてＮＥＣエレクトロニクス社の五社を相手取って原告の救済と懲罰的な損害賠償を求めていた。

その訴えの意味するところを最初、東芝は的確に理解できなかったようだ。「これは、ひょっとしたら大事件になるかもしれません」。東芝の法務部長は社内の連絡会でそんな懸念を漏らしたが、会社全体の反応は迅速とは言い難かった。[*3]

訴えを受けて東芝側が検証してみると、フロッピー・ディスク・ドライブを制御するＦＤＣというＩＣには確かにバグがあり、パソコン上で複数の機能（マルチタスク）を同時に使うと、データ破壊につながる可能性があることがわかった。しかし、東芝にはこの時点で世界中から、ただの一件もそんな苦情は寄せられていなかった。したがって社内には、訴えを「言いがかりにすぎない」と軽んじたり、「真正面から断固争うべき」といった主戦論を唱えたりする向きがあった。「超大型コンピューターでシミュレーションしましたが、そんなトラブルは起きない。米国で何台も負荷をかけて実験してみても一台もおかしくならない。私は勝てると思っていましたよ」。パソコンの担当役員だった溝口哲也は言う。[*4]

だが、訴状によると、原告は、東芝が十年以上もの間、ＦＤＣの欠陥を認識していることを示す書面を入手していると述べ、「知識があるにもかかわらず、問題点を訂正せず、ユーザーに対して警告しなかった」点を問題視していた。東芝は欠陥商品であることを知っていながらパソコンを販売し続けていたというのだ。製造物責任に対して誠意に欠けるというのだった。

しかも、地裁ビューモント支部は、たばこ訴訟やアスベスト訴訟など集団訴訟が過去に提起されてきたところで、人口十二万人のうち弁護士が六千人という、訴訟が地場産業という地域だった。原告側の代理人であるウェイン・レオ弁護士は、たばこ会社を相手取った訴訟で百七十三億ドルの賠償支払いを命じさせ、レオら弁護団も五十六億ドルの弁護士報酬を受け取ったという名うての人物だった。

東芝側が調べてみると、原告が主張するように確かに落ち度はあった。東芝の半導体部門のシステムＬＳＩ事業部の担当部長は「システムＬＳＩは開発に手間がかかるから他社製品をコピーしちゃえ」と公言してはばからない人物だったという。こうして東芝の半導体部門はＮＥＣ製のＦＤＣを勝手にコピーして自社製品として、自社内のパソコン部門に部品として供給していた。しかし、後に「何かトラブルがあったのか、八五年、東芝はＮＥＣと互換製品を自社生産できる内容の和解契約を結んでいる」（「週刊東洋経済」九九年十一月二十七日号）という。おそらく盗用されたことを知ったＮＥＣから東芝にクレームがつき、一定の和解をしたのだろう。

ＮＥＣはやがて同社オリジナルのＦＤＣに欠陥があることを知り、ライセンス供与先の半導体メーカーなどに欠陥を通知した。正式なライセンス供与者ではなかったが、東芝にも欠陥を通知し、バグの改善を求めた。さらにＮＥＣは米国のコンピューター雑誌などにＦＤＣに欠陥があることを知らせる広告を掲載し、回収と修理を受け付けると周知した。原告は提訴後、こうしたＮＥＣ側の取り組みを知ることになり、ＮＥＣエレクトロニクスは被告から外される運びとなった。東芝の元副社長はこうした事情を踏まえたうえで、「実害はほとんどなかったといっても、ウチは悪いんだよ」と言った。[*5]

こうした経緯が判明していくと、西室はとても争えないと悟ったようだった。東芝は九九年十月、約五百万台の東芝製パソコンの所有者に対して無償の修理を行うとともに、保証期間を過ぎた所有者には百ドル、保証期間中の所有者には二百ドル、または二百二十五ドルのクーポン券を提供することで原告側と和解し、九九年度決算に和解に関する特別損失として一千百億円を計上すると発表した。和解に応じないで争って敗訴した場合、最大で一兆円もの損害賠償を求められる可能性があったため、原告の言い分を受け入れざるをえなくなった。記者会見した西室は「品質や性能に問題があると認めたわけではない。しかし、米国の裁判の慣習から敗訴の可能性もあり、涙をのんで和解に踏み切った」と述べた。[*6]

東芝は同日のプレスリリースで「パソコンの性能に問題があると認めたわけではない」と主張したが、本当にその通りかどうかは定かではない。レオ弁護士は月刊誌「ＳＡＰＩＯ」のインタビューに応じ、「東芝は証拠書類のかなりの部分を和解の際に機密扱いするよう要望してきた」と指摘しており、明らかにされていない部分があるかもしれないからだ。[*7]ともあれ、レオら弁護団は和解金額の七％の一億四千四百万ドルを報酬として受け取っており、東芝には「悪徳弁護士にやられた」という思いが残った。

東芝が和解したのと同じころ、トヨタ自動車の奥田碩《ひろし》社長はアメリカと一戦を交えるつもりでいた。トヨタは、燃料気化ガス漏れを検知するシステムに不備があるとして米司法省から大気浄化法違反で提訴されると、東芝とは対照的に和解を拒否し、徹底抗戦に踏み切ったのだ。

ココム事件のトラウマがあるせいか、あっさり白旗を上げる東芝の弱腰ぶりが際立ち、社内からは「トヨタは争ったのだからウチも徹底的に争うべきだ」という不満の声が漏れた。このころ、西室は東芝のワシントン事務所のロビイング態勢の強化を言い出したが、当時のトヨタが自前で強力なロビイングチームを米国に有していたのを見習いたかったのかもしれない。

無念の和解会見を終えて東芝本社に戻ってきた西室は突然、事業部長以上の幹部クラスを講堂に集め、「さきほどまで特別損失の計上について記者会見をしてまいりました。こういう事態を招いて非常に無念であります」と声を詰まらせて涙を流した。いつまでたっても互いに責任を押し付けあうパソコン部門と半導体部門のやりとりに呆れてもいたようだった。その席で「年末の賞与は最低のDランクにします」と言った。[*8]

巨額の特別損失の計上によって九九年度決算は純損益が二百八十億円の赤字になり、東芝は二期連続の赤字計上となった。

西室が社長に就任してからの四年間、東芝の業績はひたすら悪化し続けた。

四副社長の反乱

賞与が最低のDランクと聞いて、東芝メディカルの浅野友伸社長は違和感を覚えた。西室の方針は、東芝本社のみならず、グループ会社まで賞与をカットするということだったからだ。「それぞれの業績で賞与を決めているのに、本社がダメだからグループ会社も下げろというのは話がおかしい」。そう思った。

このころ西室は、東芝本体の社内カンパニーの医用システム社と、子会社である医療機器販売会社の東芝メディカル、さらにドイツのシーメンスの医療機器部門を統合する構想を練っていた。「製造部門の医用システム社に販社である東芝メディカルを統合するだけではあまりにもドメスティック。そこでワールドワイドに展開できるようにしたらどうだろうという話になった」。経営企画を担当していた森本泰生上席常務はそう話していた。[*1] 浅野にはその方針が香山晋から伝えられた。浅野は「自分は製販統合には反対だった。むしろ製造部門は技術面で重電と近いから本体に残しておいたほうがいいという考えだった。そこにシーメンスの話が浮かび上がった」と振り返る。シーメンスは日本の販売網が弱く、医師会や病院に伝手のある東芝メディカルという販社をほしがっているように映った。

「こんなときですが、ちょっといいですか」と浅野は西室に面会を求め、その際にシーメンスとの統合に反対の意向を伝えた。「私は反対です。やるんですか」。賞与カットにも異論を唱えた。「メディカルの社員は一生懸命やっています。普通の賞与にしていただきたい」。西室はシーメンスとの経営統合は「やりません」と答えたという。[*2]

浅野が退席すると、西室は表情を一変させ、「あの野郎、こんなことをヌカしやがった」と激高した。ふだんは柔和な西室だが、激するとかなり激しい言葉を使うことがある。このときがそうだった。西室はすぐに医用システム社の幹部と人事部長、広報室長を呼びつけ、「浅野を更迭する」と騒ぎ出した。[*3] 東芝メディカルは九九年十二月、社長の浅野が二〇〇〇年一月一日付で相談役に退く人事を公表した。

その騒ぎの直後、クレーマー事件で矢面に立たされた町井徹郎をはじめ、山本哲也、古賀正一、大山昌伸の四人の副社長が「二期連続の赤字で、しかもＦＤＣ問題で巨額の損失を計上したのだから、自分たちも身を退くので、この際、西室社長も一緒に身を退くべきだ」と話し合った。西室は社長に就任してまる四年を迎えており、そろそろ交代時期と考えてのことだった。しかし、西室は自ら辞任する意識はまったくなかった。会長の佐藤文夫が内規の七〇歳定年に従って、この少し前に会長を辞任し、相談役に就いたため、会長職は空席になっていた。それに加えて、目の上のたん瘤のような古手の四人の副社長が退くのならばそれでよしとし、自らは社長を続ける考えでいたようだった。四副社長のうち強硬派の一人は「西室は自分の独裁色を強めたいんだ」と見て取った。

西室はこの少し前、かねてライバル視していた山本に対してグループ会社の東芝機械の社長に転出するよう求めたことがある。この山本放逐の動きを知って驚いたのは長老たちだった。山本の貢献を高く買う渡里杉一郎相談役や佐藤文夫は、「山本君は参謀役として使える男だ。

彼を東芝社内に置いておいたほうがいいぞ」と仲裁に割り込んだ。放逐しようとした人事案がこじれて、結局、西室は山本の東芝機械への転出を諦めている。

四人の副社長は西室に面会を求め、「自分たちも辞めるから社長もお辞めいただきたい」と交代を迫った。古賀正一は「西室さんは最初からFDCの問題に深くインボルブしていたから、この件には責任がある」と考えていた。西室に対して「責任がおありですよ」と、自身の身の処し方を考えるよう促したという。ところが西室は退こうとしない。

やがて佐波正一相談役が割り込み、「副社長だけに責任を取らせるのはおかしいんじゃないか」と引導を渡し、佐藤からも「僕も四年で辞めたし、キミも四年で辞めたほうがいいよ」と促されて、やっと西室は自らの退任を受け入れた。

四副社長のうち古賀はFDC問題の後片付けなどが残っていたため、副社長職は降りたものの取締役としてもう一年間残留することになったが、山本、大山、町井はそろって二〇〇〇年六月の株主総会を最後に退任し、常任顧問に就くことになった。[*4]

四副社長が西室と刺し違えることになって、後任社長を誰にするかが焦点になった。当時下馬評が高かったのは、経営企画や半導体部門を歩んできた森本泰生取締役上席常務だったが、西室が毎週月曜日に行っている人事部門との定例のミーティングで挙げた名前は意外にも、まだ役員になって二年余しか経っていない西田厚聰常務だった。「次は西田君にしたい」。西室の腹心の飯田剛史上席常務・人事勤労担当らとの定例ミーティングの場で、西室ははっきりとそう言った。二〇〇〇年二、三月ごろのことだった。

このときに「まだ西田君はあまりに早すぎるんじゃないか」と介入したのは佐波だったようだ。「最終的には佐波、渡里、佐藤の三人の相談役で後継社長を誰にするか相談していたようでした」と当時の人事部門の幹部は言う。[*5] 佐藤はこの当時、岡村正の穏健さを買っていた。「岡村君は無難な調整型だった。総合電機メーカーは事業範囲が幅広いので何でもかんでも自分ひとりで決めるというのはよくない。いろんな人から意見を聞いて調整するというのがいい。岡村君の場合はまさにそういうタイプだったから、間違いはおかさないだろうと思った」と振り返る。[*6]

切れ者として下馬評の高かった森本ではなく、まったくダークホースだった岡村の名前が急浮上した。西室としては、その方がありがたかったかもしれない。穏健な岡村は御しやすく、自分の院政を敷きやすかったからである。

東芝は一九九八年十一月、不振のＡＴＭ（現金自動預入払出機）部門を沖電気工業に売却することを発表したが、その取引を担当役員としてまとめたのが岡村だった。沖のシェアが当時二七％なのに対し、東芝のシェアはわずか一〇％しかなく、業界五、六位と低迷。シェアを伸ばすのは困難な状態で赤字が続いていた。金融機関がシステム更新するたびにそれに対応したＡＴＭ機器を開発しなければならず、その開発コストがかさむ。だが、じり貧のＡＴＭ部門には開発投資をする余力がなかった。「少ないシェアで事業を継続するのは困難だった。同じ開発費用がかかるのに、規模が沖電気の三分の一程度では厳しい」と西室は考えた。[*7]

このATM事業譲渡に関して、西室は後に「一度始めた事業で、撤退する決断をするのは、なかなか難しい」と述べ、この撤退を決めた岡村の判断を高く買っていた。ATM部門で働いていた約三百人が沖に出向し、三年後には東芝に戻るか、それとも沖に転籍するか考えてもらうことになっていた。東芝で働きたいと思って入社してきた人を、事業が不採算だからと経営陣の都合でよそに追いやるのだから、決断する岡村の心中は複雑だっただろう。「そういう決断ができる人が、これからの東芝には必要」。西室は私にそう話していた。

西室は二〇〇〇年三月初め、都内のホテルで顧客と会食中の岡村を「ちょっと話があるから」と呼び出した。怪訝《けげん》な面持ちで西室のもとに参じた岡村に対して、西室は「君に次をやってもらいたい」と告げた。「寝耳に水」の展開に岡村は驚いて、「いったい、どういうことですか」と尋ねたという。[*8] 岡村にとって自身は東芝の中で「傍流の傍流」という意識があったから、[*9] まったく青天の霹靂の社長就任の打診だった。

岡村は当時先輩役員を差し置いて七人抜きの、西室に続く抜擢人事で二〇〇〇年六月の株主総会後の取締役会で社長に就任した。先代社長の西室は四年間の社長在籍を辞し、会長に昇格した。

四人の副社長や三人の相談役から人事面で抵抗を受けた西室は、自身への逆風を感じ取ったようだ。事業部長以上の幹部を集めた会議で、「会長にさせていただきたい」と辞を低くして言った。[*10]

院政の開始

岡村は一九三八年七月、東京・中野に生まれ、父誠之は職業軍人だった。学芸大附属大泉中学校を経て都立戸山高校に進学。高校時代は軟式テニスをやっていたものの、物足りない。そんなときに体育の授業でラグビーを体験してみて、「手も使い、足も使い、頭も使い」「一番エネルギーが発散できるスポーツだな」と非常に面白いと感じた。一浪後の五八年、東大法学部に進学。「入試の発表が終わった直後に東大ラグビー部の部室を訪ねたら、すぐに引っ張り込まれ」「入学式の前にラグビー部に入っちゃったわけです」と後に雑誌の対談で、同じラグビー好きの森喜朗元首相に語っている。[*1] 六〇年安保闘争で学内が騒然としてゆく時代、岡村はそうした世情と隔絶し、ラグビーに打ち込んでいた。

岡村が一年生のとき、試合は全敗。そこで二年生になったとき、四年生にいた先輩の町井徹郎主将（後に東芝副社長）が「負け犬根性から抜け出そう。捨てる試合は捨てる、勝てそうな試合は勝とう」という方針を打ち立てて、対抗戦で勝てる可能性のある防衛大など三チームを選んで徹底的に研究し、作戦を立てて臨んだ。すると三試合はいずれも東大の勝利だった。

岡村は背が高く「フォワードの有力な選手でタックルとか評判がいい」（チームメイトの片山恒雄）。当時の東大は、強豪校の早大に僅差で惜敗したりするなど決して弱小チームではなかったという。[*2]先輩町井が東芝に入社したこともあり、町井の「東芝で一緒にラグビーをやろう」という勧誘に従って六二年、東芝に入社した。つまりラグビー選手として入社した格好だった。

配属先は、まだ産声を上げて間もない計測事業部だった。当時は製造した水道メーターの営業担当だったが、横河電機など先行企業の牙城で東芝は入り込めず、後発メーカーの悲哀を味わっている。東芝で主流の重電でも、高度経済成長によって急速に成長した家電でもない、傍流の計測事業部に配されたのは、岡村がラグビー部要員だったからだ。「すぐに練習や試合に出られるよう、それほど仕事が忙しくない部署に回されたのです」と元人事担当幹部は言う。[*3]

七一年に米国留学し、ウィスコンシン大で経営学修士（ＭＢＡ）を取得した。その後、情報処理・制御システム事業本部の業務部長、企画部長、事業本部長と順調に出世していくが、東芝全体の中では、本人が言うように「傍流の傍流」であった。

岡村が社長になると、当初はＩＴバブルによって通信関連・半導体産業に特需の恵みがあり、「このまま順調にいける、選択と集中のスピードはこのままでいい」と思っていた。[*4]大日本印刷とプリント基板の合弁会社を設立したり、小型二次電池事業を三洋電機に売却したり、それなりの「選択と集中」は進めたつもりでいた。

さらに西室が残したカンパニー制を「深掘り」すると称して、社内カンパニーとそれに関連する外部の子会社を統合し、相次いで分社化させていった。東芝の社内カンパニーだった医用システム社は会社分割して独立させ、販売会社の東芝メディカルと統合して、東芝メディカルシステムズとしたのを始め、東芝コンシューママーケティング（白物家電）、東芝ソリューション（システム構築）、東芝マテリアル（半導体や電子部品の材料）など続々と本体から切り離され、分社化されていった。二〇一五～一七年の東芝の経営危機の際には各事業部門がまるで解体されるかのように身売りされることになったが、皮肉にも、身売りしやすいよう東芝を〝切り身〟状態にしたのが、西室とその後を襲った岡村なのであった。

岡村が「順調にいける」と手ごたえを感じたのは、二〇〇〇年度決算が三期ぶりに黒字転換したからだった。ＩＴバブル崩壊直前の〇一年三月には、中期経営計画を策定し、すべてのビジネス分野でインターネットを駆使した活動を展開するという「Ｎｅｔ－Ｒｅａｄｙ」（ネット・レディ）な企業をめざす、とバブルに悪乗りしたような構想を高らかに謳い上げた。

だが、構想が妄想に終わり、美辞麗句が陳腐化するのはあっという間だった。「二〇〇〇年の暮れぐらいから、おかしいなという異変を感じるようになり、〇一年に入って……」（広報担当の長谷川直人グループ長[*5]）、ＩＴバブル崩壊が襲ったのだった。

二〇〇〇年度決算が三期ぶりに黒字化した原動力は半導体の好調だったが、ＩＴバブルが崩壊し、情報通信関連産業の過剰設備と投資手控えが表面化すると、売り先を失った半導体は価格が一気に暴落する。それが顕著に現れたのが、市況価格に左右されやすい汎用品の半導体メモリーＤＲＡＭだった。そのあおりをくらって東芝の〇一年度決算の純損益は、創業以来最大規模という二千五百四十億円の巨額赤字に沈んだ。

巨額赤字が表面化しつつあった〇一年八月には、全従業員十八万八千人の一〇％にあたる一万八千人を削減することや、国内の二十一工場のうち三〇％を統廃合することなどを盛り込んだリストラ策を急遽まとめることになった。ほんの五カ月前に「ネット・レディ」と、ＩＴバブルを謳歌していたのが嘘のような、間の悪さだった。岡村はそうした自身の経営判断の甘さを棚に上げて、こう語った。

「（西室時代の）九〇年代の構造改革が実は中途半端だった。エアコンをキヤリア社との合弁経営に移したり、ＡＴＭ部門を売却したりしたが、それらは第一章の、はしがき程度のものでしかなかった。東芝の屋台骨を本当に変えるようなものではなかった」

なるほど分析はその通りだったかもしれない。彼はこのとき、グローバル競争にさらされる東芝が国内工場を中心に人件費が高止まりしている点にメスが入っていなかったということを問題に感じていた。「人件費という固定費削減に思い切って踏み込まず、調達コストの固定費削減にも手をつけてこなかった」。そのうえで事業ポートフォリオを変える必要を感じていた。

西室時代に取り組まれたモーター事業の三菱電機との合弁に続いて、系統変電設備も三菱電機との合弁事業に移管した（後の東芝三菱電機産業システムに再々編される）。〇二年四月には、プラズマ・ディスプレー・パネル（ＰＤＰ）にシフトして液晶を切り離したがっていた松下電器産業と東芝の液晶部門を統合する大掛かりな再編も実施した。そしてもうひとつの大きな再編が、巨額利益をもたらしてくれる半面、市場を見誤ると巨額赤字にもなるＤＲＡＭだった。

「ＤＲＡＭは完全にマネーゲームでした。ＤＲＡＭに関してはＩＰ（知的財産）という感覚が日本側にはまったくなかった。ＤＲＡＭの開発が終わった段階で、汎用品のＤＲＡＭをつくるＩＰは製造装置メーカー側に移っており、付加価値の塊である高額の製造装置を大量に買える資金力があれば、ＤＲＡＭの商戦を制することができるようになってしまいました。最先端の製造装置を購入する巨額投資ができる半導体メーカーが勝ってしまうんです。二〇〇〇年六月までは我々も『イケイケどんどん』だったのですが、その年の暮れからおかしくなり、〇一年以降は本当にダメ……」[*6]

そう岡村は釈明した。

ニコンやキヤノンの露光装置（ステッパー）や東京エレクトロンのエッチング装置、大日本スクリーン製造の洗浄装置など最新鋭の半導体製造装置を大量購入しさえすれば、後発の半導体メーカーでも汎用品のＤＲＡＭは量産することができるようになってしまった。要は一台数億円というそれらの装置類をいかに迅速に購入し、工場建屋に据え付けることができるかという資金力が左右する時代になっていたのである。その博打的なビジネスから逃れるには、規格品の量産ではなく、設計力を生かして多品種少量生産に向かわなければならなかったのだが、日本メーカーはそうしたことには不向きだった。やがて半導体業界は設計に特化した英ＡＲＭホールディングスなどが存在感を発揮するようになる。

東芝と同じような総合電機メーカーである独シーメンスは、金食い虫の半導体部門をインフィニオン・テクノロジーズとして分社化しており、東芝はこのインフィニオンとの経営統合交渉を行ったものの、条件が折り合わず、決裂。結局、半導体ＤＲＡＭの米国工場は米マイクロン・テクノロジーに売却するものの、国内拠点の四日市工場はＮＡＮＤ型フラッシュメモリーの量産工場に変えることを決断する。ＤＲＡＭ脱却という思い切った処断だった。

その〝英断〟に対して違和感をもって見つめていたのが、経済産業省の担当官僚だった。

「一年前に韓国のサムスンは数千億円で東芝のＤＲＡＭ事業を買いたいと言ってきたのですよ。あのときに決断できていたらもっと高く売れたはずです」。このころ米国から帰任したばかりの福田秀敬ＩＴ産業室長はそう言った。東芝の半導体部門には設計力も製造力もあるが、半導体部門のトップがタイミングをみた投資決断ができない、市況によるアップダウンがあるから半導体部門のエースが途中で解任されてしまう……そうひとしきり問題点を指摘したうえで、「西室さんは経営者として優れているのですかねぇ」と疑問視した。「現社長が次の社長を選ぶようなことはやめたほうがいい。マネジメント能力のある人に代えたほうがいい」と語った。[*7]

皮肉なことだが、ずっと後の東芝の経営危機に遭遇して、経産省を退官して二〇〇八年に米系投資ファンドのシルバーレイクのアドバイザーに転じた福田は、東芝の半導体部門の買収に名乗りをあげる側にまわることになる。

岡村がＩＴバブル崩壊後の後始末に追われるころ、西室会長は別のことを考えていた。私は、西室が社長を退任したころの夜回り取材で「僕は東芝の社長で終わらないよ……」と漏らすのを聞いたことがある。東芝という会社の「格」が、それだけでは終わらせないというニュアンスのことを言っていた。つまり、財界活動に力を入れ、東芝会長としてそれなりの名誉ある地位を求めるということだった。

西室は東芝の会長になると、〇一年五月には経団連副会長に就任し、政府の地方分権改革推進会議の議長にもなるなど公職にも就くようになった。得意の英語力が効き目になったのか、日米財界人会議の議長にもなった。そんな〇二年ごろ、西室の側近の一人は、西室が側近連中を会長室に集めた席で、「もし、経団連会長になれるのであれば、なりたい」と話すのを耳にしたことがある。

以来、ときおり西室はおなじことを言った。

「そのあとも何度か経団連会長への意欲を聞きました。経団連副会長のとき（〇一〜〇五年）に『経団連会長になりたい』とおっしゃっていましたし、（〇六年に）経団連評議員会議長になられたときも、『ひょっとしたら経団連会長になれるかもしれない』とおっしゃられていました」

そう側近は言った。[*8]

岡村が社長の時代、会長の西室は精力的に財界活動に力を入れる一方、東芝の経営陣の人事についても影響力を保持し続けた。社長の岡村は、先輩役員への遠慮や自身の控えめなキャラクターも手伝って、東芝のふだんの実務は副社長以下に任せがちだった。

西室を牽制した古参の副社長クラスが〝刺し違える〟つもりで西室を社長から引きずり下ろしたものの、その後の展開を見れば、彼らの振る舞いはまったく逆効果の〝自爆〟にすぎなかった。西室は、〝舅小姑〟のような古参幹部が一斉に消えたことによる東芝社内の権力の空白をついて、かえって自身の権威を強化することに成功したのである。辞めた副社長の一人はそんな西室について「なんて卑劣な奴なんだ」と周囲に漏らした。[*9]

同じように安藤國威に社長職を譲ったソニーの出井伸之が、会長に退いたというのにいつまでたっても社業にくちばしをはさむのと似ていた。現職社長である岡村と安藤以上に、会長の西室と出井が輝きたがる。

〝枯れる〟を知らないのだ。

東芝が1985年に世界で初めて
ドイツで発売したラップトップ型パソコンT-1100

第三章
奇跡のひと

パソコンの出血

岡村正が東芝の社長を務めて三年を経た二〇〇三年のことである。

東芝の社長在任期間はいくつか例外はあるものの、おおむね四年が一般的で、岡村も仕上げの時期にさしかかっていた。ITバブル崩壊の直撃を受けて、〇一年度は純損益が過去最悪の二千五百四十億円の巨額赤字に陥ったが、〇二年度は一転して黒字に回復。岡村にとって「売れるものを売って、一万八千人のリストラをやった。ようやくプラスになって目鼻がついてきて、これから成長戦略を」[*1]と考えていた矢先、再び雲行きが怪しくなってきた。〇三年の春ごろから米国のパソコン販売が赤字に陥ったのである。

東芝のパソコンは日本市場では富士通やソニーの後塵を拝していたが、欧州や米国では大きなマーケットシェアを奪い、年間で七千億円超もの売上高を計上するという、東芝にとって中核事業のひとつに育っていた。とりわけ米国ではデル、ヒューレット・パッカードと肩を並べる三強の一角で、ノートブック型パソコンに限って言えば、一九九〇年代半ば以降、長らく米国市場のシェアはナンバーワンだった。〇二年度は東芝が三百九十五万台を出荷したうち七五%の二百九十五万台が海外で売られている。東芝のパソコンビジネスは、海外市場で圧倒的な存在感をもっていたのである。この点がパソコン販売の不振から撤退した日立製作所や三菱電機とは大きく異なり、東芝が重電以外の情報通信やデジタル家電に進路を見出す要因のひとつになっていた。

ところが、そのパソコンの主要販売市場である米国で、市場価格の下落が急すぎて、採算が合わなくなった。このころヒューレット・パッカードは格安パソコンで知られたコンパックを二百四十億ドルで買収し、功を焦ったカーリー・フィオリーナCEOのもと北米市場で安値競争を仕掛け、デルがそれに続いたのである。これによってパソコンの販売価格は平均で二割以上も下がってしまった。東芝はこの当時、きめ細かな顧客ニーズに対応しようと、あえて多様な製品ラインナップをそろえていたこともかえってコスト高として裏目に出た。

「在庫をたくさん持っているときに価格が下がると、大きなロスを食らう。作りすぎてしまうと後で売り捌くのが大変。それが起きてしまった」。東芝のパソコンの生みの親である溝口哲也はこのときのことをそう振り返る。[*2]

二〇〇三年度の第1四半期（四月〜六月）はパソコン部門が六十九億円の赤字に陥り、同四半期の連結決算の純損益も三百六十八億円の赤字に陥った。株式市場では東芝のパソコンの急激な失墜は意外感をもって受け止められて、株価は急落した。

七月を過ぎてもパソコン部門の出血は止まらなかった。岡村は九月、中間決算の業績予想を下方修正するとともに中間配当を見送ることを発表し、その席でパソコン事業の抜本的な再建策を打ち出した。九月末時点のパソコン部門の赤字は百七十億円に拡大し、なおも止血ができていなかったからだった。

岡村は「過去の成功体験で昨年までは開発機種を増やしてきてしまった。成長体験の延長線上にいたとき急激な価格ダウンにぶつかった」「過去の成功体験により、自分を含めて意識のずれがあったという指摘は甘んじて受けざるを得ないが、必ず回復する」と発言。[*3] パソコンのモデル数が増えすぎ、購買部品の点数が増加し、部品の調達に混乱をきたしたり、開発の遅れを招いたりしていることを反省し、これからは市場の変化に対応した商品構成にする、と言った。社長自らが記者やアナリストの前に出て釈明せざるを得ないほど、追い込まれたのだった。岡村はこのときの記者会見で、予定していた終了時間を大幅に過ぎても取り囲む記者たちの質問にひとつずつ丁寧に答えている。岡村にとって、いや東芝にとって、このときのパソコン部門の赤字は、それほど重大なことだった。

このとき再建策として打ち出されたのが、国内の一大製造拠点である青梅工場における生産台数を減らすとともに、コストの安いフィリピン、中国の工場の生産を拡大することだった。さらに低価格の機種に関しては、自社で製造するのではなく、外部メーカーに設計から製造まで委託するODM（オリジナル・デザイン・マニュファクチャリング）供給という手法を思い切り拡大することに踏み切ることにした。これら低価格機種に関しては、〇三年度下期までにODMメーカーへの依存度を三〇％にまで高める、という方針を示している。

だが、こうした改善策を講じてもなお、パソコン部門の赤字を止めることはできなかった。

年度末の三月末時点になると、東芝のパソコン部門の赤字は四百七十四億円にも拡大したのである。

実をいえば、パソコン部門の赤字はこのときが初めてではなかった。東芝にとってパソコン部門は他社にない大きな事業領域だったとはいえ、そもそも競合メーカーの数が多いうえに、マイクロソフトのＯＳとインテルのＣＰＵなど調達部品やソフトに費用がかさみ、必ずしも利幅が厚いものではなくなっていた。すでにこの時点で価格以外に差別化する特性をもたない〝コモディティー〟（市況商品）になっていた。半導体ＤＲＡＭや液晶パネル（ＬＣＤ）が辿ったのと同じ道を歩もうとしていた。パソコンの完成品メーカーにはもはや性能面で競争力はなく、後発の中国メーカーが安い人件費と大量製造を武器にして、市場を席捲する時代に突入しつつあったのである。

西室泰三が社長に就任した一九九六年度のパソコン部門は売上高が約七千四百億円で、六百億円もの営業利益を稼ぎ出し、この功績も手伝ってか、このときパソコン事業部長の西田厚聰は九七年六月、同事業部長を兼務したまま、念願の取締役に昇格している。すると西田はそれまでのノートブック型パソコンだけでなく、「北米にデスクトップ型パソコンも投入したい」と言い出し、北米市場にデスクトップ型パソコンを投入した。ところが、これがライバル社との価格競争に負けて大量に売れ残ってしまった。財務担当の島上清明常務は九七年度の決算会見で「パソコンは価格下落によって米国で赤字になり、事業全体でも赤字になった」とパソコン部門の赤字額こそ明示しなかったが、赤字転落したことを認めた。[*4] この当時、パソコン部門に所属した者の手持ち資料によると、売上高は六千九百億円で、赤字額は米国だけで七百億円にもなった。前年の黒字が一気に吹き飛ぶ赤字額だった。「西田さんが『デスクトップもつくるべきだ』と譲らず、反対を押し切って始めたら赤字になってしまった」。当時パソコン事業部に在籍していたOBはそう打ち明ける。[*5]

さらに二〇〇一年には、一九九四年度から七年連続で全世界のシェアでナンバーワンを誇っていたノート型パソコン市場で東芝はシェア二位に転落、全米に限ると三位に後退し、パソコン部門は五十億円の赤字に再び陥った。このとき経営企画（コーポレート事業開発センター長）担当の上席常務に転身していた西田に対して、出身母体のパソコン部門再建の大命が下り、パソコンやDVDなどを所管する社内カンパニーのデジタルメディアネットワークのトップに就任することになった。西田起用後、パソコン部門は成長軌道に復し、二〇〇二年度には百十億円の黒字に転換することができた。

だが、それもつかの間のことだった。二〇〇三年度には四百七十四億円もの巨額赤字に転落し、岡村を悩ませたからである。

一時は一千億円近い利益をたたき出した東芝のパソコン事業だが、次第にパソコンのコモディティー化が進むにつれて利幅は減少。この数年間は赤字になったり黒字転換したりという、きわめて不安定なビジネスになっていた。

社長の岡村にとってパソコン事業の再建は、早急に手を講じなければならない頭の痛い問題だった。そして、このとき〝再建請負人〟として岡村の頭に浮かんだのは、何度もパソコン部門の窮地を立て直してきた西田厚聰だった。

小さなジョブズ

東芝のコンピューター開発の歴史は、一九六四年に米ゼネラル・エレクトリック（GE）と技術提携を結び、米IBMの牙城だった大型機分野に参入したのが始まりだ。六八年には東京・青梅にコンピューター部門の専用工場を開設したが、〝師匠〟役であるGEが七〇年、突如コンピューター部門から撤退し、事業をハネウェルに売却することになった。このため東芝は急遽、パートナーをハネウェルに変更することを余儀なくされている。

この当時、通商産業省は国産のコンピューターメーカーを保護するために輸入制限や高関税政策をとっていたが、こうした保護策には海外からの批判が激しく、七一年に輸入自由化を決定。システム360シリーズで大成功していたIBMに対抗するために、通産省は、IBM互換機路線の富士通と日立、ハネウェル互換機路線の東芝とNEC、それに独自路線の沖電気工業と三菱電機をそれぞれ提携するよう誘導し、日本メーカーは三グループに分かれて開発競争を繰り広げることになった。

だが、開発投資に巨額資金がかかるものの、IBMの圧倒的優位は揺るがない。東芝はついに七八年、大型コンピューターの開発を断念、撤退することを決めた。このとき開発の責任者だった溝口哲也は「このままでは仕事がなくなる」と焦り、藁にもすがる気持ちで訪ねたのが、当時、東芝の総合研究所でカナ漢字変換の研究をしていた森健一だった。こうして森の研究室と溝口の大型電算機開発部の共同開発で生まれたのが、日本初の漢字ワープロ「JW-10」である。これが後に個人向けワープロ「ルポ」となって、富士通の「オアシス」やシャープの「書院」とともにワープロ市場を牽引する大ヒットシリーズに成長し、森は日本語ワープロの生みの親という名声を得ることになった。

次いで溝口が考えたのがパソコン市場への参入だった。パソコンの概念を提唱した米ゼロックスのパロアルト研究所のアラン・ケイ研究員が七〇年代に書いた「パーソナル・ダイナミック・メディア」という論文に「個人が持ち運べる電子文房具が登場する」とあったのを思い出し、据え置き型のデスクトップではなく、個人が持ち運びできるパソコンを開発しようと思い立った。後に溝口はダイナミックとブックをかけあわせて自社製品を「ダイナブック」と名付けることになる。日本語ワープロの開発にかかわり、パソコンも黎明期から開発に取り組んだ溝口は、米国のパソコン業界からも畏敬の念をもって見られる「ビジョナリー」的な存在だった。後にNECの高山由と並んで日本のパソコン業界の顔になり、長身・白髪で見栄えのする溝口は、ちょっとしたスティーブ・ジョブズのようだった。このころの東芝には森や溝口といった電機業界を代表するスター選手がいた。

この溝口の着想が実を結んだのが、東芝が八五年に世に送り出したラップトップ型パソコンの「T-1100」だった。二枚貝のように開くと液晶画面が現れるクラムシェルというスタイルをこのとき提唱し、約四キロの軽量化を実現できたため持ち運ぶことができた。当時は五インチのフロッピーディスクが一般的だったなかで、あえて三・五インチのフロッピーディスク・ドライブ（FDD）を採用している。

翌八六年には、ハードディスク・ドライブ（HDD）を内蔵した「T-3100」を発表。HDDを搭載して持ち運びができるパソコンの登場は、当時としては〝常識破りの発想〟であり、「いつでも、どこでも、だれにでも、という当社PCのコンセプトと技術開発はここから始まった」という。[*1]やがて、この「T-1100」「T-3100」が原型になってノート型パソコンは進化し続け、FDDや半導体メモリーDRAM、液晶画面や電池など関連部品が巨大なビジネスに成長してゆくことになる。

「デスクトップが大きすぎるという声が多いものだから、それをリプレースしようと思ってね。五、六年かけていいものを開発しようと思って小型化にチャレンジしたら二年でできた。搭載するLSIの開発も自分たちでやったし、それを造るため（プリント基板に電子部品を装着する装置である）チップマウンターの開発も促していったんですよ」

そう溝口は振り返る。[*2]

「T－1100」は、開発チームからすれば、「必ずどこでも売れるだろう」と考えられた画期的な商品だったが、海外では知名度のあるIBM互換機が大勢を占め、国内ではNECの98シリーズの人気が高く、かなりの苦戦が強いられた。

そんなときに「私に売らせてほしい」と溝口たちに声をかけてきたのが、当時、東芝ヨーロッパ社という欧州の販売会社の上級副社長として西ドイツのデュッセルドルフに赴任していた西田厚聰だった。

「当時はまだ五インチのフロッピーが主流のなか、西田さんは『これから必ず三・五インチが主流になりますから』と顧客を説得して歩いたそうです。日本でも米国でもなく、一番売るのが難しい欧州で火がついた。西田さん以外の人だったら、あんなに売ることはできなかったかもしれません」

溝口の部下だった田中宣幸は回想する。[*3]東芝にはアグレッシブにモノを売るという販売力が、たとえば同業の松下電器産業（現パナソニック）などと比べて弱かった。その点、西田は持ち前のハングリー精神と勉強熱心な姿勢で顧客を開拓し、販路を拡大していった。東芝には珍しいアグレッシブな男だった。

その当時、西田の部下として欧州に駐在していた社員は、西田の〝商法〟をこう解説する。

「買ってくれそうな企業の購買部門の担当幹部の、好みのワインとか、行きたいレストランとか奥さんの誕生日とか徹底的に調べ上げて、接待で商談するんです。あの努力がすごかった」

西田は一般コンシューマーよりも数百台単位の大口受注が期待できる大企業の購買部門に狙いをつけてセールスに行脚した。ドイツ企業だったらフィヒテやカント、フランスだったらモンテスキュー、イギリスだったらホッブスやロックなどを話題に振ると、学生時代にそうした古典を学んできたような担当幹部は西田の話に身を乗り出し、関心をもってくれたという。

こうして頭角を現した西田が、赴任先のドイツから日本の東芝本社に帰任する際、レストランで開いた仲間内の送別会で語った言葉を、この部下は忘れられない。

「このたび私は東京に部長で戻ることになりました。同期の中で部長になったのは私が初めて。私が一番、出世が早いんです」――。

「なかなかそういうことを大っぴらに言う人は、ウチの会社ではいないんですよ。だから強烈な印象として残っています」

彼は三十年余り前のことを思い出して苦笑いした。

「西田さんと一緒に飲めば、いつも上司の悪口と自分の自慢話ばかりという人だった。あの頃の東芝にはいない、アクの強いタイプでした。それなのに入社年次をすごく気にされていて、しょっちゅう『自分は昇進が遅れている』と言っていました。西田さんは政治学者になろうとして回り道し、しかもイランの合弁会社から東芝に入ってきたのです。東芝には三一歳のときに途中入社で入ってきたものですから……」[*4]

種まき権兵衛

西田厚聰は一九四三年、三重県に三人姉弟の長男として生まれ、姉と弟がいる。父は小、中学校の教員だったが、若いころに結核を患い、自身の身体のことを考え、温暖な尾鷲《おわせ》周辺の勤務を希望した。[*1]

父の転勤によって三重県内の各地に引っ越したため、生まれたのは熊野市有馬町だったが、その後、小学校は紀北町《きほくちょう》三浦、尾鷲市須賀利《すがり》、同市三木里《みきさと》、そして紀北町海山《みやま》と四回も転校した。この地域は、山を越えると方言の語尾が変わるといい、西田は小学校六年生まで次々変わる方言を覚えていったという。教員の父は転々とする赴任先に田畑も家屋も持っていなかったため、農繁期の日曜日になると、西田に「お百姓さんの仕事を手伝ってきなさい」と命じ、早朝から農家の手伝いをさせた。「そこで学んだことは大きかったですね。農業というのは身体で覚えないとダメなんです。体験して体得する。単なる抽象的な経験じゃないんです。これは会社に入ってからも大変役に立ちました」。西田は後にそう語っている。[*2]

西田が小学校を卒業したころ、一家は、父親の赴任先である海山町の便ノ山分校に移った。背後に急峻な深山が迫るこの地域は、江戸時代から植林が進み、三大美林の尾鷲檜の産地でもある。四年生になると三十分ほど歩いたところにある町中の小学校に通うようになるため、分校はまだ小さい一～三年生だけの、三学年あわせてもせいぜい生徒数二十人程度だけを受け入れていた。その分校の横に小さな教員用の官舎があり、そこが西田家の新しい住まいとなった。

便ノ山は、権兵衛という武士出身の農民が刻苦精励し、篤農家《とくのうか》になったという民話「種まき権兵衛」が生まれた地で、分校のそばには権兵衛の菩提寺の宝泉寺がある。若き日の西田はまさに権兵衛のようだった。西田家の隣家の濱田芳英は「よう勉強できた。昼間は私らと一緒になって山の中で遊んだりアユを捕りに行ったりしても、夜になると決まって三時間は勉強していた」と言う。小さく古い教員官舎には内風呂がなく、よく隣近所にもらい湯に行った。そんな風呂を貸した近所の同級生の世古義明は「あっちゃんは、ものすごい努力家で勉強家だったが、勉強ばっかりのガリ勉ではなかった。スポーツも万能。あっちゃんは、いつも真剣勝負よ」と言う。西田はこの便ノ山から山を下って海に面した潮南中学校に通い、二、三年生のときに生徒会長を務めた。

種まき権兵衛の里として知られる便ノ山は、転校の多かった西田にとって中学・高校の六年以上をここで過ごすことになり、実質的な故郷だった。父が急用のときは「高校生ぐらいの時分だったと思うが、あっちゃんが先生でもないのに代わりに授業をみたこともあった」と近所に住む当時の教え子の一人、上村剛央は言う。

東芝の会長になった後の二〇一一年七月に同地で行われた七夕イベントには西田自らも駆けつけ、東芝製のＬＥＤ二千五百個を寄付し、祭りを華やかに飾っている。かつて分校があったところはいま、地区の集会所に変わっているが、そこには西田の「わが故郷　便ノ山」「故郷の七夕に寄せる思いとみなぎる力　いつまでも続けと祈る」という二枚の色紙と近所の人たちが彼を囲んだ記念写真が飾られている。西田は小さな集落が生んだ英傑であった。[*3]

西田は中学卒業後、地域の名門校である県立尾鷲高校に進学した。便ノ山から山を下りて国鉄の相賀駅で乗車し、尾鷲駅まで毎日、汽車通学した。高校時代に西田は直接授業を受けたわけではないのだが、他のクラスを受け持っていた世界史の教員が毎回、授業を始める際に語る「諸君、尾鷲湾はテムズ川に通じるということを忘れないでくれたまえ」という言葉に強い印象を受けたという。[*4]

尾鷲高校で三年間ほぼ毎日一緒にすごしたという友人の浜野耕一郎（浜野皮膚泌尿器科院長）は「数学、化学、物理は僕、英語と国語は西田だった。彼は英語がものすごく得意でね、いつも岩波書店の英和中辞典を持ち歩いていたのを記憶していますよ」と振り返った。

高校三年生のとき二人は示しあわせて修学旅行に行くことをやめ、代わりに学校に積み立てていた旅行代金七千四百円を返してくれるよう担任の教員にかけあった。「ホームルームのときに毎回『金返せ』と先生に向かって言ったものだから、先生も『お前ら、うるさい。もうわかった』と。それで返してもらったお金で僕と西田は互いにラジオを買ったんだ」。深夜放送や音楽を聴くためではなかった。当時は近くに大学受験の予備校がなく、「毎日午前六時からのＮＨＫのラジオ講座で受験に必要な科目を聴いていたんですよ」と浜野。西田はラジオ講座で勉強するために前の晩に予習し、聴いた後は復習を欠かさなかった。「彼とは毎日一緒だった。非常にまじめで勉強熱心。彼はすごく負けず嫌いだったね[*5]」。西田はZ会の、浜野は旺文社の通信教育にそれぞれ取り組んだが、それは「二人がお互いに教え合いをしたら実力の向上にならない」と考えてのことだった。

浜野は一浪後、三重大の医学部に進学した。だが、京大志望の西田は受験に失敗し続けた。やっと二浪して早稲田大政治経済学部に入学し、早大で学生運動に遭遇したらしかった。卒業したのは一九六八年、二四歳のときだった。

その後、東大の大学院法学政治学研究科に転じ、碩学で知られる福田歓一教授のもとで西洋政治思想史を学んだ。一九七〇年に修士課程を修了し、福田の推薦も手伝って同年、修士課程の研究対象だったフッサールについて、岩波書店の雑誌「思想」に「フッサール現象学と相互主観性」と題した論文を寄稿している。

そのまま政治学者になるつもりで博士課程に進み、フィヒテをテーマに博士論文の作成に挑んだ。だが、フィヒテ研究の三年目に突入して間もなく、西田はある日、忽然と皆の前から姿を消した。

「西田さんはアクティブな人だったので、アカデミックな世界にとどまる人ではなかった」(同じ福田門下生で一年後輩の加藤節成蹊大名誉教授[*6])という評もあるが、福田を含めて多くの関係者からすると、あまりにも唐突な出来事だった。「ある日突然、彼はいなくなったんだ。

それがなぜなのか、誰もわからなかった。博士課程の論文を書いている途中だった。何も辞めることもないのに……。博士号を取得してから就職してもよかったのではないか」と当時の友人の一人は言う。

西田が学者の道を断念した背景には、イランから東大に留学に来たファラディン・モタメディという女子大生の存在があったと思われる。彼女は「美貌でスタイルもよく、ペルシャのお姫様のような女性」「女子大生自体が非常に少ない時代だったから、エキゾチックな風貌はキャンパス内でとにかく目立った」と東大時代の同級生が言う。彼女は、丸山真男教授のゼミの門下生で、丸山の著書『「文明論之概略」を読む』の「結び」で、こう紹介されている。

かつて『文明論之概略』をテキストにして学部演習を行う掲示を出したおり、ある日事務室から、イランの外国人留学生が演習参加志望の件でこれから伺うからよろしく、という電話が研究室にかかってきました。間もなく私の部屋をノックする音がきこえたので、「どうぞ」といって扉の方に顔を向けると、黒ずくめのワンピースに身をつつんだ若い女性が立っているではありませんか。（中略）招じ入れてイランから日本の文部省留学生試験に応募したいきさつなどを一通りきいた私は彼女にたずねました──（中略）どうして福沢をテキストにする演習などに参加するのか、と（中略）彼女の答えは大要つぎのようなものでした──私の祖国イランは古代には世界に冠たる帝国であり、また輝かしい文化を誇っていたのに、近代になって植民地の境涯に沈淪し、いまようやくそこからはい上ろうとしている。日本は西欧の帝国主義的侵略の餌食とならず、十九世紀に独立国家の建設に成功した東アジア唯一の国家であった。私はその起動力となった明治維新を知りたいので、維新の指導的思想家としての福沢について学びたい、と。（中略）

ついでに言えば、この外国人女子学生の淀みのないテキスト朗読と、バックル（注・福沢が参考にした英国の歴史学者）の書物にまであたった報告とは、日本人の参加学生を瞠若《どうじゃく》たらしめるものがありました。[*7]

ファラディンは東大在学中、むしろ外交官志望の学生に関心があったらしいが、猛烈にアタックし続けた西田に根負けしたようだ。文部省の招待留学生のような格好で東大に留学してきた彼女は、所定の留学期間を終えるとイランに帰国することになった。

彼女はイランの外交官になるつもりでいて、その前の一時的な就職先として、東芝がイランの現地資本パース・エレクトリックと合弁で設立したばかりのパース東芝工業に秘書として勤務するようになった。同社は東芝、現地のパース社、それにソ連の銀行の三者が出資してできた合弁企業だった。彼女はイランで指折りの名家出身で、実家には政財界への人脈があった。しかも彼女は日本語が流暢ときている。パース東芝にとって瞬く間に貴重な戦力となった。

このころのイランでは国際結婚がまだ珍しく、敬虔なイスラム教徒の彼女の父は披露宴は花嫁の実家で行うべきという考えだった。西田が結婚式を挙げるためにイランに行った際に彼女の勤務先の上司にあいさつしたのが、彼と東芝の縁の始まりだったという。[*8]

そのおよそ一年後、彼女は一枚のはがきをパース東芝のトップに見せた。そこには達筆の文章で「そちらで働かせてもらえないか」とある。聞けば、手紙の主は彼女の彼氏で、東大で政治学を学んでいるという。パース東芝側は躊躇したが、断ると有能な彼女が退職してしまいそうな気がして了承する。こうして西田は一九七三年ごろにパース東芝への採用が決まったという。[*9]

西田がなぜ学者の道を断念したのか、私がかつてインタビューした際に尋ねても、「理由は言いません。言わないことにしているんです」と峻厳な拒絶にあった。昂揚する学生運動などの時代背景があったのかと重ねて問うても、「どっちですかね。それもあるかもわかりませんね。まあ、いろいろな理由がありますよ」と語りたがらない。聞かれたくない質問なのか表情が険しくなり、気まずい沈黙が緊張を強いた。少し間をおいて彼は「学者に向いていなかったかもしれませんね」と笑みを浮かべて漏らした。[*10] 西田は、他のインタビューでも「ある時期に、このまま大学には残らない、研究者ではなくビジネスマンになるという決断をしました。今も、その理由は敢えて言わないことにしています。なぜなら、複数の理由があるものですから、その中から一つだけ取り上げられると、いろんなことを言われてしまう恐れがありますからね、これからも一切語らないことにしています」と、転身の事情を明言していない。[*11] ただし、ときには「私が辞めた理由を知っている人もいます。しかし言いません。ある人を傷つけてしまうからです」と思わせぶりなことも言った。[*12]

西田は、パース東芝入社後しばらくして「指導教官の福田教授と意見が合わず、博士号を取得する見通しが立たなかった。保守的な学界の中では自分のユニークな見方は退けられてしまう」と社内で漏らすようになったというが、学生時代の友人や福田の親族の見方は微妙に違う。「福田先生は自分の考えを押し付けるような先生ではありませんでした」「西田さんは自分よりも上には上がいることがわかったのでしょう。学究の道を突き進めるほどの力がなかったということです」「ファラディンさんにぞっこんだったので、イランに渡りたかったのでしょう」……。

彼の出奔《しゅっぽん》は、福田にとっては謎で、しばらくキツネにつままれたような感じだったという。国際会議などでテヘラン大を訪れた際に「再び大学に戻らないか」と手紙を西田に送ったが、「もう決めたことなので学者の道に戻ることはありません」と彼の決意は固かった。[*13] 教え子のなかで比較的、西田と親交のある加藤節は後に西田が東芝社長に就任した二〇〇五年ごろに仲介して、西田・ファラディン夫妻と一緒に福田をたずねて懇談したが、そのときも西田は当たり障りのない話に終始し、なぜ福田のもとを急に去らなければならなかったのか、具体的な話はしなかった。

た。

ファラディンの仲介で西田は一九七三年ごろからイランのパース東芝工業で働くことになった。

東芝から送り込まれた社長の深田文敏は、米国で教育を受けたイラン人幹部と英語でコミュニケーションすることに困難をきたしがちだった。深田の下にいたファラディンは有能ではあったが、「男尊女卑」の当地ではイラン人の男性社員から反感を買いかねない。だから深田にとって西田は、非常に頼もしい男だった。イラン人の男性幹部社員とうまく波長をあわすことができたし、遠くカスピ海沿岸の町ラシュトにあった工場との間を行き来しては現地のスタッフに指示できる。深田の強い推薦があってパース東芝における採用が決まった。

イラン現地採用

西田にとって、最初の関門は東芝本社の人事部だった。東芝本社で約六カ月間、西田の研修を担当したという矢嶋利勇は、「入社の際には人事部が反対した」と打ち明ける。終戦直後の激しい労使紛争のようなことはなくなったものの、東芝には共産党員や学生運動の活動家出身の社員もいたらしく、人事部が「西田は学生運動をやっていたみたいだ」と言って採用したがらない。西田は周囲に「あんなものは麻疹みたいなものだ」と言い、大した活動歴もなく運動に何ら未練もないのに、である。矢嶋が困って海外事業部門の副部長に相談すると「よし、わかった。俺に任せておけ」と人事部に乗り込んで、「よく他人のことを言えるな。キミたちだって若いころはやっていたじゃないか。俺は知っているぞ」と切り返した。すると人事部の雑音はピタリとやんで西田の採用が決まったという。[*1]

研修中は当時、青焼きと呼ばれたコピー取りすら満足にできないありさまだったが、それを「そんなこともできないのか」と言われるとかえって奮発した。以来一週間ほど女性社員がコピーを取ろうとすると、「それを私にやらせてください」と代わってもらい、ひたすらコピーを取り続けた。後にこのときのことを振り返って、「一つ一つの仕事を体で覚えていくことはとても大切である、という農業体験から得た教訓」を思い出したという。[*2]

西田によると、現地採用で入って二年後に本社採用になったのは、「人事の人が、本当に象牙の塔を捨てることができるのか、配慮してくれたんですね。二年経ってもやっていく意思があるのなら、そのときに本社採用にしよう」ということらしい。[*3] それで「とりあえず二年間は東芝の現地法人で頑張ってはどうか」と勧められていったん同社に入社し、やがて二年経って仕事ぶりが認められると一九七五年五月、三一歳のときに東芝の正社員に転じた。だが、日本に帰国するのではなく、そのまま、すでに働いていたイランのパース東芝に七七年五月まで出向勤務することになった。[*4]

彼がイランに渡ったころ、小説家の松本清張が、飛鳥時代にペルシャ人が日本に来訪していたという古代史ミステリー小説「火の回路」（後に『火の路』として書籍化）を朝日新聞に連載する作業にとりかかっていた。すでに結婚していた西田・ファラディン夫妻は中央公論社の嶋中鵬二《ほうじ》社長の仲介で松本清張と吉兆で会食し、その日は午後六時から午前零時過ぎまで質問攻めにあったという。「あれは家内目当てで私は全体の四分の一も話さなかったくらいです。ゾロアスター教からイランの風俗まで質問はきわめて広範囲でした」と西田は言う。[*5] 小説の筋書きは、将来を嘱望されながら教授と意見が合わずにT大を追われた登場人物が存在し、この登場人物が女性問題で将来を棒に振ったとされるなど、西田やその周辺を彷彿させるものがある。

西田はパース東芝ですぐに頭角を現し、社長補佐的な職責を担った。合弁会社は二社あり、ひとつは蛍光灯や電球など照明機器を、もう一社は扇風機やジューサーミキサー、電気釜などをつくっていた。同社の工場はテヘランから五〇〇キロ以上離れたところにあり、西田は砂漠の一本道を何度も車を飛ばして行き来した。当時のことを振り返って西田はこう語っている。

「新興市場ですから、どんどん伸びていました。利益はまだ少なかったとはいえ、45億円ほど出ていました。東芝の利益が非常に落ち込んでいた頃で、450億円ぐらいしか出ていませんでした。その頃、現地法人の社長さんと『こういう会社を世界に10社つくれば、東芝本体の利益に相当するようになりますよね』と話していたものです」[*6]

当時のイランは石油産出量が世界第二位を誇り、親米的なパーレビ王朝のもと近代化に向けて積極的に投資をしてきた。一九七四年のGNPの伸び率は、昨今の中国どころではない四〇

%と発表され、「中東の日本」として国中が活況にわいたという。[*7] 成長市場で倍々ゲームに売り上げは伸びていったとはいえ、会社自体は小さな所帯だったため、購買から経理、営業管理まですべて見たうえ、商品を梱包する際に使う発泡スチロールの調達まで引き受けた。西田は、ここで会社経営の原点を習得した。やがてイランにおける電球のシェアは八五%にもなり、ライバルのオランダのフィリップスを圧倒していった。[*8] パーレビ時代はイスラム教国でありながら、「全然西側と変わらない。かなり自由な国だった」と西田。「あのころは自由だったから良い映画がいっぱい作られました」[*9]

イラン勤務時代、「会計のことがわからないと企業がわからない」と、英語で書かれた企業財務の専門書を取り寄せて一から勉強した。こんなところから「彼は論理明晰で学究肌だが、当時テレックスで送られてくる文章も難しくて、『何が書いてあるかわからない。もう一回わかりやすく書いてくれ』という返事になってしまう。そんな現実離れしたところがあった」と、西田を引き立ててきた矢嶋は言う。[*10]

東大受験の失敗、博士課程での蹉跌《さてつ》、そして大企業の東芝にあって傍流どころか異端ともいえるイラン現地法人からの社会人生活のスタート。幾重もの屈折・挫折が西田を、よく言えばバイタリティーのある人物、別の言い方をすると上昇志向の強い人物にしていった。

西田はイランから帰国すると主に海外営業畑を歩んだ。第一国際事業部の企画担当の主任に任命され、海外進出の計画策定に従事し、東芝の〝海外マン〟として世界各地に出張した。次いで第三国際事業部が設けられた七九年以降、電子部品や電子機器、医療機器など幅広い製品の輸出を担うようになった。

八四年に東芝ヨーロッパ社の上級副社長に就き、欧州でパソコンを売りまくって頭角を現した。海外でノートパソコンの潜在需要を掘り起こすことに成功したため、八八年に情報システム国際事業部の部長に昇進した。九二年には米国アーバインに所在した東芝アメリカ情報システム社の社長に就任し、米国でも東芝のパソコンのセールスに努め、東芝のパソコンは日本市場よりも先に欧米で強固な地歩を築いた。アーバインでは取締役兼東芝アメリカ社副会長として赴任していた西室泰三の知遇を得るようにもなった。トータルで十三年半も海外勤務を経験し、十四年間勤務の西室と同じく〝海外マン〟だった。

西田が第三国際事業部や情報システム国際事業部に勤務したころの部下たち――能仲久嗣、下光秀二郎、深串方彦たちはやがて「チーム西田」と呼ばれる〝派閥〟を形成するようになっていく。この西田派はパソコンの海外販売部門を中核としながらも、調達部門の田中久雄、経理の村岡富美雄ら他部門の中堅どころをも巻き込むようになっていった。能仲は西田のことを「事業家としての能力が高く、しかも人をひきつけるオーラが素晴らしい」と絶賛し、「ドイツ語、英語、フランス語の原書で本を読んでいて、グローバルレベルで見てもすごい教養人。彼に引き寄せられる人はいっぱいいたと思います」と称えた。[*11] この能仲を始め、下光や深串は西田のおかげで相次いで副社長にまでのぼりつめている。

「西田さんは敵味方の峻別が非常にはっきりしていた。敵は徹底的に叩きのめすが、身内にはとても手厚い。第三国際事業部という狭い部署の人間が、これだけ副社長に相次いで起用されるのは、東芝の歴史の中でもきわめて異常ですよ。しかも、本来、事業部門に対しては中立・公平であるべき本社のコーポレート部門の人事や経理の人間たちまで手なずけていった。村岡は中立・公平であるべき経理の人間にもかかわらず、そうした視点を失ってしまっていた。東芝の中にはあまりいなかったのですが、西田さんは自ら進んで派閥をつくる人でした。そこは西室さんと違いました」

かつて西田の下で働いたことのある元部下は、そう語った。

もっとも、西田が努力家であることは間違いないようだ。毎朝午前四時に起き、それから二時間は自身の勉強に費やした。元部下は「もともと酒好きだが、どんなに飲んで帰ってきても就寝前に二リットルの水を飲み、生理現象で強制的に午前四時に起きるようにしていると聞いたことがある」と打ち明ける。[*12] ナイキに営業に行くときには、臆面もなくナイキのシューズを履いて商談に臨むなど、大口顧客には営業マンとしては低姿勢だったのだろう。

「社長になりたい」

西田は九五年にパソコン事業部長に就き、九七年には同事業部長を兼務したまま念願の取締役に就任した。すると、このころから東芝のパソコン事業の立役者である溝口哲也とはっきり対立するようになった。

東芝のパソコン事業は技術の溝口と海外販売の西田が両輪となって育ててきたとはいえ、当然、社内的にも世間的にも開発が主で販売が従となる。溝口は後になって、「西田君のいいところを伸ばして育てていこうと思ったが、彼は私とは違う種類の人間だった」と苦笑いする。

溝口は「私からは言いたくない」と黙して語らずだが、当時の溝口の部下たちによれば、西田は当時社長の西室に対して溝口を讒言《ざんげん》し、西室も業界のスターだった溝口への嫉妬心があったようで、日本の「小さなジョブズ」はついに二〇〇一年、パソコン部門から外されてしまった。たまたま携帯電話の社内カンパニー、モバイルコミュニケーション社の社長候補の幹部に着服疑惑が浮かび上がったため、溝口はその再建役を口実に畑違いの部署に転出させられたのだった。さらに〇三年春には西室が新設したモバイル放送の社長に送り出されたが、同社の事業はビジネスとしては成立せず、巨大な累損を抱え、後に清算されている。西室の後任社長の岡村正も、一時は財界誌などに社長候補と書き立てられたことのある溝口に対して秘めたライバル心があり、ついに溝口は副社長に遇されることがなかった。

パソコンのコモディティー（市況商品）化が始まるとともに収益力が悪化するようになったことから、溝口は一九九七年、パソコンの次を目指して「ＡＶＣ５」という概念を提唱した。オーディオの「Ａ」、ビデオの「Ｖ」に加えて、コンピューター、コンテンツ、コミュニケーション（携帯電話）、カード、カメラの五つの「C」をかけ合わせた造語で、こうした各種商品の境界を越えた融合が進むと見てのことだった。青梅工場に新設した開発センターには、テレビを生産していた深谷工場、携帯電話の日野工場をはじめ各工場などから、関連エンジニアリング会社の社員も含めて、合計四千人ものエンジニアを集結させた。そうした融合の成果がスマートフォンの原初的な形態ともいえるPDA端末の「ジェニオ」シリーズだった。

「ジェニオはハード的にはカメラを除けば、いまのスマホの機能のほとんどは載っていましたね。当時私はパソコンよりもコミュニケーションやカードが伸びると思って、特に基幹デバイスとなるシステムLSIの開発をやるつもりでした」。だが、溝口が二〇〇一年に転出し、西田が同年、青梅工場を所管するデジタルメディアネットワーク社のトップに就くと、「全部ご破算さ。青梅に連れてきたエンジニアをみんな戻しちゃったんだよ」（溝口）[*1]。このころ溝口麾《き》下《か》の古参連中には「西田さんの下では働けません」「開発体制が変わるのは嫌です。辞めさせてください」と袂を分かつ者が相次いだ。

　西田は技術開発というよりも販売の人であり、数字を重要視するタイプだった。東芝の各事業部門は毎年二月中旬までに次年度の予算編成をまとめ、そのあとは三月末の決算期末に向けて追い込みをかけるのが慣例だが、西田は二月に経理に提出した次年度予算とは別に、四月に入ると「ストレッチ」と称して、経理に提出したものより一割以上も目標をアップさせた「実行予算」を部下たちに求めた。

「これが到達できないとなると、人格無視の罵詈雑言《ばりぞうごん》が待っていました。溝口さんの子分だった人が西田さんに大声で怒鳴られていたところに偶然出くわしたのですが、彼はきっと相当頭に来たのでしょう。バタンと大きな音でドアを閉めて出ていくのを目撃しました」。そう西田の部下の元事業部長は言う。*2

エンジニアたちの天国だった青梅工場の空気は急激に変わり、設定された高い目標値を乗り越えることがしきりと強調されるようになった。溝口を慕っていたエンジニアたちは徐々に追われ、代わりに「チーム西田」のメンバーが要職に起用されるようになっていった。

西田が溝口派を駆逐していく少し前の一九九八年十二月、東芝が電機業界の担当記者たちを集めて経団連会館で年末のパーティーを開いたときのことである。ホスト役の東芝の役員連中は何も食べずに立ちっぱなしだったため、当時社長の西室泰三、西田、および秘書室長ら西室の側近連中はパーティー終了後、おなかを満たそうと東京・新橋の寿司店に河岸を変えた。しばらくして西田が「ちょっと彼らをお借りしていっていいですか」と西室の側近連中を連れ出した。一行は午後十時を過ぎたころ、都心の高層ホテルのバーに場所を移し、再び飲み直し始めると、西田はおもむろに西室側近たちに向かってこう言った。「僕は西室さんのことをもっと知りたいんだ。キミたちなら詳しいだろう。西室さんがどんなことを考え、どんなことに興味を持っているのか教えてくれないか」。いぶかる西室側近たちを前にして、西田はこうも言った。

「僕はできることならば社長になりたいんだ」

このとき西田は、まだ役員入りしてたった一年半しか経っていない。まだヒラ取締役にすぎない。それなのに「社長になりたい」と、自らの野心を公然と口にしたことに、西室の側近たちは驚愕した。「東芝には普通、そんなことを口にする人はいないので、聞いていて内心、思い切りドン引きしました」(同席した西室側近)

酔った西田はこの晩、次第に饒舌《じょうぜつ》になり、主に西田派と呼ばれる面々の品定めを問わず語りに話し始めた。西田は「能仲、深串よりもむしろ、俺の後任が務まるのは下光しかいない」と、後に副社長に引き上げる下光に高い評価を与えていた。ホテルのバーでの密談が終わったのは午前二時半をすぎていた。*3

総合電機メーカー三社の中では、長兄格の日立製作所の社風が「野武士」的と評され、末弟格の三菱電機が「お殿様」と揶揄されるなか、穏やかな社風の東芝は「お公家さん」とからかわれてきた。ソニーのように「俺が、俺が」とアグレッシブに自己主張していないと社内で存在感を発揮できない会社とも違う。そんな東芝で、西田のように野心をみなぎらせた男は珍しかった。かつての石坂や土光、そして西室や西田もそうだが、幹部クラスには子女を東芝に就職させるものが少なくなかった。勢い、波風を立てたがらない(がむしゃらに働かない)温厚なお坊ちゃん、お嬢さんタイプが幅を利かすことになる。その中で、中途入社が一般的ではなかった一九七〇年代に、イラン現地法人が振り出しという〝異端〟のポストから社会人生活をスタートさせ、しかも東芝全体の中では傍流の海外営業畑から頭角を現していったのは、並大抵のことではなかっただろう。

お公家さん集団の東芝にあって、上昇志向の強い野心家の西田のような存在はきわめて珍しかった。しかも海外にパソコンを売りまくり、ノート型では世界一のシェアを実現したという大きな成果もあげてきた。東芝の中では販売で成果をあげるという者はきわめて珍しかった。一九九八年暮れに「社長になりたい」と漏らしたときはまだ願望にすぎなかっただろうが、西室は陰に陽に西田を守り立てていく。また西田の西室への献身ぶりは周囲の者が目を瞠《みは》るほどだった。「下の者には厳しいが西室さんには非常に腰が低い。飲み会もしょっちゅうやっていたようだった。二人はいつも一緒だった」と当時の副社長。そして二〇〇三年には、岡村正の後継社長候補に擬せられるようになっていた。

そのときにパソコンの出血が襲ったのである。

「西田君はあのとき〝当確〟状態だった。二〇〇四年度のどこかの時点で西田君が社長になることを公表する方向で話が進んでいたのです。取締役会の総意に近かった。彼は本命候補だったね」

この当時の副社長は言った。

だが、社長就任が内々定していたとき、西田の出身母体であるパソコン部門が〇三年春以降、フィオリーナ率いるヒューレット・パッカードの攻勢にさらされてパソコン販売の主戦場である米国市場で大きく後退していった。販売不振で売り上げが前年比で六％（約四百億円）も減少し、売れ残った在庫はたまる一方だった。パソコン部門の赤字は雪だるま式に増え続け、東芝全体の足を大きく引っ張ることになってしまった。

　財務部の中堅幹部だった久保誠はこのころ、半年間かけて社内の問題事業の洗い出しと再建策を練っていた。彼の再建策の腹案のひとつが東芝のパソコン部門の分社化だった。同年十一月、社長の岡村が主宰する戦略ミーティングの際にその案を披露した。分社化した方が経営の規律が働きやすくなる利点はあるとはいえ、東芝にとって一大事業であるパソコン部門を切り離すことには当然、抵抗感や反論はあるだろう。想定問答を練りに練って臨んだ約三十分間のプレゼンテーションだったが、じっと聞き入っていた岡村からはただの一言もなかった。周囲にいた森本泰生副社長も村岡富美雄執行役常務も、社長がただの一言もないものだから怪訝な様子で押し黙ったままだった。ついに一言もないまま、森本に「久保君、ここは私が引き取るから」と促された。久保の乾坤一擲《けんこんいってき》の具申は、思い切り空振りして幕を引いたかに見えた[*4]。

　岡村はこのとき、久保の提言をどんな思いで聞いていたのだろう。少なくともパソコン部門を誰かが早急に立て直さなければならないと考えていたはずだ。これまで何度か赤字に陥ったときにピンチヒッターとして登場し、見事立て直したのは西田であり、余人をもって代えがたい。しかし、その西田は自身の後継社長候補としてほぼ内定していた存在でもある。だが、西田が社長に就くとしたら、四百億円を超える巨額赤字を計上するパソコン部門出身者が社長として妥当なのか、正統性に疑念をもたれてしまうかもしれない。

森本がパソコン部門の分社化について西田に打診すると、西田は「私が再建してみせます」と建て直し役を引き受けることを即答した。だが、彼は無念の表情を浮かべた。

〇三年暮れ、東芝の社内では西田の社長就任を白紙にする案が浮かんだからだった。

「赤字部門の出身者が東芝の社長になるというのは社員感覚として問題でしょう。ひょっとしたら労組からも問題視されるかもしれない……。それで、ここは『西田君に立て直しを依頼しよう』ということになったんですよ」

そう、当時の副社長は打ち明けた後で、こう言って嘆息した。

「あんなことをするべきではなかったね。そもそも西田君で衆目が一致していたのだから、パソコンの赤字なんかを理由に社長就任をお預けなんかにしなければよかったんだ。そうすれば彼もプレッシャーにさらされて不正な方法に手を染めることはなかっただろうし、あの、お預けがいけなかった……[*5]」

一年お預け

東芝はパソコンの出血を食い止めることを狙って二〇〇三年十二月二十二日、社内カンパニーであるデジタルメディアネットワーク社内のパソコン部門を独立させて、新しい社内カンパニーのPC&ネットワーク社を〇四年一月一日付で設置すると発表した。デジタルメディアネットワーク社はDVDやハードディスク・ドライブ、さらにSDカードなど幅広い商品を扱っていたが、この中からあえてパソコンだけを切り出して独立させたのだ。久保の分社化案は受け入れられず、社内分社化が実行されることになったのだった。

同カンパニーの責任者（社長）には取締役兼執行役専務の西田厚聰が起用されることになった。PC&ネットワーク社の副社長には、「チーム西田」の一員で、西田の腹心の能仲久嗣が起用された。

西田は当時、デジタルプロダクツ事業グループおよびネットワークサービス&コンテンツ事業統括責任者として、かなり幅広い分野を所掌していたが、そのうちのパソコン部門だけのトップに就くことになった。所管が小さく狭くなり、一九九五年に就いたパソコン事業部長に舞い戻ったような格好だった。つまり九年前のポストに逆戻りである。

順当にいけば〇四年六月の株主総会後の取締役会で、岡村正の後を襲って社長に就いていたかもしれなかった。見方によっては〝降格〟と見られかねない人事だった。本人は面白いはずがない。社長就任がいったん白紙とされたショックはかなり大きかったようだ。

当時、西田をなぐさめようと声をかけた副社長は、西田が「こんなことになるんだったら、外からのお誘いに乗っていた方がよかったかもしれない」と気落ちしていたことを覚えている。外国企業の日本法人トップへの就任が過去に内々に打診されたことがあったらしい。「いくら本命視されていたとはいえ、いったん人事が白紙になったら、次はだれが出てくるかわからないからね、社長になれるかどうかはわからないわけだから」。そう元副社長はこのときのことを回想した。[*1]

西田の〝降格〟人事が発令されて間もない一月二十九日、東芝の取締役会は現社長の岡村正の続投を決めた。

コーポレート・ガバナンスを強化することをお題目に商法が改正され、取締役会には役員人事を決める指名委員会、役員報酬を決める報酬委員会、取締役の職務が適正かどうかを決める監査委員会が設けられるようになった。東芝は同法改正に先駆けて二〇〇〇年から同様の仕組みを採用しており、このときの指名委員会の委員長は西室泰三会長で、あとは谷野作太郎（元中国大使）、鳥居泰彦（慶應義塾長）の二人の社外取締役で構成されていた。三人は、「これまでの改革の実績をふまえ、岡村氏に引き続きその任にあたってもらうことが必要である」と意見が一致し、岡村の続投が決まった。四年交代が一般的な東芝の社長人事で、五年目以降に突入するのは青井舒一以来だった。

岡村は当時、社長続投にあまり乗り気ではなかった。むしろ「僕の時代はＩＴバブルが崩壊してリストラが続いた。次は成長戦略にふさわしい人になってほしかったので、欧州や米国でパソコンを立ち上げた功績者の西田君がふさわしい」と思っていた。[*2] 岡村は西室に対して「もし西室さんが会長を続けたいのであれば、自分は副会長でもかまいませんよ」と進言し、指名委員会の委員長だった西室に己の〝進退〟を預けたという。しかし、岡村が副会長に就き、西田に禅譲するアイデアは採用されなかった。「副会長というのはどうにもイメージが悪くて。いかにも西室さんが居座ったように映る。それで西室さんは嫌がったんだと思うよ」。岡村と親しい当時の役員はそう推測した。[*3]

岡村が会長ではなく「副会長でいい」と申し出た背景には、西室がこのとき東芝の会長のままでいたいという強い動機があったからだった。

西室は〇一年に経団連副会長に就任して財界活動を始め、地方分権改革推進会議の議長役など公職も積極的に引き受けるようになっていた。このときの経団連会長はトヨタ自動車の奥田碩だった。奥田は、経団連に吸収合併された日経連の会長時代を含めると、一九九八年から会長職にあり、そろそろ交代してもおかしくない時期にあった。なによりも本人自身が「二〇〇四年五月に会長を退く」と漏らしており、経団連会長の交代人事がありそうだった。経団連会長には、有力企業の現職の会長か社長が就くことが不文律となっており、もし、西田が社長になって岡村が会長に就くようなことになれば、会長の西室は人事の玉突きで相談役にでも退かないといけない。すると経団連会長の就任資格を失してしまう。千載一遇の好機にある西室からすれば、とてもできない相談だった。つまり会長のままでいたかった。

奥田は〇三年一月、通称「奥田ビジョン」と呼ばれる大胆な政策提言をまとめた。小泉政権がタブー視していた消費税の引き上げについて真正面から必要性を訴え、〇四年度から毎年一%ずつ引き上げ、一四年度に一六%にすることや、斡旋をとりやめていた政治献金の再開などを盛り込んだ。この「奥田ビジョン」を花道にして、奥田がいつ退いても不思議ではなかった。当時の経団連副会長は、西室のほか、ソニーの出井伸之会長、新日鉄の千速晃会長、日立製作所の庄山悦彦社長、キヤノンの御手洗冨士夫社長らで、顔ぶれから見ても、過去に石坂泰三、土光敏夫という二人の経団連会長を輩出した名門東芝の西室が起用される可能性はあった。本人も、ごく少数の側近を集めた内輪の席では「できれば経団連会長になりたい」と何度も漏らしており、意欲満々であった。

西室はこのとき政府の地方分権改革推進会議の議長として、国と地方の税財政の「三位一体改革」のかじ取り役を担っていた。三位一体改革とは、国から地方への補助金を減らし、国から地方に税源を移譲するとともに、地方交付税のあり方を見直すという、当時の小泉改革の目玉政策。その大枠を決める同推進会議で、西室の議事運営の仕方が「最初から結論ありき」「到底、看過できない」として委員たちが反旗を翻した。その一人、片山善博鳥取県知事が月刊「文藝春秋」に執筆した手記によれば、西室は、会議で出た議論を無視して、裏事務局がつくった試案を強引に押し通そうとしたという。「しかも、会議の裏では、官僚が委員らに圧力をかけ、根回しをし、自らに有利な結論に導こうとしていた」。結果的に補助金と地方交付税が削減される一方、税源移譲は実施が後回しにされた。片山は「率直に言って、財務省に都合のいい結論だったのである」と難じ、[*4]他のメディアの中にはその裏に経団連会長人事があるとかぎ取ったところもあった。経済誌や週刊誌は、批判されるような議事運営をしてまで財務省に媚びる西室を「経団連の会長を狙うなら今が辛抱のしどころ。会長職に就くには、財務省との関係を悪化させるのは得策ではない」「奥田会長が来年五月に退陣した場合、俄然クローズアップされるのが『財界の論客』で知られる東芝の西室泰三会長である」などと書き立てた。[*5]西室はこのころからやたら地位や名誉を求めたがる重篤な「財界病」にかかっていた。

この騒動が起きる少し前に西室にインタビューすると、彼は奥田経団連をこう絶賛していた。

「やはり今のトヨタの抱える経営上の問題と日本全体の抱える問題が重なり合うんじゃないですかね。私は『奥田ビジョン』に大賛成。もともとの案は相当過激だったんです。『法人税ゼロ』なんていうのが入っていて、こういうのをあまり打ち出しすぎると、身びいきに受け取られかねない。それで副会長クラスでだいぶ揉んで『法人税率の引き下げ』とトーンダウンしたのです。しかし、今井敬さんが会長だったころと比べて、経団連は変わりましたね。奥田さんになってだいぶ幅が広がった気がしますね」

そして「奥田さんは尊厳死協会に会員登録しているんです」と明かし、「いままでの日本はあまりにも物質主義で、精神的なもの、心の問題をおろそかにしてきたと思う。私も病院のベッドの上でスパゲティー状態にされて最期を迎えるのははかなわないと思う」と語った。

ライバルの出井は財界ではどうなのかと聞いてみると、「あんまり人気がないですな」とぽつり。私が「では、奥田さんはだれを買っているのか」と尋ねると、西室は、柴田昌治日本ガイシ会長と御手洗冨士夫キヤノン社長の二人の経団連副会長が「奥田さんの指名だった」と言った。このときは尋ねた私も、それを軽く受け流した西室も、まさか奥田の後に御手洗のような軽量級が財界トップの経団連会長になろうとは夢にも思っていなかった。[*6]

稼ぎ頭だったパソコン部門が大赤字に陥ったとき、西室は経団連会長職を睨んで東芝の会長のままでいたかった。そのためには岡村を会長にせず、社長にとどまってもらうほかなかった。だから社長交代はありえなかった。

かくして、いったんは次期社長に内々定していた西田厚聰は社長就任がお預けになり、パソコン部門の立て直しのため、新設された社内カンパニーのPC&ネットワーク社のトップに就くことになった。

異例ともいえる岡村続投がアナウンスされた背景には、こうしたことがあった。

バイセル取引

西田厚聰が二〇〇四年一月、パソコン部門のＰＣ＆ネットワーク社の立て直しに古巣に舞い戻ったのと時を同じくして同ＰＣ＆ネットワーク社の資材調達部長に就いたのが、後に西田に引き立てられて社長になる田中久雄であった。

田中は兵庫県出身で神戸商科大を卒業した一九七三年に東芝に入社し、主に資材調達部門を歩んできた男だった。本社の資材部門の主査を経て九五年十月、青梅工場の資材部国際調達主幹兼アジア地域生産推進担当部長に転じた。青梅工場は当時の電機業界では「西のシャープ、東の東芝青梅工場」と呼ばれるほど部品の調達には厳しいところだった。価格競争と性能向上競争の特に激しい〝生鮮食品〟のようなパソコン製造は、少しでも安く速く部品を調達することが死命を制する。青梅工場での田中の仕事ぶりはそれなりに上司の目に留まるものだったようだ。パソコン部門の生みの親だった溝口哲也は、一緒に渡米して米ウエスタンデジタル社とハードディスクの調達交渉をした際に、田中のことを「なかなかのハードネゴシエーター」と受け止め、「彼を一介の資材屋で終わらせるのはもったいない」と感じるようになった。「それで、もっと工場の生産管理まで含めてやらせたら彼は伸びるんじゃないかと思ったんです」と、九六年に東芝情報機器フィリピン社の上級幹部に異動させた。

溝口はフィリピンでの田中の仕事ぶりも気に入り、さらに二〇〇〇年には英国に異動させてプリマスにある東芝のテレビ工場の再建役として白羽の矢を立てた。プリマスの工場は八〇年代に欧州市場向けのテレビの量産拠点として設立されたものの、このころは膨大な不良在庫を抱えて経営難に陥っていた。「一介の資材屋」に終わらせたくないという溝口の気持ちから、あえて困難な仕事を田中に与えて立て直しを依頼したのだった。

「プリマスは四苦八苦していた。それだけでなく生産ラインも部品や半製品が通路に山積みになっていたり整理整頓が行き届いていなかったりして、日本の工場とは比較にならないほどひどい状態でした。そこで田中君を送り込んだら、これがみるみる改善していったのです」

溝口のもとには毎週、田中から工場の生産ラインがどのように改善しているかの、写真入りの詳細な報告書が届いた。その能力を買った溝口は、田中をしかるべきポストに昇進させて本社の資材部に戻すよう推薦したが、どうも当時の資材部門の幹部の中に田中と折り合いの悪い人がいたらしく、本社への栄転はかなわなかった。田中は結局、パソコン部門の資材調達部長となったのである。

「あれが失敗だった。本社に戻っていたら彼はあんな事件に巻き込まれないで済んだのに……。東芝もこんなことにならないで済んだかもしれない」

後に東芝の組織ぐるみの粉飾が明らかになったとき、田中がその重要な〝共犯者〟だと知って、溝口はそう後悔した。[*1]

西田のもと田中久雄が手を染めたのは、台湾のＯＤＭメーカーを使った「バイセル取引」という手法だった。自社で製造していたパソコンのうちローエンドの普及品の製造を外部に委託するという大転換だった。

ＯＤＭとは、商品開発自体は東芝がするものの、あとの設計やデザイン、製造はすべて受託製造会社に委託して作ってもらうことを意味した。台湾のインベンテックやコンパル・エレクトリック、クァンタといった専門の請け負い会社が当時勃興しつつあった。それ以前もこれら台湾メーカーに少量の製造を委ね、台湾の各メーカーはそれぞれパソコンの部品を独自に調達していたが、田中はこの調達方法を全面的に改めて、これからは東芝が主要部品は一括して購入し、台湾メーカーにまとめて供与する仕組みにした。東芝がＣＰＵやＨＤＤ、液晶など主要部品を大量調達した方が、個々のメーカーがそれぞれ調達するよりもはるかに大きな価格交渉力をもつため、仕入れ価格が割安になると見込んでのことだった。

こうして、安く調達した部品を各台湾メーカーに売って（セル）、彼らに組み立ててもらって完成品のパソコンになったあかつきには東芝が買い戻す（バイ）ため、この部品・完成品取引を「バイセル取引」と呼ぶ。バイセル取引自体は、製造コスト削減のため、一般的に行われており不正なものではない。こうした製造の外注先として発展していったのが、インベンテックやコンパルなど台湾の電子機器の受託製造サービス会社（ＥＭＳ）だった。なかでも巨大化していったのが、後にシャープを傘下に収める鴻海《ホンハイ》精密工業である。

これらの台湾メーカーは、米ヒューレット・パッカード、デル、日本の富士通やNECなど東芝以外の大手完成品メーカーからも同様にパソコンの組み立て生産を請け負っているため、東芝の部品調達価格が、台湾のODMメーカーを経由してライバルの他の完成品メーカーに漏れないよう、東芝は本当の調達価格に一定の金額を上乗せして台湾メーカーに有償で供与するようにした。この価格（本当の調達価格プラス上乗せ価格）を「マスキング価格」という。つまり東芝が大量に調達した部品を少し高く台湾メーカーに買ってもらい、後日、パソコンの完成品に仕上げてもらったら東芝が買い取る、という取引である。

このときにマスキング価格を異様に高く設定したり、卸す部品の量を必要以上に多くしたりすれば、東芝はODMメーカーから多くの資金を得られる。これが後になって粉飾の手法として多用されるようになり、東芝は四半期決算期末のたびに利益をかさ上げするようになっていった。たとえば、百万台分のパソコン部品を市価の五倍でODMメーカーに売っておきながら、完成品は五十万台のパソコンしか引き取らなければ、差額は一瞬だけ「利益」になる。相手先には高く売りつけられた五十万台分の部品が残るが、結局は、高く売りつけた部品でできたパソコンを買い戻さないといけないため、赤字になる。

田中がこのバイセル取引を発案したころ、パソコン部門に国際的な資材調達担当として石川隆彦が赴任した。田中はこの石川と非常に親しくなり、「しょっちゅうゴルフや飲み会をやっていた」（当時の同僚）。東芝は二〇〇一年三月、台湾に東芝国際調達台湾社を設立し、そのトップに石川を送り込んだ。以来、石川は十五年以上もの長きにわたって、この台湾子会社に君臨し続けることになる。東芝のような大企業になると海外現地法人のトップは長くても五年程度の在任期間で、十五年以上も居座り続けるのは極めて異例である。

田中と石川が編み出した台湾を舞台にしたバイセル取引は〇四年九月から始まり、拡大の一途をたどってゆく。石川はその秘密を知る人間だった。やがて田中は石川との打ち合わせのため、頻繁に台湾に出張するようになった。

米ＩＢＭがパソコンはもはやコモディティーと割り切り、このころ東芝に売却を打診してきたが、出血を阻止するためのリストラの真っ最中だった東芝には買い取る余裕がなかった。ＩＢＭは東芝に千五百億円程度で売却したかったが、東芝が示した買収価格はわずか二百億円にすぎなかった。結局、「向こうが『あまりに安すぎる』と怒ってしまい、ディールが成立しなかった」（元副社長）[*2]という。結果的に中国のレノボが買収し、レノボは世界的なパソコンメーカーの一角に浮上する。コモディティー化した商品の世界で下剋上が起きたのである。ＩＢＭが早々とコモディティー化したパソコンに見切りをつけ、中国メーカーに売却するという荒業によって〝脱皮〟を図るのに対して、東芝は西田と西田派の出身母体であるパソコンの維持に躍起となり、台湾を舞台にしたバイセル粉飾という禁じ手に手を染めていった。

岡村の社長続投を決めた〇四年一月二十九日、財務担当の笠貞純取締役は〇三年度の第3四半期決算（〇三年十月〜十二月）発表の記者会見で、機種の削減や全世界で五百人を削減したことで「収益改善の兆しがみられる」と発言した。

一時は〝当確〟だった社長就任がお預けになった西田が、パソコン部門の立て直しを託されてPC&ネットワーク社の社長に着任すると、資材調達部長の田中久雄の進言を受け入れ、さっそく台湾のODMメーカーに低価格品の生産委託を拡大するとともに、それまで低価格品を作っていたフィリピン工場は思い切って閉鎖した。

やっと稼働させたばかりの中国・杭州の工場も同様に大幅縮小することにした。部下の一人は、その大胆な発想に「心底驚きました。自分で作らないでODMに任せるなんて、『メーカーなのにそんなことをするのか』と非常にびっくりしました」と打ち明ける。[*3]

国内の拠点である青梅工場はハイエンドの高価格品の開発に注力することにし、七月にはその成果として新モデルのAVノートパソコン「コスミオ」を発表した。パソコンの出血は月を追うごとに減少していき、〇四年度第2四半期決算は、この四半期（七月〜九月）だけをとればパソコン部門は収支トントンの水準にまで改善し、約一年ぶりに水面に浮上することができた。

さらに〇四年度トータルの売上高は前年度の約七千百億円を大きく上回る七千六百億円にV字回復することができただけでなく、損益では四百七十四億円の赤字を八十一億円の黒字へと、五百五十億円もの損益改善を実現することができたのである。競合がひしめくパソコンで六百億円近い損益改善を実現するのは神業としかいいようがなかった。大赤字だったパソコン事業を、たった一年で黒字転換した劇的な立て直しは、東芝社内で「西田の奇跡」「西田マジック」と呼ばれるようになり、西田はいったんお預けになった社長就任を確実なものにした。

委員会等設置会社に移行していた東芝は、指名委員だった岡村が〇五年二月二十一日、他の二人の委員――谷野作太郎と鳥居泰彦（どちらも社外取締役）に対して西田を社長候補として提案したところ、三人の指名委員会全員の一致をみた。東芝は翌二月二十二日の取締役会で西田を社長とすることを決定し、岡村は会長に、西室泰三は相談役にそれぞれ退くことも決めた。

このころ西室の経団連会長就任の野望は、〇四年中の退任を示唆していた奥田碩会長が一転して「推薦があれば年金問題など課題に全力を尽くす」と、〇四年以降も続投することを決めたことで、詮無く潰えていた。西室は、その次の奥田の退任時期（〇六年五月）に自身が登板する可能性について、ぎりぎりまで未練を残していたが、結局はこのタイミングでの経団連会長就任の可能性をあきらめ、相談役に退くことを受け入れている。

西田の社長就任内定の記者会見で、岡村は西田を社長に推薦した理由を、「赤字だったパソコン事業を短期間で黒字転換させました。これは彼の強力なリーダーシップと実行力によって実現されたものであり、こうした経営者の資質こそが東芝グループのトップとして必要でありますと説明した。パソコン部門の再建が社長就任の決め手になったのだ。このとき岡村は何度も「リーダーシップ」「行動力」という言葉を使って西田を持ち上げた。得意満面の西田はこれからのパソコン事業を問われて「まだ戦いは始まったばかりです」と切り出し、「脱コモディティーの革新的な製品を出し続けると同時に技術を囲い込む戦略をとっていこうと考えています」と述べ、さらにこれまで取り組んできたパソコン事業の構造改革を通じて「今後パソコンで起こりうる変化に対する免疫力はついたと考えます」と自身の取り組みを自賛した。かくして西田は〇五年六月、社長に就任した。

就任会見で「革新的な製品を出し続ける」と言った西田だが、パソコン部門が苦境に陥ったときにとられた方策は、資材調達のコストダウンなど経費削減策が中心で、かつて森健一や溝口哲也が取り組んだように新しい創造的な商品を開発して売り上げ増をめざすという姿勢には乏しかった。むしろ部下たちに高い目標を設定させて無理やり必達させる「チャレンジ」が横行するようになった。「チャレンジ」とは、そもそもは土光時代、目標を達成できなかった事業部に「自分たちが決めたことがなぜできないのか」と説明を求めたことに始まる東芝の社内慣習だ。それが西田の時代に入って、経営トップが下々に要求する高いハードルの必達目標へと転化していった。やがてパソコン部門がバイセル取引による粉飾を多用して決算数字を操作するようになったのを始め、東芝の各部門には「チャレンジ」によって無理な会計操作に手を染める粉飾文化が広がっていった。

バイセル取引を導入した後の〇五年度以降、東芝のパソコン部門の月次決算をみると、四半期末の六月、九月、十二月、翌年三月はほぼ規則的に黒字化するものの、ほかの月はほぼ慢性的に赤字になっている。[*4] 東芝のパソコン部門は、各四半期決算期末に台湾メーカーに売った部品を利益として計上したり（本来は買い戻すため相殺しないとならないので利益計上できない）、調達価格を大きく上回るマスキング価格にして高く吊り上げて台湾メーカーに卸したり、あるいは必要な数量をはるかに超える部品を台湾側に押し込み販売したりするようになっていった。西田はこうした仕組みについて理解し、「四半期決算の利益をかさ上げする会計処理が行われていたことを認識し、又は認識し得た」「バイセル取引により利益がかさ上げされる仕組みについて関心を持ち、理解していた」と、後になって認定されることになった。[*5]

今日、東芝のバイセル取引によって明確な粉飾が行われたと裏付けることができる最初期の事例は、〇八年の出来事である。

それは、サブプライムローン問題で世界的に景気減速し、東芝も業績悪化が懸念されていた〇八年五月二十八日の五月度社長月例でのことである。社長月例とは社長、副社長が各社内カンパニーの経営状態をタイムリーに把握しようと毎月一回、社内カンパニーごとに開催され、社長、副社長のほか財務部門や経営企画部の幹部も参加する大人数の会議である。出席者多数の会議でのやり取りがメモやメールとして共有されたことで、後に東芝の粉飾の証拠となった。

このときパソコン部門のＰＣ＆ネットワーク社のトップに就いていた下光秀二郎から「第１

四半期の営業利益見込みが五十二億円にしかならない」との報告を受けると、西田は「全社非常事態である。第1四半期の営業利益を最低でも三十億円改善してほしい。調達CR（コスト・リダクション）はもっと出るだろう」と、八十二億円の利益を達成するよう「チャレンジ」を要求した。

調達CRと聞いて、下光が頼ったのは田中久雄だった。「田中さんにお願いします」と、当時調達グループの担当執行役だった田中の力にすがる発言をしている。バイセル取引の発案者である田中は〇四年の発案以来、一貫してバイセル取引を含む調達部門の責任者としてかかわり、取引数量や価格など契約条件について実質的な交渉役を担っていた。西田の命令を受けてパソコン部門は同年七月二十二日開催の七月度四半期報告会において、「CR前倒し確保により西田P（プレジデント＝社長のこと）チャレンジ達成」と報告されている。

同八月二十五日の八月度社長月例の場で、下光はパソコン部門が実際は二百億円規模の赤字であるにもかかわらず、〇八年度の上期に百四十八億円の利益を見込んでいると報告したところ、西田に「さらに営業利益の五十億円改善はマストである。全社が大変な状況なので何としてでもやり遂げてほしい」と強く求められた。

実態から乖離した百四十八億円の黒字にさらに五十億円を上乗せした合計百九十八億円の「チャレンジ値」を達成しなければならなくなったのだ。結局、下光が考えたのはバイセルを使った粉飾拡大だった。下光は九月、百七十三億円もの「CR前倒し」を実施し、台湾メーカーに正常の範囲を著しく逸脱した大量の部品を押し込み販売したのである。

この「CR前倒し」とは、台湾メーカーへの部品の前倒し支給であり、「それによって利益がかさ上げされている」と、下光は西田に対して説明している。一方、田中は「ODMへの部材押し込み、支払い延期などの折衝のため、下光に同行して台湾に出張する」と西田に報告し、西田は「東芝はいま本当に苦しいのでよろしく頼む」と答えている。こうしたやり取りをしている以上、西田は何が行われているかおそらく知っていたことになる。

そこにリーマンショックが襲った。十月二十七日の十月度社長月例で下光が第3四半期は百四十億円の赤字になると報告したところ、西田は、予定されていた百一億円の営業利益を「何としてでも達成してほしい」と強く求めた。「百年に一度」の経済危機なのだから本来は無理して黒字を装う場面ではない。だが、西田は自身の出身部門のパソコンの黒字に固執した。同席していた財務担当の村岡富美雄副社長はその職責上、本来はバイセルの縮小を促す役回りなのに、逆に「第3四半期の赤字は何としても回避してほしい」と、むしろ背中を押した。

ところが下光は十二月二十二日開催の十二月度社長月例で、パソコン部門の損益改善を図ることができず、「第3四半期が百八十四億円の赤字になります」と報告せざるを得なかった。すると、西田は「こんな数字は恥ずかしくて公表できない」と叱りつけた。下光はこの四半期でもバイセル取引に伴う部品の押し込み販売を実施し、第3四半期になんとか五億円の黒字を確保せざるを得なかった。

実は、この十二月度社長月例に先だって、パソコン部門の経理部長は田中に対して、「第3四半期は赤字にしてみんなで第4四半期に頑張るようにした方がいい」「最後にまたCR（コスト・リダクション＝バイセル取引の悪用のこと）でお化粧をしてしまうと前線に危機感が伝わらず、挽回策を打つ手がなくなる」と進言していた。だが、田中はそれには取り合わず、「いま西田社長を助けられるのはパソコンしかない」と言い放った。このあと田中は、下光、能仲久嗣とともに「ODMメーカーにいくら要求するか」という緊急打ち合わせをもち、その後、田中は再び台湾へ飛んで相手先と交渉することになった。

翌〇九年一月二十三日開催の一月度社長月例でパソコン部門の下半期の営業損益が百八十四億円の赤字見通しと報告されると、西田は「利益はプラス百億円の改善はミニマム」「死に物狂いでやってくれ」と叱咤したうえで、「このままでは再点検グループになってしまう。事業を持っていても仕方がない。『持つべきかどうか』というレベルになっている。それでいいならプラス百億円をやらなくていい。ただし売却になる。事業を死守したいなら最低百億円をやること。がんばれ」と高圧的な口調で命令を下した。再点検グループとは、事業撤退を含めた事業継続性の見直しという意味だった。「おとりつぶし」を脅迫材料にして不正を強いるのはトップにあるまじきことである。

下光はまたしても不正に手を染めることになった。[*6]

西田は私の取材に対して「ああいう（バイセル）取引を考えたのは田中」と述べたうえで、「あのやり方は業界では一般的で、我々の競争相手はおおむねどこも採用していた。東芝が一番遅れてあのやり方をとりいれた。パソコンの主要部品を私たちが買った値段がわからないよう、一〇％から二〇％ほど高くして売るなんてことは、世界中のメーカーがどこでもやっていること」と話した。バイセル取引によって利益がかさ上げされる仕組みについては、「部品の取引は消去されてしまうだけなので何の意味もない」と話し、本来ならば利益を計上できないと言った。

「五十億円のチャレンジ」を求めたことは、「こんなのはどこの企業でもやっていること。国家にとって予算が重要であるのと同じように企業でも予算は重要なんです。その目標に到達しないのだから社長としては『やってくれ』と言うのは当たり前。日本電産の永守さんも『こういうことを言ってはいけないというのであれば、経営なんてできない』と言っています。あんなのは不正なんかじゃありません」と反論している。[*7]

東芝の金庫番である財務担当役員である村岡富美雄は、バイセル取引によって〝益出し〟がまかり通っていることに気づかなかったと主張している。村岡がバイセル取引を知ったのは、仕組みが考案されてから五年経った〇九年ごろのことで、そのときは「ライバルの他社に知られたくないので調達価格の一・二倍程度の値段でＯＤＭメーカーに渡している」という説明だった。村岡は「（パソコン部門からは）あくまでも適法のやり方でやっていると聞いていたので、マスキング価格を大きくして利益のかさ上げの手段に使われているなんて知らなかった」と言った。

村岡によれば、社内の経理システムに接続するコンピューターの入力は、「すべてを経理部がやっているのではなくて、それぞれの部門が入力している」から、正確な情報が経営システムに入力されなければ、財務のトップであるCFO（最高財務責任者）の村岡は知る術がない、という。バイセル取引を使った架空の利益の捻出については、西田を始め、田中や下光、能仲、深串方彦といった「チーム西田」の面々を指して、「彼らがやっていた」と推測した。そしてこう言った。「あれはカンパニーの財布だったんです。我々財務も教えてもらえなかったし、CFOの私も教えてもらえなかった。もっと言えばカンパニーの経理も正確にはつかんでいなかった」[*8]

田中が進言して西田が採用を決めたバイセル取引は、パソコン部門の社内カンパニー「PC&ネットワーク社」が自由に決算数字を操作し、粉飾できる〝打ち出の小槌〟だったというのである。

学識自慢

西田が「調達CR」という言葉を使ってバイセル取引による決算操作を要求するようになっ

たところ、私はそんなことが行われているとは露知らず、東芝の本社で西田にインタビューした。東京湾を見下ろす高層階にある役員応接室で西田は席に着くや否や、葉巻に火をつけた。実業界でも健康志向が高まり、愛煙家はめっきり少なくなっただけに珍しく映った。しかも紙巻タバコではなく葉巻である。

「十四年間喫って、十八年間やめていたのですが、九九年から再び、喫うようになりました。いまは、この細い葉巻です。日に三十本は喫っています」

手にしていたのはダビドフというブランドの細い葉巻だった。

社長就任が内定した〇五年二月以来、西田はその珍しい経歴——大学院博士課程の挫折、イランの合弁現地企業からスタートし、三一歳で東芝に正社員で入社——がセールスポイントになっていた。さらに英語やドイツ語の原書も読みこなす読書家という触れ込みだったから、経済ジャーナリズムには、彼が〝インテリ経営者〟であるように映った。社長内定時、週刊誌の取材に答えて「本を六、七冊並行して読む習慣は、大学院生のころからのもので、もう三十年以上続いている」「今の私にとって珠玉の言葉といえるのは、丸山真男の『理論と現実の弁証法的統一が実践である』」などと言っていた。[*1] そんな西田に私が「七冊も同時並行で読むのは本当ですか」と水を向けると、「長いこと読んでいなかった政治哲学を最近、再び読むようになりましてね。いまは、それに経営、小説、科学などいろんな種類の本を組み合わせて読んでいます」と語った。最近のお気に入りの一冊は、邦訳が出る前に読み終えたアインシュタインの伝記だという。

「ところで東芝の売上高は長く五兆円台が続き、成長が伸び悩んできました」と尋ねると、西田はまるで「我が意を得たり」といった感じで堰《せき》を切ったように一気に語り始めた。

「私が社長に就任する前の、一九九五年〜二〇〇四年度まで東芝の売上高はずっと五兆円台だったのですね。年平均で一・三%しか伸びていない。これではダメだ。東芝の作っているものの九〇%はコモディティーです。自分たちしか作れないものではない。コモディティーでは利益が出てこないんです。そこで利益のある持続ある成長をしようというのが私の第一方針です。しかし成長、成長と尻を叩いても、なかなか社員の皆さんがついてこない。その成長を生み出すための第二方針として、イノベーションの乗数効果を発揮しよう、と言っているんです。ちょっとシュンペーターのイノベーションとケインズの公共投資の乗数効果を拝借しましてね。シュンペーターはずいぶん読みましたね。イノベーションは『技術革新』と訳されますが、もうちょっと広い意味でとらえることができます。そこで我々は、製造だけでなく営業部門もサービスもイノベーションを起こしていこう、と……」

彼の言う「イノベーションの乗数効果」とは、たとえば、開発や生産、販売の各現場でそれぞれ一緒にイノベーションを起こすことで、足し算ではなく、掛け算の効果を生んでいくことという。この西田理論を社員にあまねく啓蒙するために、「イノベーション巡回」と称して累計百四十七回も様々な職場で膝詰めで社員たちと話し合う場を持ったという。そして、電力会社からの特注品で、一見コモディティーとは無縁に見える火力発電所でさえ、西田によれば「コモディティー」であり、電力部門の主力拠点になっている京浜事業所にもトヨタ生産方式を取り入れて競争力を高めるよう改善している、と言った。

国際環境は、サブプライムローン問題によって米国経済が減速傾向のなか、中国ではインフレが続いていると述べたうえで、EUとして台頭してきた欧州に学ぶべきことがある、と指摘した。

「サミュエルソンなんてECができたときに、『あんなものは成功するはずはない』と言っていたのですよ。それがいまやEUになった。これは欧州人の長い歳月を血と血で争ってきた歴史がそうさせるのでしょう。EUは、政治主権・国家主権を残したうえで地域ブロックの経済圏を形成しつつある。やはり欧州にはカントの『永遠平和のために』のような欧州人の思いがあるのでしょうね。それに比べると米国は、欧州のように相手の立場に立って、自分たちを見つめる訓練をしてこなかった国ですね[*2]」

ケインズ、シュンペーター、サミュエルソンにカント。さらにはトヨタ生産方式まで。七冊の本を同時並行で読み、珍しいダビドフという葉巻をくゆらす。

聞いていて、岩波書店的な教養をもったインテリ経営者と思わせたいのだろうと受け止めた。

こうした教養は西田のセールスに役立ったといい、「ドイツで商談の際に西田さんが『学生時代にフィヒテを研究していた』と言ったら、『ドイツでも最近はあまり顧みられないフィヒテを東洋人が博士論文にしようとしていたのか』と驚かれ、話が弾んだそうです」（学友の加藤節）、「欧州でパソコンを売り込むときにルソーや西洋史を話題に振ると、お客さんも乗ってきて商談が進んだそうです」（広報部長の長谷川直人）という逸話がある。

インタビューに同席した広報担当の長谷川は、西田が社長に就いて以来、東芝が大きく変わったことを肯定的にとらえていた。「九五年からの十年間ほとんど横ばいで、成長がありませんでした。西田は『事業というのは成長しないとダメだ。成長なくして利益は追求できない』と言っています」[*3]。東芝は〇五年六月に西田が社長に就任して以降、〇五年度は初めて六兆円台に、〇六年度にはさらに七兆円台にまで売上高が急伸したのだった。

急成長の主因はＩＴバブル崩壊から米国経済が次第に立ち直っていったことと、日本国内のデジタル家電ブームやＢＲＩＣｓなど新興国市場の成長によって家電品やパソコン、半導体の売上高が伸びたからだった。それに加え、積極的なＭ＆Ａによって二、三千億円規模の売り上げが上乗せされたことも貢献していた。

それは、東芝が五十四億ドル（約六千二百十億円）と値付けして買収して傘下に収めた米原発メーカー、ウェスチングハウスのことだった。

ウェスチングハウス買収の契約調印後、
握手する東芝の西田厚聰社長（右）と
BNFLのパーカーCEO。2006年2月6日。

第四章
原子力ルネサンス

高値づかみ

東芝が「原発メーカーのウェスチングハウス・エレクトリックが売りに出る」という第一報を手にしたのは、まだ岡村正が社長だった二〇〇三年末ごろのことだった。[*1]

寄せられた初報は、米国で雇っているコンサルタント会社からのものだった。フランスの原発メーカー、アレバの元役員からの話として、「ウェスチングハウス（WH）が近く売りに出るかもしれない」という内容だった。次いで米国の総合建設会社ベクテルやフルーア・コーポレーションが、WHを一緒に買うパートナー企業を探しているという情報や、ほぼ相前後して三菱重工業も買収に名乗りを上げる動きを見せている、という噂も流れてきた。三菱は、WHの技術供与を得て日本で原発を製造しており、お互いにゆかりの深い会社である。

WHは、ゼネラル・エレクトリック（GE）と並び、永らく米国を代表するコングロマリット型の総合電機メーカーだった。発電機や家電、エレベーター、防衛機器、オフィス家具など幅広い分野を手がけ、中でも米アルゴンヌ国立研究所と共同開発した加圧水型原子炉（PWR）では知られた存在だった。PWRはノーチラス号を始めとする米原潜や航空母艦エンタープライズの動力炉として使われ、やがて民生用の原発に転用されている。

だが、WHという企業体はこの時点で、もはや往時のそれとは姿かたちがまったく変わってしまっていた。一九八〇年代後半以降、経営が暗転し、次から次へと事業部門を切り売りして糊口をしのぐ羽目に陥ったからだった。原発事業も九九年、英核燃料会社（ＢＮＦＬ）に十二億ドルで売られていた。栄華を誇った巨大コングロマリットの、たったひとつのディビジョンが、英国人の手に渡った後も往時のブランドを名乗っていたのである。ところがＢＮＦＬはＷＨを手に入れたものの、自国内に原発の新設計画がないうえ、誇り高いＷＨの技術陣をもてあまし、買ったはいいが何のシナジーも得られなかった。かくして無用の長物と化した同社は再び売りに出されることになったのである。

売り出すという情報が寄せられたとき、社長の岡村は「そんなのを買ってもしょうがないじゃないか」と冷ややかだった。東芝がこれまで手掛けてきた原発は、ＷＨのライバルメーカーであるＧＥから技術供与を受けた沸騰水型原子炉（ＢＷＲ）である。日本国内ではＷＨから技術供与を受けてＰＷＲを製造してきたのは三菱重工だった。ＢＷＲメーカーの東芝にとって、ＰＷＲは根本的に技術が異なる。しかし、これをチャンスと思ったのが、原子力事業部長などを経て、このとき社会インフラ事業を所掌していた庭野征夫執行役上席常務だった。

ＰＷＲは世界の軽水炉原発の市場で七〇％のシェアを握り、建設中・計画中の新設原発では八〇％ものシェアを有し、原発の国際標準になりつつあった。一方、ＧＥと東芝、日立製作所のＢＷＲは国際的には少数派で、三社と東京電力が共同開発した改良型沸騰水型原子炉（ＡＢＷＲ）は日本以外では台湾しか採用例がなかった。日本国内における新増設も七〇～八〇年代のようなハイペースではなく、世界的に見れば、もはやBWRはジリ貧状態にあるといえた。だから西室が社長時代の九七年にGE、東芝と日立が統合する「BWRインターナショナル（BWRI）」という構想が浮かび上がったのだった。だが、同構想はGEの資産評価をめぐって折り合えず、しかも日立も後ろ向きだったため雲散霧消。いったんはGEと東芝だけで交渉を進める動きが浮上し、東芝は一時、米金融界や燃料会社の支援を得てGEの原発事業を買収する交渉をもったものの、「表面に現れない負の資産の問題が大きかった。工場を含め放射性廃棄物でかなり汚染されているところがあったり、原子炉を売った相手先に対して廃棄物の後始末を約束していたりして、これを引き取ったら、いくら資金があっても足りない」（交渉担当幹部）と、話し合いは物別れに終わっていた。

そんな紆余曲折の後に到来したのがPWRメーカー、WHの身売り話である。「好機到来」と喜んだ庭野の上申に対し、岡村はしかし、はっきりと買収に反対の意向を示した。それに対して「めったにない、千載一遇のいいチャンスじゃないか。ぜひともウェスチングハウスを買うべきだ」と主戦論を展開したのが会長の西室泰三だった。やがて西室の主戦論に押されるような格好で岡村も同意し、BNFLのオークションに参加することになった。

BNFLはフィナンシャル・アドバイザーに英投資銀行のロスチャイルドを起用し、世界中の原発メーカーや買収ファンドに買収の意向があるかどうか意思確認のための入札参加を呼びかけた。このときアレバや三菱重工、米ゼネコンのショー・グループなどが入札に参加する意欲を見せたといわれる。

ＢＮＦＬは英国の原子力産業の大がかりな再編に伴い、保有する資産や事業を逐次売却し、最終的には廃炉を担う原子力廃止措置機関に変貌してゆく計画が浮かび上がっていた。当時の東芝役員は「ウェスチングハウスを売れば、ＢＮＦＬは使命を終えるというのがだいたい見えていた時期だった」と言う。

東芝はＷＨの企業価値をおおむね二千億円程度と弾き出し、〇五年夏ごろ、それにプレミアムを乗せた二千三百億円程度の金額をＢＮＦＬに提示した。

すると、しばらくしてＢＮＦＬから高飛車な回答が寄せられた。

「安すぎるのでオークションをやり直す」というのだった。


岡村時代の末期に始まった買収交渉は、〇五年六月に社長に就任した西田厚聰に引き継がれることになった。とはいえ、パソコン育ちの西田は原発のことはよくわからない。西田が社長に就任する直前、原子力部門に在籍経験がある研究開発担当役員の田井一郎らが「ＢＷＲとＰＷＲの両方を持つということは世界を制するということになります。ＢＷＲだけでは先行きが暗い。ＰＷＲを持つことは重要です」などとご進講していた。西田も息子が東芝の原発部門で働いていたため、自分なりの伝手を頼って勉強し、ＰＷＲの重要性を認識したようだった。

そんなときに日本経済新聞が一面で「米ウェスチングハウス、三菱重工が買収提案」と特ダネを放った。記事によれば、買収額は二千億円規模にのぼり、米国のエンジニアリング会社と組んで買収提案をするという[*2]。東芝は、やはり予想通り三菱が出てきたかと受け止めた。このころ三菱は米ショー・グループと話し合いをもったらしいが、ソリがあわず、「袂を分かった」という情報が東芝に流れてきた。たたき上げ経営者のジェームズ・バーナードCEOと官僚的でプライドが高い三菱の気質があうはずもなかった。東芝はすかさず原発建設事業に参入意欲のあるショー・グループを口説きにかかっている。

東芝は〇五年秋ごろ、BNFLの二次入札に二千七百億円程度の金額で応札した。すると間もなくBNFL側から「東芝で決まりました」という連絡が入った。喜び勇んだ西田はさっそく部下に「本件は経済産業省に報告しないといけない。すぐに連絡してくれ」と頼んだ。WHは同じPWRメーカーの三菱と親密で、BWRメーカーの東芝とは関係がない。日米の原発メーカーの系列が組み換えられることになるから「急いで経産省へ連絡を」となり、経産省にWH買収の報告がなされている。

三菱重工はこのとき、技術が異なる東芝が自分たちのライバルとは夢にも思っていなかった。三菱よりも高い値段を入れてかっさらおうとするのは、てっきり米国メーカーであるGEだと受け止めていた。二次入札で三菱落選の報が英国から寄せられても、すんなり引き下がる気になれなかった。三菱はBNFLに「もう一回チャンスを与えてほしい」とお願いし、思い切った高値に金額を引き上げたとみられる。

すると、BNFLから翌日、東芝に「落札内定の知らせを取り消す」と連絡が入った。聞けば「東芝よりもはるかに高い金額で応札する買い手が現れたから」とのことだった。そしてBNFLは「三回目の入札をしたい」という。

東芝のある役員は休日、ゴルフ場に向かう車中でその連絡を受け、きっと三菱重工が値段を吊り上げたのだろうと直感した。「重工さんもずいぶんひどいことをしやがる。汚いやり方をするなあ」と受け止めた。このときBNFLから東芝にまことしやかに流れてきたのは、「三菱重工が四十二億ドルを提示した」という情報だった。相手が思い切った金額を示してきて三回目の入札を行うとなれば、もはや買収価格は本来の企業価値の二倍以上の、四千億円を突破するのは確実だった。

東芝はココム事件の反省もあり、米国政府の出方を探ることに意を尽くしている。米国政府が日本メーカーによる米原発メーカーの買収を許すかどうか知るために、米国政府対策のロビイストを雇うことにした。推薦したのは、WH買収に積極的な西室だった。西室は米国に豊富な人脈があり、彼の伝手を頼って共和党の大物、ハワード・ベーカー元駐日大使を「破格の金額で」(東芝役員) 起用することにした。「我々は念のため、米国と英国の両政府の感触も探ってみたが、両国政府とも日本企業が買収することを忌避する感じはなかった」(同役員)

庭野は三回目の入札に突入する前に、「三千億円を超えるようであれば、投資を回収することは不可能」と考えるようになっていた。あまりにも値段が吊り上がっていくことにリスクを感じ始めていた。当初、妥当な値付けと思ったのは二千三百億円程度であり、そこからの乖離が大きい。三千億円を上回るようになったら「とてもペイしない」と受け止め、社内で「無理にウェスチングハウスを買収する必要はない。この辺であきらめましょう」と撤退論を口にするようになった。

ところが、西田の鼻息は荒い。もともと原発に詳しくなく、「社長就任当初は島津製作所など医療用機器メーカーの買収に関心があったはず」(役員)なのにもかかわらず、WH買収に強く固執する。西田を引き立ててくれた西室が買収に積極的で、その御恩に報いるという感覚が背景にあったのかもしれない。

このとき、原子力技師長や原子力事業部長を経て社内カンパニーの電力システム社のトップに就いていた佐々木則夫執行役常務は、実はあまり買収に乗り気ではなかった。彼はむしろ従来のBWRメーカーとの協調関係を重視し、日立やGEと協業・再編するほうが理にかなっているという立場をとっていた。

〇五年の秋ごろ、GEと日立が組んで入札に参加するという情報が流れ始めた。三菱の広報部門はそのころ電気新聞の記者から「東芝が入札に参加している」と聞き、そこで初めて、自分たちがこれまで競り合ってきた相手がGEではなく、東芝が単独で応札していることに気づいた。「我々がライバルは東芝と認識したのは二回目の入札の後だった。東芝がGEと組んでいるのかとも思ったが、そうじゃなくて単独だった。いったいどういう戦略なのだろう、と驚いた」と当時の三菱幹部は振り返る。一方、東芝の社内ではPWRメーカーの買収に冷ややかだった佐々木の態度が、日立・GE連合が入札に参加すると知って、にわかに急変した。日立がGEと組んで参戦してきたことに俄然、ライバル心をかきたてられたようだった。闘争心を燃やした佐々木はそれまでの傍観者的な立場をかなぐり捨て、買収の最強硬派に転向する。

「ウェスチングハウスを買収すれば、海外のPWR原発のメンテナンスまで受注できるようになります。そうすれば少々高い金額で買収してもペイします」。「BWRとPWRが組めば、PWRを採用している関西電力などに取引を広げることができるし、海外でもWHのルートを通じて我々のBWRを売り込むことができます」――。西田にそう進言し、高額で買収しても成り立つというレポートを示した。

このころから、撤退論を主張する庭野は次第に排斥され、西田は主戦論の佐々木に信をおくようになる。原子力部門に在籍経験のある執行役常務は、いつの間にか社内の会議から庭野の姿がなくなったことを記憶している。「担当の庭野さんが外されて、代わって佐々木が西田さんに取り入っていたので驚いた」。西田と佐々木は急速に親密になっていった。

東芝は、WHの買収交渉を通じてBNFLの中に自分たちに好意的な〝内通者〟ができたと思い込んでいた。応札状況のすべてを知るBNFLの売却担当幹部が、ときおり「そんな金額では落札するのは難しい」「御社のライバル企業はもう少し高い金額を示しています」などと、ひそかに情報を送ってくれるからだった。

その情報源から他社の応札状況という極秘情報を入手できていると思ったが、一部の役員は、それが「罠」ではないかと次第に疑念をもつようになった。ＢＮＦＬの売却担当幹部が、応札しているいくつかの企業にそれぞれ囁き、シーソーのようにして値段を吊り上げているのではないかと思えるようになったからだった。

〇六年一月の三回目の入札で東芝は当初四十億ドル以上の金額で応札した。すると、ＢＮＦＬの情報源から「三菱重工がさらに十億ドルを上乗せする」という情報が流れてきた。東芝はもはや退くに退けなくなってきた。西田は「最大で七千億円まで出していい」と言い出した。島津製作所の買収案は立ち消えになった。

三菱重工にも退くに退けない事情があった。三菱は一九五九年、ＷＨとの間でＰＷＲの技術供与を受ける提携関係を締結。以来、関西電力などに二十三基のＰＷＲ原発を建設してきた。しかし、スリーマイル島原発事故以降、米国内における原発の新設計画がなくなると、ＷＨは自ら製造するというよりも、製造は三菱など他社にゆだね、自社は燃料の供給やライセンス事業に軸足を移すようになった。ＷＨはもはや、自力で原発を製造できなかった。一方、次第に製造能力を高めてきた三菱は、それまでの一方的に技術供与を受ける〝教え子〟の立場から九二年、互いに技術を提供しあうクロスライセンス契約に切り替え、「対等なパートナーシップ」を強調するようになった。三菱は九六年から段階的にＷＨが所有する特許などの権利も買い取るようになった。

三菱は会長の西岡喬が買収の進軍ラッパを鳴らし、原子力事業本部長の浦谷良美取締役常務執行役員が担当役員となった。浦谷が佃和夫社長の後継社長の座を確実なものとするためには、買収を成功させなければならない。「浦谷さんは自身の出世がかかっていた」と社内外で観測されていた。浦谷の下で経産省への連絡役を果たしていたのが、同副本部長の井上裕執行役員である。三菱は、西岡・浦谷・井上のラインで対応していた。

ＢＮＦＬにあおられて日本勢同士で値段を吊り上げ合っていることを愚かに思った東芝の庭野は、三菱重工と極秘交渉をもつことにした。互いに競り合うのではなく、むしろ両社で組んで落札するというジョイントベンチャーの形成プランである。人目につくのを恐れて両社の極秘交渉は日本や英国ではなく、ハンガリーやスペインを舞台にして行われた。「このままではＢＮＦＬにいいようにやられるだけ。買収価格が吊り上がる一方なので、この際、共同で買いませんか」と庭野。折半出資でも、あるいは東芝の持ち分は三〇％でもいいと申し出たが、三菱側全権は容易に首を縦に振らない。三菱は、東芝がＷＨを統率することは、技術的な面でも、またＷＨに対する人的関係の乏しさの点からも、できっこないと高をくくっていた節がある。両社の極秘交渉は結局、物別れに終わった。三菱は買収に四千億円とも六千億円ともいわれる資金を用立てようとしていて強気だった。

公式には三回の入札だが、BNFLは「その値段でいいのか」「もう少し引き上げてもいいぞ」などと誘導し、実質的には四回目の入札が行われることになった。東芝は言われるがまま、じりじりと値段を引き上げたうえ、最後にポンと三億ドルを上乗せして五十四億ドルを提示した。これによって東芝は、一年以上かかった買収合戦を〇六年一月にようやく制し、BNFLからWH買収の優先交渉権を得ることに成功した。東芝の西田と庭野は二月、訪英してロンドンで契約調印式に臨んだ。制した金額は全株取得で五十四億ドル、一ドル＝一一五円換算で六千二百十億円にもなっていた。財務諸表からうかがえる実質的な企業価値の約三倍、最初期に東芝がプレミアムをつけて応札した金額の二・七倍にもなっていた。東芝がつかんだ情報によれば、このとき日立・GE連合は五十二億ドル、三菱重工は四十九億ドルを示したとされる。競り合いが予想されるという情報を事前に入手し、東芝は最終局面で三億ドルを上積みしたのだった。「ほんのわずかの差で勝ちましたね」。BNFLの売却担当幹部からはそんな情報を耳打ちされている。

とはいえ、東芝自身、こんな巨額を一社単独で負担するのはリスクが大きい。総合商社の丸紅や三井物産、米総合建設会社のショー・グループ、石川島播磨重工業（後にIHIと商号変更）などからも出資を仰ぎ、負担を緩和する考えだった。東芝は自社では五一％程度（約三千百億円）を保有し、残りは出資希望企業に分け与える計画だった。メーンバンクの三井住友銀行もさすがに「いくらメーンといっても支えきれない」と渋った。そこに「資金を用立てましょう」と近づいてきたのが、みずほコーポレート銀行だった。担当は後にトップにのぼりつめる佐藤康博常務である。

西田はロンドンの調印式後の記者会見で「買収金額があまりにも高すぎるのではないか」と問われると、「将来の原子力事業の成長性を考えれば妥当」と一蹴し、海外でまだまだ原発が伸びると自説を開陳した。東芝の原子力部門は十五年先を見据えて原発の国際需要をシミュレーションしていたが、「もっと大きな流れをつかみたい」と考えた西田は五十年先という遠大な計画を立てるように部下たちに命じた。結局、できあがったものは四十五年先、つまり二〇五〇年ごろまでを見込んだ原発の需要予測だった。

西田には「値段を引き上げたのは三菱重工」という気持ちもあった。本来ならば二千七百億円程度を示した二次入札で東芝は〝当選速報〟を受け取っていた。それが一転して取り消され、三次入札に流れ込んだのは、三菱が裏で買収価格を引き上げたからという意識が強いのだ。このときの西田の心境を当時の担当役員は「西田さんは三菱重工に勝って買収できたという事実に満足し、自身に酔っていたところがあった。問題なのは、その先のマネジメントのことをあまり考えていなかったことだった」と解説する。

買収が決まって、庭野が経産省に買収の報告に行くと、二階俊博経産相から「あれっ、三菱重工ではなかったの？」とびっくりされた。「三菱にちゃんとあいさつに行ってくださいよ」。大臣はそう庭野に強く念押しした。

西田に対して怒りが収まらなかったのが、三菱重工会長の西岡喬だった。西田が契約書に調印した二週間後、自らが会長を務める日本造船工業会の定例会見で、東芝が買収劇を制したことへの感想を問われると、西岡は「理解に苦しむことが起きた」と切り出し、「原子力事業としてペイするはずがない」と酷評した。仮に東芝が持ち分の一部を三菱に譲渡し、「WHの経営の一翼を担ってほしい」と打診された場合にはどうするかと聞かれると、「あれだけの値段で買収したところとは一緒にできません」と一蹴した。気位が高く、好悪の感情をめったに表に出さない西岡が珍しく感情をむき出しにし、同席していた広報担当者が「あんな西岡を見たことがない」と言うほどの怒りようだった。長年のパートナーを失って三菱は原子力戦略を抜本的に改めないといけなくなった。「あのときは茫然自失という状態だった」。三菱の関係者は当時をそう評する。

こんな西岡の発言が東芝に伝わると、西田は立腹した。「三菱重工がむちゃくちゃな値段に引き上げなければ、あんなことにはならなかった」。経産省を介して三菱サイドに発言を慎むように、さもなければ舞台裏で起きたことを暴露する、と強い調子で三菱を牽制した。「効果があったのか、それ以来、ぴたりとやみましたね」と西田は言う。

買収契約調印後、東芝はともにWHに出資してくれるパートナー企業の陣営づくりに本格的にとりかかっている。ウラン燃料の売買に魅力を感じた丸紅は〇六年一月の時点で東芝に対して「最低二〇％出資したい」という意向を示し、八月までに出資額の調整を続けてきた。それが秋になって突然、先方から出資の辞退を言い出した。西田は記者会見で「優先権を与えたが、突如『投資できない』との連絡を受けた。もっと早く意思表示してくれれば、投資を希望する他の候補と話し合いができた。誠に残念だ」と不快感をあらわにした。[*3] 担当幹部によれば、約束してくれていた丸紅に約束の履行をお願いに赴くと、勝俣宣夫社長が申し訳なさそうな顔をして、「あれは現場で勝手に約束したことで、自分は知らなかった」と、出資できない旨、釈明したという。勝俣は東京電力の勝俣恒久会長の実弟で、新日鉄副社長だった長兄とともに、経済界では「勝俣三兄弟」として知られていた。丸紅はこのとき、ダイエーの再建も抱えており、合理的に説明ができない高値で買った東芝陣営に加わるのをリスクが高いと判断したようだった。東芝の巨額買収劇は買った先からほころびが生じることになった。東芝はフルーアやロッキード・マーチンに出資を依頼したものの、「買収価格が高すぎて正当化できない」と彼らも首を縦に振らなかった。

結局、庭野が口説いて米ショー・グループが二〇％出資することになり、東芝の盟友企業の石川島播磨重工業（ＩＨＩ）も三％出資すると表明し、東芝の持ち分は七七％、取得金額は四千九百億円となった。ショーを入れたのは、コンサルタントとして雇っているベーカー元駐日大使の「日本勢だけの買収ではなくて、米国企業を加わらせた方がいい」という助言が背景にあった。ただし、ショー・グループもＩＨＩも、ＷＨ株を売りたくなったときには東芝が買い取るという買い取り請求権がついていた。しかも、ご丁寧にも東芝はショーに対して株式取得資金を調達できるよう斡旋まででした。ショーはモルガン・スタンレーがアレンジした円建てのサムライ債を日本で発行し、第一生命保険など日本の機関投資家にはめ込み、WH株取得資金を捻出したのである（後になって、ショーとIHIが東芝に持ち分の買い取りを請求する一方、カザフスタンのカザトムプロムが一〇％保有することになり、東芝の二〇一七年五月時点の持ち分は九〇％、取得金額は五千七百億円となった）。

高値で売り抜けたBNFLはさぞかし、「してやったり」だっただろう。〇六年六月に来日したマイク・パーカーCEOは「結局は価格。とても満足いく結果になった」と大喜びだった。[*4]東芝の担当役員は後になって、交渉過程で常に甘い声で囁いてくれたBNFLの売却担当幹部がその後、退職して優雅な生活を送っていると風の噂で耳にした。「なんでも地中海の保養地で暮らし、ヨットをもっているらしいぞ」。BNFLのWH売却担当幹部は、売却額の一定額を成功報酬（ボーナス）として受け取れる約束になっていたといい、売却額が高ければ高いほど、彼の懐に入る報酬は巨額になる仕組みだったらしい。

彼が受け取った金額は五十億円をくだらないということだった。

東芝は英国人たちにまんまと嵌《は》められたようだった。[*5]

失敗コングロマリット

東芝が買収したウェスチングハウスは、失敗したコングロマリットだった。

トーマス・エジソンと同時代の発明家ジョージ・ウェスチングハウスが一八八六年、ペンシルベニア州ピッツバーグに創業した。発電機やモーター、送電システムなどを祖業に、やがて電気を使うもの——家電や放送局、業務用冷蔵庫、防衛用レーダーシステムなどに事業を広げていった。ＧＥと並ぶ典型的な総合電機のコングロマリットで、本社のあるピッツバーグでは三世代にわたって働く一家もあった。

ところが巨大化するにつれ、企業風土は保守的になる。社内の階層の数は次第に増え、悪いニュースほど上層部に伝わりにくくなる。元幹部のハワード・ミラーは「巨大企業の悪弊で常に保守的になりがち。極端すぎるほど革新や冒険を嫌った」と振り返った。[*1] 本社の上級社員から目標を与えられると、故意に達成したかのような数字を作っていた。「毎月の報告では架空の数字を上げるようになり、本当は悪い実態でも隠すようになった」とミラー。彼にとって印象的な光景がある。「どんな基本戦略を考えているのか」。そう本社の経営戦略部門の上級幹部たちに尋ねても「誰も答えられなかった。資金繰りのことしか関心がないんです」

「本当にたくさんの、たくさんの、たくさんの反転・改革の機会がありました。しかし、『リ

スクが大きい』と冒険的なプランはすべて退けられました」(ミラー)

一九八三年までCEOを務めたボブ・カービーは原子力分野に経営資源をつぎ込んだが、成果をあげることなく、一方で不振の家電事業から撤退した。後を継いだダグラス・ダンフォースは「ナンバーツーとしては有能だが、トップの器量ではない」(ミラー)とされ、業績は停滞し、虎の子のケーブルテレビ事業を売却。ファクスやホワイトボードなどオフィス機器への参入を進言しても「そんなのは日本人しか使いっこない」と退けられた。その次のジョン・マルスは、日立や東芝、シーメンスなど日欧メーカーとの価格競争で利幅が薄くなった重電事業に代わる収益の柱として投資事業に活路を見出した。傘下の金融子会社を通じて不動産融資を拡大したところ、S&L(貯蓄貸付組合)が相次いで破綻した金融危機に見舞われて一気に不良債権化してしまった。一九九一年十二月期から三期連続の最終赤字を計上し、会社の総資産の約半分が不良化して失われた。

名経営者ともてはやされたジャック・ウェルチのもとで蘇ったGEとは異なり、WHはひたすら衰微していった。「かつてウェスチングハウスとGEは同じ規模だった。それなのに凋落していったのは、ひとえにジャックと当社の歴代社長の十数年間の力量の差だ。完全にマネジメントの失敗なのだ」。そうミラーは言った。

「企業再建請負人」として九三年に会長兼CEOに起用されたのがマイケル・ジョーダンだった。ジョーダンはコンサルティング会社のマッキンゼー出身で、ペプシコに移って同社再建に尽力。機関投資家のカルパース（カリフォルニア州職員退職年金基金）や取締役会に不動産融資の失敗を責め立てられた前任のポール・レゴ会長に代わって、取締役会が白羽の矢を立てた人物である。

彼は赴任して一週間で「深刻な大企業病に陥っている」と感じた。[*2] 最高財務責任者（CFO）を呼んでビジネスプランを尋ねても、「大量の資料を持ってきたが何も戦略がなかった。ただ数字と文字が書いてあるだけで具体的なものが何もなかった」。わずか五％のコストカットでさえ反対が噴出し、それを彼は「否定的防衛」と呼んだ。「私がCEOになったとき、金融事業で巨額損失を出して財務基盤が著しく弱まっていた。膨大な負債を返済し、利益が出る体質に改めなければならなかった」

ジョーダンが赴任した九三年夏、クリントン政権は米ソ冷戦終結後の軍事費削減に伴う米防衛産業の再編方針を示している。アスピン国防長官、ペリー次官らが出席し、主要防衛企業十五社のトップを集め、後に「最後の晩餐」と呼ばれる会合で、「これから国防費を削減していけば、防衛産業は将来的に過剰になる」と伝えたのである。このとき米国防総省は「政府としては積極的に再編に介入しないので業界が自主的に再編してほしい」という考えも伝えている。メッセージは明確だった。防衛産業は過剰なのだ。淘汰が必要だった。

ジョーダンは事業ポートフォリオの入れ替えを決意する。潤沢な利益を生んでいた防衛電子機器部門をノースロップ・グラマンに売り払った。「我々は八〇年ごろまでは素晴らしいテクノロジー・カンパニーだったんだが……。日欧メーカーに攻められて、発電機や照明、業務用冷蔵庫など伝統的な電機事業は利益が出せなくなっていた。社内は内向きで市場を見ておらず、製品は競争的ではなかった」（ジョーダン）。すでに家電やエレベーター事業などを売り払っており、本業の売却は加速する。九七年には業務用冷蔵庫事業を建機メーカーに、オフィス家具部門を投資ファンドに、火力発電事業を独シーメンスにそれぞれ売却。ジョーダンは「スリーマイル島やチェルノブイリ事故以降、原発ビジネスは成長性が低くなった。先進国では新規立地計画がなくなった」と、原発部門の切り捨ても決断。ついに九八年には伝統ある原発部門を英核燃料会社（ＢＮＦＬ）に売却することで合意した。彼はＧＥとの違いをこう語った。

「ジャックは友人でよく知っている。彼は動くのが早かった。だが、ＷＨはドラスティックに動かなければならない時期にスロー・ムーブだった」

外交官からＷＨに転じ、ジョーダンのコンサルタントをしていたトニー・ウォレスは「チェルノブイリ事故後、原発は非常に高くつくビジネスとなり、経済的にうまくいかなくなった。欧米で軒並み新設がなくなり、日本には競合メーカーがいて入り込めなかった。頼みの綱は中国や台湾、韓国などアジアの新市場だった」と振り返った。だが米政府は中国への原発輸出に慎重だった。万策尽き、「むしろ海外の企業に原発部門を売却できないか、ワシントンに働きかけることになった」と言う。もはや原子力はビジネスたりえないと判断したのだった。

「米国政府は核拡散を心配していた。英国のＢＮＦＬは廃炉ビジネスに取り組もうとしていた。

米国政府もBNFLならば売り先にいいだろう、ということだった」とウォレス。[*3]

彼らが主力事業を続々切り売りする代わりに活路を見出したのが、放送事業だった。WHは全米初の民間ラジオ局を開設するなど傘下に五つの地方局を有し、それへの特化を考えたのだった。ジョーダンは「我々の出口に放送事業があった。スモールビジネスだったが利益的だった」と、九五年に三大ネットのひとつCBSを買収した。NBCを傘下に持つGEに追随したともいえるだろう。WHはこの後、ラジオ局インフィニティやスペイン語ニュース専門局などを相次いで買収し、放送に軸足を移していく。

当時WHは全米最古の企業年金をもち、十万人もの退職者を抱え、年金債務が重荷になっていた。WHは社名をCBSに変え、若いCBSを吸収して退職債務を払い続けることになった。「年金問題はCBS買収のメーンの理由ではなかったが、二番目か三番目の理由ではあった」とジョーダンは言った。そしてこう付け加えた。「我々に起きたことは、いずれ日本でも起きるだろう。規制緩和や株主重視の経営が競争を激しくさせる。日本には電機メーカーのプレーヤーの数が多いから生き残るのは大変だよ」と。予言はその通りとなった。

もっともCBSを飲み込んで延命を図ったWHだが、九九年には米メディアコングロマリットのバイアコムに買収されて〝消滅〟した。WHは失敗したコングロマリットだった。「創業者のジョージ・ウェスチングハウスは社名が消えて墓場で泣いているだろう」。そう言ってミラーは涙ぐんだ。

その一事業部門で、もはやビジネスとして成立しにくいと判断された原発部門を東芝は高値で抱き込んだのだった。破綻したコングロマリットにもかかわらず、オーナーが代わって生きながらえてきたWHの原子力部門の幹部やエンジニアたちは、「我々が原子力を切り開いてきた」とプライドだけは人一倍高かった。「彼らは完全に日本人を見下していた。東芝から何人かマネジメント層に送り込んでも、とてもコントロールできなかった。自分たちで自治をしていて我々は入り込めない。特に経理にきちんとした人を送り込まないと、とんでもないことになると思いました。浜松町の本社に『英語ができて、経理を見られる人を寄越してほしい』と要請したこともありましたよ」。買収直後に派遣された当時の担当役員はそう振り返る。[*4]

彼らは買い手が三菱重工ではなくて東芝であることを喜んでいた。「同じPWRをやってきた三菱だったら重なる部門があって人員削減などのリストラが起きるかもしれないが、BWRの東芝だったらそういうことはありえない。だから東芝でよかった、と」。そう同担当役員は言う。WHは東芝のことを、東洋の田舎企業とみなしていた。やがてWHに送り込まれた東芝の幹部スタッフはそれを実感することになる。

二〇〇六年体制

東芝がウェスチングハウスを買収した二〇〇六年は日本のエネルギー政策が大きく変わった

節目の年となった。政官民が結びつきを強めた「二〇〇六年体制」とでも呼ぶべき、新しい原子力ルネサンス体制が構築されたのであった。

WHを高値づかみした東芝を原子力産業の救世主に見立てたのが当時、経産省資源エネルギー庁で原子力政策課長の要職にあった柳瀬唯夫だった。東芝も、そして特に三菱重工は律儀なほどにエネ庁のもとにWHの買収交渉の経過報告を欠かさなかった。「経産省は『日本勢で買え、買え』とうるさかった」(東芝の担当役員[*1])、「エネ庁はGEに持っていかれるのを恐れていて『絶対に競り落とせ』という感じだった」(三菱重工の関係幹部[*2])。両社の競り合いの背後にはエネ庁の存在があった。

実は柳瀬が経済産業政策局の政策企画官から〇四年六月に原子力政策課長に着任したとき、経産省の電力政策、とりわけ原子力政策は大揺れだった。そのトラウマが、本来は温厚で飄々とした彼をして極端な原発礼賛派に変えてしまったとみられる。

柳瀬が原子力政策課長に着任した当時、経産省の事務方トップである村田成二事務次官は、潤沢な資金によって政治家やマスコミを籠絡し、欧州で特に進んだ電力自由化の日本への導入に徹底的に抗するなどエネルギー政策を歪める電力業界を苦々しく思っていた。村田は〇二年七月に次官に就くと、もともとソリが合わなかった東京電力の南直哉社長に「ウチの若い者をおたくが洗脳することはやめてくれませんか」と毒づいている。南は、村田がいつも顔は柔和でニコニコしているのに目は冷たかったことを覚えている。東電からすると村田はいつも喧嘩腰だった。そんなときに米ＧＥに勤務していた技術者が、東電の福島第一原発の機器にひび割れがあったにもかかわらず、それがないように意図的に編集したビデオを作らされた旨、内部告発したのだった。これに端を発し、東電の原発データ改竄《かいざん》問題が判明。村田は東電に厳しい姿勢を示し、南直哉社長から経団連会長を務めた平岩外四相談役まで歴代四首脳を退陣に追い込んだ。東電からすると「村田さんにやられた。行きつくところまで行ってしまった」（東電元広報部長）という全面降伏であり、組織内に村田への怨念が残った。

村田の前任の広瀬勝貞次官は〇二年五月、荒木浩会長や南社長、勝俣恒久副社長と極秘会談し、六ケ所村の再処理工場の撤退についておおむね合意しており、後任の村田はこれに取り組もうとしたが、荒木や南が引責辞任した後とあって東電の態度は硬化していた。正攻法が封じられるなか、村田が選んだのは〝裏技〟だった。エネ庁の電力市場整備課や原子力政策課で核燃への問題意識を育んだ伊原智人、山田正人ら若手の課長補佐、係長の六人が遊撃隊として核燃凍結を求めて決起した。再処理工場が稼働すると、原発とは比べ物にならないほどの高濃度に汚染された放射性廃棄物が発生するうえ、建設費や運営費に十九兆円以上のコストがかさむことを指摘した「十九兆円の請求書」と題した資料を作成。「品の良い怪文書」と呼ばれたその資料を与野党の政治家やマスコミに持ちこみ、世論を喚起することによって核燃凍結の関心を高めることを試みた。

ところが、「くれぐれも内々に」と説明した経済紙の論説委員が電事連に内通したとみられ、エネ庁は自民党電力族や電力業界、立地県の青森などから猛烈な反撃に遭い、結局、彼ら遊撃隊の多くは〇四年七月、任務を外された。後に同省を退官したり、京都府や横浜市に出向させられたりし、いわゆる出世コースから逸れることになる。このとき村田は、前線に送り込んだ彼ら少年兵を助けなかった。以来、村田はこのときのことを「私の心の問題から語らないことにしています」とあまり語りたがらない。電力業界にスキャンダルを握られ、沈黙を強いられているとも噂される。[*3]

その一部始終を担当課長として目撃した柳瀬は、電力業界の政治的パワーの強烈さにおののき、電力業界との協調、原子力村との平和共存路線に舵を切る。そして東芝のＷＨ買収の半年後の〇六年八月にできあがったのが「原子力立国計画」だった。この「計画」の中で原発メーカーの海外進出方針が明記され、政府としての支援、公的金融の活用、二国間協定の締結など原発輸出の枠組みが固められた。アンチ東電・核燃凍結という村田時代の〝電力左派〟の政策が、思い切り右旋回した内容となったのである。

柳瀬からすると、ＷＨを買収してくれた東芝は愛《う》い会社である。それに対して三菱重工は「競り負けて、いったい何をやっているんだ」となる。こうして経産省が主導して東芝と東電の二人三脚による原発輸出政策が進められることになった。この路線は、柳瀬の副官とも呼ぶべき香山弘文、さらに柳瀬の後に原子力政策課長に就いた高橋泰三たちによってさらに強固なものとされていく。

〇九年にはアラブ首長国連邦（UAE）のアブダビ原子力公社発注の原発で、下馬評では有利とされていた日立・GE連合が、韓国電力公社（KEPCO）や斗山重工業などの韓国連合に敗退した「UAEショック」の衝撃を受けて、望月晴文経済産業事務次官は「民間任せにせず、もっと政府が後押しして官民一体となった売り込みを図るべきだった」と危機感を強めた。やがて「インフラ輸出」として政策化され、その推進役の担当審議官に起用されたのが今井尚哉である。柳瀬や高橋はもとより、父が自治事務次官という毛並みの良さの香山、叔父が経団連会長（今井敬）と旧通産事務次官（今井善衛）というサラブレッドの今井ら典型的な学校秀才の経産省エリートは、自らがかかわった政策や路線が否定されるのが耐えられない。そして彼らの後見人として退官後も省内に影響力を持ち続けたのが、日立に天下りした望月だった。だから、福島第一原発事故が起きても原子力政策はさほど見直されることなく、後の第二次安倍政権でも原発輸出は国策として堅持されていくのであった。

原子力立国計画の策定と相前後して〇六年三月、エネ庁は家庭用太陽光発電パネルの補助を打ち切っている。細川連立政権誕生時の政権交代パワーによって実現した先進的な政策だったが、所管の省エネルギー・新エネルギー部はこの当時、エネ庁内では弱小部署で発言権が小さかった。補助金受給者が増え続けたため、小泉政権時代の緊縮財政のあおりを受けて打ち切られることになった。原子力立国計画には、「雨の日の太陽光発電や風の吹かない日の風力発電など供給安定性の課題があり、現時点では基幹電源となることは困難」と新エネルギーを軽視した記述がある。同時期にドイツなど欧州諸国が固定価格買い取り制度を導入し、自然エネルギーを拡大していったのに対し、日本は逆に太陽光発電の補助を打ち切って原発に賭けたのである。

原子力立国計画には原発輸出だけでなく、既存の原発を長く使い続ける「高経年化対策」も盛り込まれた。既存の老朽原発を補修しながら六十年間、だまし、だまし使い続けるという対策である。

この少し前まで、東電は東芝や日立製作所などと組んで、改良型沸騰水型原子炉（ABWR）の後継モデル「ABWRⅡ」の研究を進めていた。チェルノブイリ事故を教訓にして、動力を失っても安全性を保つ「受動安全」という考え方を採用したもので、駆動源がなくても動く冷却装置の搭載が想定された。福島第一原発1号機の事故でおなじみになったIC（非常用復水器）が、そのひとつである。原子炉から出てくる蒸気を動力がなくても冷やして水にして戻すICや、同じような仕組みで動力がなくても格納容器を徐熱するPCCS（静的格納容器冷却系）、水素爆発を防ぐためのPAR（水素再結合装置）などを搭載する予定だった。

国内原発は一九七〇年代以降に急増したので、東電は二〇〇〇年代以降にその置き換え需要

（リプレース）が一気に来ると想定し、経済性と安全性の両立をめざしていた。この計画の中心にいたのが東電で原子力技術部長などを務めた技術畑の尾本彰だった。

だが、ＡＢＷＲⅡは実現しなかった。背景には東電の原子力本部内の路線闘争があった。尾本と対立した服部拓也元副社長は「二〇〇〇年代に入って原子力は建設の時代から運転保守の時代に入った。ＡＢＷＲがあるのに、なぜさらにＡＢＷＲⅡなのか」と振り返る。水面下で進んでいた福島第一原発の１、２号機を廃炉にしてＡＢＷＲⅡにリプレースする構想は一気にしぼんだ。尾本は〇四年にＩＡＥＡ（国際原子力機関）に転職し、後を継いだ姉川尚史も電気自動車開発という傍流に追いやられた。経産省が高経年化対策を打ち出し、新設よりも既存原発の補修が奨励されるようになると、ますますその傾向は顕著になった。東電の原子力本部内の権力構造は大きく変わり、それまで主流だった尾本ら建設屋が退けられ、原発の運転・保守をする補修屋の天下になってゆく。そこで台頭したのが事故時の所長となる故・吉田昌郎である。

東芝の〇六年のＷＨ買収が、原発輸出を柱とした「原子力立国計画」の策定に弾みをつけ、自然エネルギーへの補助は打ち切られた。東電と東芝は経産省が旗を振る原発輸出政策の先兵となった。そして経産省から高経年化対策のお墨付きを得た東電は、新たな原発の技術開発よりも老朽原発の維持に舵を切った。

老朽原発を無理に使い続け、新技術を等閑視した帰結が、あの事故であった。

危機意識

ウェスチングハウス（ＷＨ）を買収して原子力事業を強化した東芝の西田厚聰社長は、さらに原発の川上である資源にも触手を伸ばし、二〇〇七年八月、カザフスタン共和国の国営企業カザトムプロムが南カザフスタンで行っているウラン鉱山開発に参加することを決めた。日本の電機メーカーでは珍しく、資源開発、原子炉や機器の製造、さらにメンテナンスに至るまで、原子力の上流から下流まで手掛ける垂直統合モデルを展開することになった。

ＷＨの買収と経産省の原子力立国計画の後押しによって、東芝はこの年、一五年までに全世界で三十三基の原発を受注する見通しを公表した。米国ではブッシュ政権が新規原発の建設を優遇し、全米で三十基以上の新設が見込まれていた。東芝は〇八年、スキャナ電力の子会社であるサウスカロライナ・エレクトリック＆ガス・カンパニーからＷＨが開発した次世代型加圧水型原子炉（ＡＰ-１０００）を二基受注したのを始め、ＡＰ-１０００を少なくとも十六基も手掛けることを見込んだ。さらに、もともと東芝が東電と共同開発してきた改良型沸騰水型原子炉（ＡＢＷＲ）では東電と一緒に米サウス・テキサス・プロジェクト二基を建設する計画だった。米国以外では、中国の三門、海陽原発を受注したのを始め、英国やインド、南アフリカでも受注活動を展開していた。こうした受注増によって、東芝は高値づかみしたＷＨの資金回収期間を当初予定の十七年間から十三年間に短くできると踏んでいた。

原子力とともに、西田が東芝のもう一つの事業の柱にしようとしたのが半導体だった。

東芝はもともと半導体メモリーDRAMの生産に強かった。DRAMはパソコンなどデジタル機器の文字や情報を一時的に記憶し、随時読み出したり書き込んだりできるメモリーで、より小さくする微細化加工をすればするほどメモリーの容量を増やすことができるため、各半導体メーカーは他社に先駆けて微細化しようと設備投資競争を繰り広げてきた。東芝は一九八〇年代には一メガビットDRAMで世界市場をリードし、九五年ごろは東芝の売上高四兆円のうち四分の一はDRAMを中心とした半導体部門が稼ぎ出していた。ところが参入メーカーが多いうえ、シリコンサイクルの波によって九〇年代後半以降、次第に巨額赤字を計上するようになった。東芝はついに二〇〇一年、DRAMの生産から撤退し、米国工場を米マイクロン・テクノロジーに売却することを決めた。

規格品を大量生産するDRAMに代わって半導体事業の柱とされたのは、特定の用途に応じて設計されるシステムLSIだった。半導体出身の香山晋は「ロジック系、システムLSI的なものは長期的に成長しそうな分野なので資源配分し、効率的にやっていく」と言っていた。[*1]しかし、それは画餅《がべい》に終わる。ゲームやテレビ、カーナビなど様々な用途に応じて多品種少量生産するシステムLSIは、規格品ではないため、コモディティー（市況商品）化する恐れは少ないが、その分、ヒット商品になるような最終商品を抱え込んでいないと、一つひとつの最終商品ごとにいちいち作り込まないといけないため、非常に手間がかかる。「常に微細化投資をし続ければいいというメモリーとは違う。ＣＡＤ（コンピューター支援設計）を使い、チップの上にＩＰ（知的財産）を載せていかないといけない。莫大な手間とコストがかかる」（藤井美英半導体事業企画部事業部長）のだった。[*2]

そこで東芝は、生産した半導体を全量買い取ってくれるような大口のＬＳＩ需要家を抱え込む戦略をとった。そのひとつがゲーム機プレイステーションで破竹の勢いだったソニーであり、自動車エンジン用のコントロールシステムを必要としていたトヨタ自動車とデンソーだった。

パソコンを支配していたマイクロソフトのウィンドウズとインテルのＣＰＵペンティアムの「ウィンテル」にソニーはこのとき、ささやかながら対抗しようとしていた。次世代プレステの基幹デバイスである画像処理半導体の「エモーションエンジン」は東芝とソニー・コンピュータエンタテインメントが共同開発し、大分市に新設する半導体工場の設備投資はソニー側が負担することにした。要するに巨額投資が必要な新鋭半導体の設備投資は、儲かっているソニーが負担し、できあがった半導体はソニーで引き取ってもらうという、東芝にとってはリスクの少ない提携だった。互いの強みを生かした提携だったが、「エモーションエンジン」や「セル」といったソニーの半導体はゲーム機には向いていても、テレビなどほかの用途に広げようとするとハイスペックすぎて向かなかった。結局、ソニーは多額の設備投資負担に耐え切れず、言い出しっぺの久夛良木健が失脚すると、提携はいったんご破算になった。生産設備は東芝が買い取ることにし、ソニーはいったん撤収したのである。

東芝のシステムLSI路線が行きづまったのと相前後して、半導体部門に救世主のように現れたのがNAND型フラッシュメモリーだった。もともとデジタルカメラや携帯電話でそれなりに使われてきたが、大きく飛躍したのはアップルの製品群（iPod、iPhone、iPad）に採用されてからだった。アップルのiPhoneはひとつのモデルだけで世界中で数億台が売れ、それまで数百万台売れれば大ヒットという民生用の情報端末とは比べものにならない売れ行きを誇った。当然、それに搭載されるフラッシュメモリーの数はケタ違いになる。さらに、それまで記憶媒体として使われていたハードディスクの置き換えにNAND型フラッシュメモリーが使われるようになったこともあり、市場は洋々と広がった。東芝は〇四年の八千億円のNANDの市場規模が、〇八年には二兆六千億円規模に急拡大すると予測。西田は〇六年五月の経営方針説明会で、「全投資額の半分を半導体事業に投入する」と宣言した。今後三年間に投入する二兆四百億円の投資額のうち半額の一兆二百億円を半導体に回すという大盤振る舞いだった。参入企業が多く過当競争となったDRAMと異なり、フラッシュメモリーは、韓国のサムスン電子、SKハイニックス、米マイクロンなど四、五社しか競合相手がなく、東芝は順調に投資を続けていければ、有利な地位を維持できそうだった。

西田はこのとき、原発と半導体という二つの極端に傾向の異なるビジネスに賭けたのである。

注文を受けてから完成するまでに長い期間を必要とする原子力と、秒進分歩の半導体はまったく時間軸が異なる。それでも原子力ルネサンスの時代の追い風とNANDの商品力の強さによって、証券アナリストたちは西田の戦略を「成長戦略がわかりやすい」と肯定的に評価し、経済ジャーナリズムは彼を〝名経営者〟と奉った。東芝グループ内にも「将来の成長ストーリーを描きやすい」（東芝セラミックスの鈴木紘一元社長[*3]）と手腕を買う声は少なくなかった。

半導体と原子力に傾斜する半面、それ以外の分野は相次いで切り捨てられた。ファンドバブルが爛熟していた〇六年、子会社の半導体材料メーカー、東芝セラミックスをユニゾン・キャピタルとカーライル・グループの買収ファンド連合に三百七十億円で売却、名門レコード会社の東芝ＥＭＩはその持ち分すべてを二百十億円で合弁相手の英ＥＭＩグループに売り払った。東京・銀座の一等地にある銀座東芝ビルも〇七年、約千六百億円で東急不動産が作る合同会社に売却されている。

ソニーのブルーレイディスクと覇を競い合ってきたＨＤ‐ＤＶＤは、かつてＤＶＤの規格争い以来の盟友だった米ワーナー・ブラザーズが〇八年、ブルーレイ側に離反し、ブルーレイ支持に一転。ただでさえ劣勢だった東芝はこれにより業界内で孤立し、西田はやむなくＨＤ‐ＤＶＤから撤退を決め、〇八年三月期決算に千百億円の特別損失を計上した。西室泰三が社長時代にキヤノン社長の御手洗冨士夫と組んだ薄型ディスプレーＳＥＤ（表面電界ディスプレー）は、市場価格に見合う金額にコストダウンして量産する見通しが立たず、東芝は〇七年、「実用化は不可能」と判断し、キヤノンとの合弁事業から撤退した。

この二つは、岡村正が西田に社長を引き継ぐ際に「僕の時代では決断できなかったけれど、モノになりそうにないからキミは撤退する決断をしてもいいよ」と任せたものだったが、西田は「やってみせます」と無理にこだわり、結果的に敗退した。そんな事情を深く知らない経済マスコミは、西室の「選択と集中」戦略と同様、単なるスタンドプレーに過ぎないものを、「大胆な撤退」ともてはやしたのだった。


西田はこのころ、「センス・オブ・アージェンシー」という言葉を多用している。わかりにくい概念だが、本人の弁を借りると、「せいぜい危機意識といったところでしょうか」ということらしい。「危機意識がエンベデッド（組込型）になれば最高なわけです。それによってイノベーションを次々と起こしていけるような風土をつくる」とも言っている。[*4] その意図するところは、社員に危機意識を持てといったところだろうが、原子力と半導体という極端な事業分野への過度の依存に対して、財務を預かる大番頭だった島上清明元副社長は「原発と半導体、どっちも非常にリスクが大きい」と、西田とは異なる危機意識を持った。彼は、西田と違う意味で「センス・オブ・アージェンシー」を抱いたのだった。

もともと重電部門出身の理系エンジニア上がりが社長に就くことが多かった東芝で、技術や製造に明るくない西室泰三、西田厚聰と二人の国際営業畑出身者がトップを占めると、組織は次第に変質していった。東芝の人事や総務、経理の三部門は、社長でさえ恣意的にできない独立性の高い部署だった。西室が自身のお気に入りを理事に就けようとしたところ人事部門が当該人物の社内における風評を問題視し、首を縦に振らず、実現しなかったこともある。それだけ中立性の高い組織だったが、西室が経理部門出身の飯田剛史を重用して内部管理全般を任せるようになると、経理は大番頭の島上を最後に次第に小粒化してゆき、笠貞純、村岡富美雄と代を経るにつれ、中立性や公平性が危うくなっていった。人事・勤労部門でも同様に松橋正城が起用され、勤労系や総務系の幹部が外されるようになった。次第にイエスマンばかりが起用され、東芝の伝統だった経理・人事・総務部門の公平性や中立性は損なわれていった。組織の変質を東芝の元常務は後にこう分析した。[*5]

「西室さんが社長になってからというもの、海外営業出身者の積極的な登用につながり、製造や技術の軽視、そして経理の原則の軽視・無視が広まるようになった。東芝の海外営業部門というのは、現地の販売代理店の管理と日本の営業部門をつなぐのが主たる任務で、実質的には出張者の世話と接待が仕事です。西室さんは半導体など電子部品の国際営業、西田さんはパソコンの海外販売しか経験がなく、常務や専務になって初めて所管が広がって生きた事業を見るようになった。だから、それまで東芝の歴史の中で重視されてきた製造や技術にまったく経験がないし、経理とは何かということを理解できていない。それまで東芝の中で当然と考えられてきた倫理観や正義感、公平性などを持ち合わせていない、まったく異質な人間に唐突に責任と権限が委ねられた結果、おかしなことが起きても誰も異議を唱えられない異常な組織に変質してしまったのです。しかも、穏和な東芝の風土ゆえに、残念ながら暴君や独裁者を排除する気概をもった人物に欠けていました」

西田はこのころ、ウェスチングハウス買収で途中から主戦論に転じた佐々木則夫を誘っては、建築家ヴォーリズが大正時代に建てた洋館「東芝高輪倶楽部」で高級ワインのボトルを空けて歓談した。ソムリエが支配人をしているそこは、高価なワインがコレクションされていた。一緒にワイングラスを傾ける二人はこのとき、とても仲良しだった。西田は〇八年暮れ、自分が続投せずに「交代するとしたら、次はおまえだ」と佐々木に社長を禅譲するような言い方をしている。[*6]

東芝は原発メーカーとはいえ、佐々木の出身母体である原子力部門は東芝全体から見ると「他の部門とはあまりかかわりあいを持ちたがらない異質な集団で、国策とも関連して特異な〝村〟を形成してきた。東芝社内よりも電力会社や経産省との付き合いが深かった」（元常務）。技術思想が他の部門と大きく異なる原発部門は、東芝の中でも「ブラックボックス」だった。

国際営業と原子力――。

東芝は従来の伝統的な主力部門とは異なる〝異端の集団〟に支配されるようになっていったのである。

「我慢できない男」

佐々木則夫は一九四九年六月、東京・新宿に生まれた。子供のころからモノづくりが好きで、小、中学校時代にはエンジン付き模型飛行機「Uコン」づくりに熱中した。

早稲田大理工学部機械工学科に入学し、大学は自宅から徒歩で通えた距離にあった。早大では理工学部の漕艇（ボート）部に所属。当時の部員は百人を超え、世界選手権に選抜メンバーとして出場した部員もいた。佐々木自身は世界選手権には出なかったが、ボートにのめり込み、「レースではローアウトといって、すべてのエネルギーを使い果たしゴールで気絶するのが最高とされていました」と後に語っている。[*1] 体力を酷使して気絶する境地が最高という佐々木は、よく言えば、自ら全力を尽くそうとするタイプ。しかし、後になって後輩や部下に対してはスパルタ的ともいえるほど高い要求を突きつけたことで問題となる。そんな強烈な性格の持ち主だった。

七二年に早大卒業と同時に東芝に入社。ほぼ一貫して原子力部門を歩んだ。同じ職場にいた先輩社員は「今でいう『オタク』みたいな奴」と言う。当時の原発はまだ黎明《れいめい》期にあり、彼自身「孵化したばかりのビジネス」と呼んだ。最初の担当が東京電力の福島第一原発の建設で、入社早々、現場で実習したのが同原発2号機の燃料装荷前の最終チェックだった。隣では3号機が建設中で、少し離れたところで5号機の着工も始まっていた。原発はまだ「国内では新規事業と言ってもいいくらい」の分野だったうえ、かかわる人材は不足し、なおかつこの分野に精通した経験者はいなかった。それゆえ二〇代でも思い切った仕事を任され、ワーカホリックというほど仕事に熱中した。

その後、原発の設計部門で主に配管のエンジニアとして過ごした。いわゆる原子炉の設計ではないため、原発エンジニアの中では本流からは少し外れたポジションにいた。原発ビジネスが上り調子の時代で、「チャレンジを許されていた時代」「チャレンジしない限り先には進めない状況があって、まずは難しい階段を昇る決心をしなくてはならなかった」という。[*2] 当時としては先進的だったCADを原発の設計に導入しようと言い出したのも佐々木だった。「それまではプラモデルみたいなのを作ってやっていたが、彼は三次元CADを使ってプラントを設計し、とても先進的な取り組みを東芝の原子力に持ち込んだんです」と元副社長の田井一郎は言う。[*3] 九五年に磯子エンジニアリングセンター原子力運転プラント設計部長、九八年に原子力運転プラント技術部長などと原子力部門の中で順調に出世していった。

東芝のエネルギー事業本部の中で京浜事業所は独立性が高く、その中でも特に原子力部門は他の部門と隔絶し、「聖域化」された部署だった。

「佐々木さんは明るい人だが、とにかく子供っぽくて我慢ができない人でした。それに、彼に限らないが、エネ本の連中は交際費の使い方がめちゃくちゃだった。交際費を支出する相手が東京電力しかないから、実際は自分たち身内の飲み食いに相当、流用していた。特に原子力は、クラブとか女性のいる店に交際費で通う人が多くてね、中にはヤクザの女に手を出してしまって大変なトラブルになり、確か百六十万円ぐらいで解決したこともありました」

そう元部長は言う。[*4]

佐々木は原子力技術部長、原子力技師長と出世し、ついに〇三年、原子力事業部長に就任する。佐々木を原子力事業部長に起用することは、当の原子力部門出身幹部の間でも不安視する見方はあった。「とにかく部下にきつい。パワハラで部下をダメにしちゃったことがあって……」「自分の言うことは絶対に正しい。俺の言うことを聞かないと許さないというタイプ」と佐々木の先輩は口々に言う。当時原子力閥の頂点にいた宮本俊樹顧問（元専務）に、担当役員の庭野征夫が「絶対に佐々木の暴走はさせない。もし、そういうことが起きそうだったら私が止める」と身元保証をして、やっと原子力事業部長への就任を認めてもらったという。[*5]その

くらい佐々木のパワハラや部下へのいじめは有名だった。「怒鳴り散らすのは日常茶飯事だった。『死ね』とか『バカ』、あるいは『おまえは零点だ』と、よく言っていましたよ」と元部下は打ち明ける。佐々木は独身だったこともあり、休日をもてあました。「だから日曜日の午後でも平気で部下たちを呼び集めて御前会議をやるんですよ。家族団らんのときに。『早く佐々木さんに嫁さんを世話しろ』なんてみんなで言い合っていました」[*6]

佐々木は、部下だけでなく上司にも平気で嚙みついたようだ。「相手が社長だろうが技術的

な話をするときは喧嘩腰になりますよ（笑）。私も負けませんから夜中十二時を過ぎちゃう」と雑誌の対談で語っている。[*7]上司にも手のひらを返し、部下だけでなく上司もつぶす男といわれていた。

もっとも、こんなネガティブな佐々木像を、一緒に働いたことのある奈良林直は全面的に否定する。

あるとき、佐々木と奈良林の意見が食い違うと、佐々木は「俺の言うことが聞けないのか」と怒鳴りつけたという。腹の底から出るような大声で部屋のガラスが震えたような気がした。それでも奈良林は屈せず、「私の意見は譲れません」と突っぱねた。しばらく激しい言い合いになったが、ふと佐々木の目を見ると、怒鳴り散らしたはずの彼の目は笑っていた。

後日、「あのときは悪かった。君の方が正しかった。一緒に飯でも食べよう」と誘われた。

「誤解されやすい人ですが、悪い人ではありませんよ」と奈良林。豪快そうに見えてその実、きわめて慎重な意思決定をした人という。「一つのことを決めるにあたって、十人ぐらいの部下をそれぞれ個別に呼び出して話を聞いて判断していました。そのときに、ちゃんとコスト計算とか何か意見のエビデンスをもっていかないと怒られた。みんなそれぞれ自分の意見をエビデンスをもとに言うよう求められました」。原発でトラブルが起きたときの原因究明と対策づくりについては、「まず佐々木さんが自分の頭の中でいろいろと考え、それを部下や研究所の所員一人ずつにぶつけ、意見も求める。そうやっていくつもの改善案を出させて安全策に反映させていきました」。奈良林が東芝を退職して北海道大教授に転身する際には、「一東芝のためではなく、世界の原子力のために貢献してください」と激励されて送り出されたことが記憶に残っている。

明るくリーダーシップも兼ね備えたといわれる佐々木だったが、彼を高く買う奈良林をしても、「次第に佐々木さんを囲むメンバーが子飼いのイエスマンばかりになってしまい、反論できる人がいなくなってしまった」ことを不幸と分析する。[*8] 西田ほど強い結束力で結ばれた派閥ではなかったが、佐々木も五十嵐安治、志賀重範、田窪昭寛といった重電系、原子力系の腹心による佐々木派を形成していった。

佐々木の趣味はマウンテンバイクやロードレースで、三百人を集めた社内の部課長会議のときに自身の愛用する自転車の写真を映し出しては相好を崩したりした。飼い猫を溺愛し、猫を放ってはおけないと海外出張など長期間の出張を嫌がった。母と長く二人暮らしの佐々木は、相応の年齢を重ねても子供っぽさが抜けないところがあった。

西田が社長になった〇五年、佐々木は原子力事業部長を兼務したまま、執行役常務に昇進し、ウェスチングハウス（WH）買収戦において途中から主戦論を唱えるようになる。東芝がWH買収合戦を制すると、佐々木は〇七年に執行役専務に昇格して社会インフラ事業グループ全般を担務するようになった。世はまだ原子力ルネサンスに沸いていた。

私は〇七年暮れ、佐々木にロシアの原子力市場について話を聞く機会を得た。佐々木は「ロシアが極東に原発を二基造りたがっている。ウチ以外にも日立やアレバにも同じような話をもちかけていますよ」と意外なことを口にした。「それだけだったら、それほどでもないけれど、ロシアは二〇一五~二〇年までに二十基を新設しようとしている。アレバなどがロシアに入りたがっているが、ロシアも旧ソ連圏内に影響力を温存したいため、国策原発会社のアトム・エネルゴ・プロムをつくったんです」と解説してくれた。

佐々木の言う極東の原発二基とは、ロシアのアルミメーカー、UCルサールを率いるオレグ・デリパスカが計画したものだった。彼は極東地域に巨大なアルミニウム工場を造る計画をたて、その電力をまかなうために二基の原発を建設しようとしているというのである。デリパスカは構想実現のため頻繁にプライベートジェット機で来日し、ときにはセルゲイ・キリエンコ原子力庁長官も連れてきたという。「ウェスチングハウスも東芝傘下なので日本の技術への関心が高い」(ルサールの日本法人社長)と、東芝に積極的にアプローチしたようだ。しかし、ロシア政府がデリパスカの独断専行を戒め、かつ、旧ソ連市場を他国メーカーに簒奪されないよう、ロシアは大統領令で〇七年にアトム・エネルゴ・プロムを新設し、デリパスカの構想は中断したままとなった。

佐々木への取材の途中、庭野征夫副社長が付け加えた。

「デリパスカは『原発を建設できるのは、いまや日本メーカー三社しかない』と言っています。

やるとしたらPWRのロシア版であるVVER（ロシア版加圧水型原子炉）による共同開発でしょう。ところが、原子炉の圧力容器の部材を造れるのは、世界的に見ても日本製鋼所しかない。あそこの生産能力がもはや限界なので、デリパスカがいくら早く原発を建てたくても、できないんです。だから彼は、自社むけに早く造ってもらおうと、日本製鋼所を買収して言うことを聞かせようとしているんだと思います」[*9]

ロシアの新興財閥に株を買い占められそうな日本製鋼所とは、一九〇七年創業の老舗メーカーである。戦前は大砲を製造し、戦後は大砲づくりで培った高温・高圧の環境でも耐えられる鋼づくりが原発の圧力容器の製造に役立った。世界の圧力容器の材料であるクラッド鋼板の八割のシェアを握る特異なメーカーだ。デリパスカ自身、ひそかに同社を訪問して提携を持ちかけていたらしい。地味なメーカーである同社の外国人持ち株比率は三〇％近くに達し、デリパスカが隠れて買っているのではないかと推測されていた。日本製鋼所は買い占めの動きに警戒感を抱き、あわてて買収防衛策を導入している。

原子力ルネサンスのバブルはそんなところにまで及んでいた。そして新興の原子力市場を威勢よく語る佐々木は、このころ絶頂にあった。

佐々木の先輩格の庭野は「かならず彼を副社長にしてください」と西田に推薦し、この翌年の二〇〇八年に佐々木は副社長に就任した。役員入りしてわずか三年で副社長就任というスピード出世ぶりだった。西田は、佐々木が火力発電の流量計の改竄に関する内部告発の処理に見せた手際のいい対処の仕方を高く買った。このころ佐々木の周囲は、世間体を考えて、彼にお見合いをセットしている。だが首尾よくいかなかった。「子供っぽいところがあるからね。女性のほうに嫌われちゃって……」。当時の役員はそう振り返った。[*10]

西田はWH買収後、原子力ビジネスを強化するうえで佐々木を後継者に考えるようになったが、一抹の不安もあった。「むちゃくちゃ部下を痛めつけるという噂があったから」と西田。佐々木を後任社長に推薦するにあたって歴代社長に了解を取りに行くと、佐波正一特別顧問が「彼で本当に大丈夫か」と不安視する。聞けば息子がかつて佐々木の下で働いたことがあると言い、「部下に対して相当ひどいことをするみたいじゃないか。少しは直ったのか」と問いただされた。西田は「はい、だいぶ直ったようです。いまはだいぶよくなりました」と答えて、その場を収めたという。西田にはもう一人候補者がいた。重電部門出身で温厚な並木正夫である。並木は会長の岡村正と同じ集合住宅に住み、岡村からも気に入られていた。並木か佐々木か迷ったすえに結局、佐々木を次期社長候補として取締役会に設けられた指名委員会に推薦した。

「ただ、やっぱり、不安でね。『社長になったら部下を痛めつけるようなことをやってはいけないよ』『何か叱るにしても相手に逃げ道を用意するような叱り方をしなさいよ』と、だいぶ注意したのです」。そう西田は言う。「君は独身だけど、家族を持っている人というのは違うからね」「君は他人の立場に立って物事を考えるのが不得手だからね、そこを注意しなさいよ」。そう忠告すると、佐々木の返事は「はい、わかっています」と殊勝なものだったという。だが後になって西田はこう言う。「佐波さんの方が正しかったんだ。ちっとも変わっていなかったんだ……」[*11]

○九年三月、西田から佐々木への社長交代が発表された。記者会見で西田は佐々木を後継者に選んだ理由に「長期的な視野、エネルギッシュな行動力、強いリーダーシップ」を挙げた。佐々木はしおらしく「西田が推進した選択と集中やグローバリゼーションを進めていく」と、西田流の継承を尊重することを力説した。このあと佐々木は、東芝不動産が売り出した東京・南品川の新築の高級マンションを購入し、長年住みなれたマンションから越してきた。

同じ年、ライバルの日立製作所は、製造業で最悪の七千九百五十一億円の最終赤字を計上し、子会社に転出していた川村隆が本社に戻って社長に就任した。川村も佐々木と同様、重電部門出身で、日立、東芝の両社が期せずして本流の重電部門出身者に大政奉還することになったのである。

リーマンショック

佐々木の社長就任が内定しつつあったころ、米投資銀行リーマン・ブラザーズの経営破綻に伴う世界経済危機が東芝を襲った。西田は出身母体であるパソコン部門のバイセル取引による〝益出し〟を強要し、パソコン部門の下光秀二郎、田中久雄らが台湾のODMメーカーを活用した不正工作に手を染めた。しかし、それでも二〇〇八年度決算は最終損益が三千四百三十六億円の赤字という過去最悪の業績を更新した。日立と比べて少なかったのは、両社の規模の違いに加えて、もちろんパソコン部門を中心にした三百億円近い粉飾など誤魔化しがあったからだった。

ＷＨ買収を通じて西田と佐々木は親密になっていたはずだったが、佐々木は社長に就任して間もなく、他の役員たちのいる前で「私だったらこんなに赤字にはしない」「このぐらいの赤字はすぐに取り戻せる」「マイナスをプラスにしてみせる」などと言い放った。「西田さんに聞こえるように言うもんだから驚いた」と目の当たりにした役員は言う。「どちらも似たような性格だからいつかはぶつかると思っていたけれど、就任早々、佐々木さんが西田さんに張り合うようなことを言い出した。社長になるまでは西田さんを立ててきたのに、いきなり手のひらをひっくり返したんだ」[*1]

就任後間もなく佐々木は三重県四日市の半導体工場の視察に出かけ、韓国のサムスン電子との比較やフラッシュメモリーの損益などについて現場の作業員たちを質問攻めにした。問いただされた作業員がしどろもどろになると、佐々木は「君たちはそんなこともわかっていないのか」と激しく叱責し、作業員たちは社長からの叱責にいたたまれず恐縮したという。その一部始終を半導体担当の室町正志副社長から聞かされた西田は、諭すつもりで佐々木にこう言った。「現場の人にそんな細かいことを聞いてもしょうがないよ。聞きたければ本社の半導体のスタッフに尋ねなさい」。すると佐々木は「もう私が社長になったのだから、これからは自分の好きなようにやらせてもらう」と言い放ち、西田を驚かせた。「彼も理系なんだから、もう少し半導体を勉強してから、そういう質問をすればいいのに、そういうことをしないで、ああいう対応をするんだよ」と西田は振り返る。[*2]

二人の間には次第に溝ができていった。

東芝には韓国のＫＥＰＣＯからウェスチングハウス（ＷＨ）の持ち分の一部を譲渡してくれないかという打診があった。ＫＥＰＣＯはアラブ首長国連邦（ＵＡＥ）で原発を受注したものの、核燃料やライセンス料をＷＨに取られ、原発事業のうまみは意外に薄かった。だからこそ、おおもとのＷＨの経営に一枚かみたかったようだ。だが、東芝は拒否。東芝はむしろ、ＷＨ株の持ち分の一部をもともとＷＨと関係の深い三菱重工に売却できないかと考えていた。庭野は経産省に「我々は三菱重工と一緒になってＷＨを経営する意思がある」と伝えていた。

そんな東芝の意向が手伝ってか、柳瀬唯夫の後任の原子力政策課長の高橋泰三はしばしば三菱重工に「東芝がＷＨをコントロールできていないようだから手伝ってやってくれないか」と声をかけている。「まだ佃さんが社長だったころ（二〇〇八年四月まで在任）ですね、泰三を始め、香山君とか経産省の連中が『東芝を手伝ってやれ』と。ずいぶん失礼な言い方でしてね。ウチは当然断った。西岡（喬会長）を含めて我々は全員お断りした」。そう当時の三菱重工の担当幹部はいまだに憤懣やるかたない様子で語った。このときの彼らの言い方はかなり高圧的なもので、「三菱重工は東芝の軍門に降って、WHのマネジメントを手伝え」というニュアンスだったといい、誇り高い三菱の幹部には到底承服しかねる内容だった。この担当幹部は、「東芝は、東電を頂点としたBWR陣営の『しもべ』にすぎない。日本でしか仕事をしてきていない。米国企業で名門意識の強いWHをマネジメントできるとはとても思えなかった」と言う。[*3]その予感は後に的中することになった。

西田は〇九年五月、経団連の副会長に就任し、財界デビューを飾った。

売上高が五兆～六兆円台の東芝は確かに大企業ではあるものの、規模だけでいえば、トヨタ自動車や日立製作所など東芝を上回る企業はいくつかある。しかし、経済界で東芝が特異な存在感を放ってきたのは売上高や利益といった短期的な経営指標ではなく、新日鉄、東京電力と並ぶ財界御三家という会社の格、つまり「社格」であった。相応の大企業の、力のある経営者ですらめったになれない経団連の副会長ポストは、東芝にとって半ば指定席だった。東芝は石坂泰三と土光敏夫という二人の経団連会長を始め、佐波正一、青井舒一らが同副会長に就き、西室泰三が同副会長のほか東証の社長・会長、日本郵政の社長を歴任、そして岡村正が日本商工会議所会頭に就くなど、財界公職のしかるべき顕職に就くのが通例となっていた。

当然そうしたポストは政界や官界とのつながりが深くなる。戦後生まれのソニーやホンダ、田舎企業のトヨタ、成り上がりもののソフトバンクとは、出自・来歴が異なる日本のエスタブリッシュメント企業なのである。「社格」が違うのだ。これが東芝の歴代経営者に「ウチは特別な会社」という驕った意識を植え付けた。元副社長はそれを「石坂さんと土光さんの呪縛」と呼んだ。

「経団連副会長なんて当たり前、ウチはもっと上を目指せるんだ。ウチは特別な会社、それだけのステイタスの会社なんだという気持ちが歴代の社長にある。そういう間違った意識にとらわれちゃうから、社長になるとやたら名誉を求めたがるんだ」[*4]

東芝は重篤な財界病に罹患していた。

西田が財界デビューしたときの経団連会長は、キヤノン会長の御手洗冨士夫だった。前任会長のトヨタの奥田碩は財界本流の西室泰三よりも御手洗を買って後継指名した。西田は西室が果たせなかった経団連会長就任に関心があったが、ひとつ障害と思われることがあった。先輩である岡村が〇七年十一月に日商会頭に就任していたことだった。財界三団体のひとつである日商の会頭に岡村が就任している以上、さらに西田が経団連会長にも就こうものならば、「東芝が三団体のうち二つのトップを占めるのは多すぎる」という批判が財界内部から出てくることは容易に想像できた。

岡村の就任当時、西田は先輩の元役員と会食した際に、「岡村さんがサラリーマンの上りとして『どうしてもやりたい』と言うものですから、しょうがないですね」と言った。「あんまり先輩を立てるような言い方じゃなかったから記憶に残っている。西田君は自分が経団連の会長になる際、岡村さんが日商会頭に就いていることが阻害要因になるぐらいには思ったんじゃないかな」。相対した元役員は後にそう語った。[*5]

岡村は日商会頭になったものの、持病の頸椎症《けいつい》が悪化し、「激痛で夜も眠れない」と周囲にこぼすようになった。もともと手にしびれがあったが、それに加えて首に激痛が走るようになった。会頭になって半年後の〇八年六月に入院し、すぐに手術することになった。その後、「足も痛くなって結局、四カ月も入院することになったのです」と岡村。とても財界活動をこなせないと考え、会頭辞任を申し出たが、前任の旭化成出身の山口信夫元会頭から「キミは二期六年をやってくれないと困るよ」と慰留された。岡村は就任時に山口から「六年はやってくれ」と頼まれていたという。[*6] 岡村は退院後、すっかり元気を取り戻し、財界活動を精力的にこなすようになった。

当てが外れたのは西田だったかもしれない。西田はもともと経団連会長就任に色気があり、部下が「会長を引き受けたいという意欲があるように思われた方がいいですよ」と進言すると、「そんなの大丈夫だ。わかっている」と言っていたくらいだった。西田は毎日のように御手洗と連絡を取り合い、御手洗をがっちりつかんでいたように見えた。[*7] このころ、財界誌や経済誌が次期経団連会長候補に西田とパナソニックの中村邦夫が有望と盛んに書き立てていた。

だが、案の定、東芝が日商会頭と経団連会長の双方を握るのは過剰という見方が財界内に浮上した。財界誌はこう書いた。「経団連、日商、経済同友会という経済3団体のうち、2団体のトップを特定企業が占めるとなれば、内外の批判は相当なものになろう。この点を克服しなければ実現性に乏しいと言わざるを得ない」[*8]。岡村が途中で日商会頭を退任し、西田経団連会長就任の環境づくりをするというのが一つの方策として浮かんだが、岡村は「仮に西田君に譲るために僕が日商会頭を辞めるとしたら、僕を選んでくれた人たちに失礼な話じゃないか」と気色ばんで反論した。おまけに、元経団連会長の豊田章一郎トヨタ自動車名誉会長が「一社で二つのポストは多すぎるんじゃないか」と難色を示しているとも伝わった。

岡村が後進の西田に道を譲って退任しなかったため、東芝社内では次第に「岡村さんと西田さんの仲が悪くなった」という風評が広がった。古くは石坂泰三会長と対立した岩下文雄社長の退陣劇、そして西室時代に西室と副社長クラスがぎくしゃくしたのと同様、東芝のもはや伝統ともいうべきトップ同士の確執がまたしても表面化した。西田はこのころのことを振り返って、「岡村さん本人はやりたかったのでしょう。しょうがない」と語った[*9]。

もっとも、仮に岡村が途中で退いていたとしても西田の経団連会長の目があったかどうかは疑問である。「ああいう、なんでもかんでも俺が、俺がというタイプは財界の中では好かれなかった」（東芝元副社長）という評があるからだ。経団連は特に生え抜きの専務理事や常務理事クラスに西田を敬遠する空気が強く、それも人選に反映したかもしれないのだ。

読売新聞は二〇一〇年の元日の一面で、下馬評通り西田の経団連会長就任を特報した。「日本経団連の御手洗冨士夫会長（74）（キヤノン会長）の後任に、西田厚聡《あつとし》副会長（66）（東芝会長）が最有力となったことが31日、わかった。近く最終調整に入る。1月中にも内定し、5月の定時総会で正式に決める見通しだ……」。いかにも読売らしい仰々しいスクープだった。

しかし、それはまったくの誤報であった。最終調整も、内定も、まして正式決定もなかった。御手洗は一月二十七日、後任会長に住友化学会長の米倉弘昌を起用する人事案を発表した。西田は起用されなかった。

リーマンショックで東芝の業績が暗転し、西田はあと一歩まで迫った経団連会長ポストを手中に収め損ねた。そして、あれだけ仲良しだった西田と佐々木の間に隙間風が吹くようになった。東芝はウェスチングハウスの経営にしくじりそうで、それを経産省は危惧していた。

東芝は崩壊に向けて舵を切った。

爆発後、煙を上げる
福島第一原発3号機（左）と4号機。
2011年3月21日。

第五章
内戦勃発

原発爆発

二〇一一年三月十一日午後二時四十六分、後に「東日本大震災」と呼ばれる世界最大級の地震が東日本を襲った。大津波によって東京電力の福島第一原発は全電源を喪失し、1号機は十二日午後三時三十六分、原子炉建屋が破裂するように砕け、噴煙があたり一面を覆った。水素爆発だった。衝撃的な原発爆発のシーンはテレビ映像を通じて全世界に報じられた。

首相官邸にいた寺田学首相補佐官が驚いて「総理、原発が爆発しました」と告げると、菅直人首相はテレビ画面を凝視したまま絶句した。官邸に詰めていた原子力安全委員会の班目春樹委員長は「絶対に爆発しません」と言ってきただけに、官邸における信用を落とすことになった。参集した原子力安全・保安院や東電の専門家たちの説明はそれぞれまちまちで、どれもこれも要領を得なかった。頼りなさを感じた菅は、東工大の学生時代の旧友である北陸先端科学技術大学院大の日比野靖副学長を思い出し、自身の相談相手として呼び出すことにした。日比野が官邸にやってきたのは十二日午後九時ごろのことだった。

保安院や各省から送り込まれた官僚は文系の事務官が少なくなく、原発の技術的なことには疎かった。それにいらだつ菅に対して日比野は、「福島第一原発は米ゼネラル・エレクトリック（GE）がおおもとで、日立と東芝が下請けになって造ってきました。現場の技術的なことならば、日立や東芝の人が明るいでしょう」と進言した。すると、菅は「すぐに連絡しよう。社長を呼べ」と、十二日の夜には両社に連絡している。

東芝の佐々木則夫社長は翌十三日午前十一時すぎ、官邸五階の菅の執務室にやってきた。菅がいきなり、「このあと2号機や3号機はどうなりますか?」と尋ねると、佐々木は間髪入れず「続けて水素爆発します」と言った。その即答ぶりに周りは水を打ったように静まり返った。

菅が「社長のご専門は?」と尋ねると、「原子力です。ずっと原子力をやってきました」と佐々木は言う。「なんとか水素爆発を止める方法はないでしょうか。建屋の天井に穴を空けて水素を逃がすことはできませんか」。すると、佐々木は「いえいえ、そんなことをしたら火花が出て危ないです。一気に爆発する可能性があるので難しいです」と言い、代わりに「ウォータージェットで壁に穴を空けましょう」と提案した。高圧で水流を噴射して掘削する重機があるという。佐々木の進言を首相は頼もしく思ったようだった。同席していた日比野は「それまでの東電や保安院の人とは違って、非常に的確な受け答えをし、具体的な解決方法まで提案された。とても信頼できる専門家が現れた」と思った。

佐々木はこのとき、「実は私どもの手配した救援隊が福島の現地に向かっているのですが、避難命令が出ていてたどりつけないのです」と打ち明けた。事故現場で必要になりそうな物資や機材を五台のトラックに載せて現地に向かわせたが、福島を目前に止められている、急いで送り出したため、車両前面にとりつける「緊急」と書いた垂れ幕をつけ忘れた、という。その話を聞いて菅は驚いた。「なんで緊急車両が緊急時なのに福島に入れないんだ」。すかさず危機管理担当の官僚を呼びつけ、善処するように指示した。[*1]

このあと、水素爆発を防ごうと、ウォータージェットの準備に取りかかったが、機器が届くのが遅かった。十四日午前十一時一分、3号機の原子炉建屋は一瞬、赤い炎を放つと瞬く間に巨大な黒い噴煙に包まれた。水素爆発だった。佐々木が予言した通りだった。

東電原発爆発事故は、東電はもとより、佐々木と東芝にとっても明らかに大きな転換点となった。原発事故が起きるまで東芝は原発に最も入れ込んだメーカーと目されてきた。誰もが東芝の痛手は大きくなると予想した。高値づかみをしたウェスチングハウス（WH）の減損を含めて原発ビジネスの大幅な軌道修正は不可避だろう。そう多くのものが受け止めた。

佐々木則夫は二〇〇九年六月、東芝の社長に就任すると、経済産業省の政策とタイアップして果敢に原発輸出に取り組んできた。就任して間もないころの「週刊ダイヤモンド」のインタビューで、WHを買収したことによって「（原発では）すでにトップですよね。百十二基の供給実績、シェアは三〇％強、成形加工の燃料でも三〇％近くのシェアを握っています」「強みは大きく二つあると思います。一つは、異なる二つの炉型、PWR（加圧水型原子炉）とBWR（沸騰水型原子炉）の両方を持っているので顧客が選べること。もう一つは、燃料なども含めてワンストップで提供できる体制を敷いていることです」と語っている。[*2]

米ブッシュ政権は二〇〇五年、包括的エネルギー政策法に署名し、原発建設の促進支援策を充実させた。新設原発の発電に関する税控除（減税）や建設費の政府保証が導入され、〇八年までに三十基の新設計画が発表された。

東芝はこの当時、米国でＶＣサマー原発とボーグル原発の計四基（ともにＡＰ－１０００）とサウス・テキサス・プロジェクトの二基（ＡＢＷＲ）を受注したのを始め、中国でも山東省・海陽原発と浙江省・三門原発で計四基（ＡＰ－１０００）を立て続けに受注し、二〇一五年までに世界から三十九基の受注を見込んでいた。

しかも東芝は、単なる機器の売り切りでは終わらず、核燃料の供給から廃棄物の処理まで原発にかかわる垂直統合型のビジネスをめざし、西田厚聰社長時代の〇七年八月、カザフスタンのウラン鉱山の権益を確保した。ウランの採掘権益は米国、中国、ロシアなど大国に集中し、後発新興国が確保するのは難しい。しかも資源バブルによってウラン価格が再び高騰するおそれもある。「プラントだけを造ってもビジネスにはならない」と、東芝は川上にまで手を伸ばすことになった。

後を継いだ佐々木はさらに、「トータルで原発を請け負う体制をつくっていきたい」と、設計、調達、建設に至る一貫工程（ＥＰＣ）を掌握することをめざした。資源採掘、燃料成形、原発プラントの設計、建設、そして廃炉に至るまで、かつては分業していた原子力の各段階を、東芝一社ですべて担うという世界でも稀有な垂直統合型の原子力の総合企業になろうとしたのである。だが、これだけ手を広げたところで、東芝の原子力事業全体の売上高は連結対象のWHを含めても五千四百億円から六千億円程度で、東芝全体からすれば、わずか九％程度に過ぎなかった。それだけの売上高に過ぎない分野に東芝は巨額の資金を投じ、しかも事故や放射性廃棄物など大きな潜在リスクを背負い込んでいった。

佐々木の構想はスタートして間もなく、思い通りにはならなくなり始めた。東芝がABWR二基を受注した米サウス・テキサス・プロジェクトは作業員の工賃が上昇し、建設コストが数十億ドルの規模で膨らみそうなことが〇九年暮れには判明した。三十年間も原発を新設していない米国では、久しぶりの原発建設ということもあいまって、請け負う工事業者に建設ノウハウが不十分なため、労務コストが制御できないほど上昇したという。

少しずつ暗雲が漂い始めるなか、東芝が抱き込んだのが東京電力だった。この当時、東電の勝俣恒久会長の出身母体である企画部は、西澤俊夫、村松衛、中野明彦のラインで、海外進出をめざした中長期成長計画「二〇二〇年ビジョン」の策定にとりかかっていた。東電からすると、東芝からの「サウス・テキサス・プロジェクトを一緒にやりませんか」という申し出は、渡りに船だった。東電は同プロジェクトへの参加を決め、続いてトルコ共和国のシノップ原発の建設計画も東芝・東電の両社で共同受注をめざすことにした。建設は東芝が担い、その後の原発の運転指導を東電が受け持つという分業である。

初の本格的な政権交代となった民主党政権は、経済成長策が無策と批判されたため、あわてて採用したのが経産省が唱えた「パッケージ型のインフラ輸出」だった。単純に機器を売るのではなく、インフラの運転・管理・補修などソフト面も含めて輸出するというアイデアで、鉄道や水道、プラント建設を輸出することがイメージされた。その参謀となったのが国際協力銀行の前田匡史執行役員である。「民主党は成長戦略がないと批判されていて、仙谷由人さんから『何かいいアイデアがないか』と聞かれたときにインフラ輸出を進言しました。第一次安倍政権時代にあったアジア・ゲートウェイ構想に盛り込まれていた考えを焼き直して民主党政権にインプットしたのです」と前田。オープンスカイ政策など航空自由化を提唱した同構想には、衛生状態のよくないアジア諸国に日本の水道技術や水管理の政策を支援することが盛り込まれていた。やがて前田が二〇一〇年六月に内閣官房参与に取り立てられると、ほどなく前田のもとに現れたのが経産省の今井尚哉審議官だった。「頭の回転がすごく速いが、ものすごく自尊心が強い男でした。なかなかすごい奴だけど、これでは組織の中で生きていくのは厳しいんじゃないかと思いましたね。彼ですよ。ずっと原発輸出を仕掛けているのは」[*3]。今井は後に返り咲く自民党の安倍政権で、安倍晋三首相の首席秘書官として政権のキーマンとなる男である。

経産省には、アラブ首長国連邦の原発新設計画で韓国勢に惨敗を喫した〇九年十二月の「UAEショック」の後遺症が大きかった。鳩山政権で望月晴文経産事務次官や石田徹資源エネルギー庁長官は、日本落札の吉報を聞くために参集した官邸で逆に日本敗北の知らせを受け、面目を失った。以来、彼らは捲土重来《けんどちょうらい》を期そうと、官民一体となった原発輸出を重視するようになった。その旗振り役の担当官に起用されたのが今井だった。仙谷、今井、前田、そして望月によって、この後ベトナムへの原発輸出計画が軌道に乗り、電力九社と原発メーカー三社、産業革新機構の出資によって官民一体となった「国際原子力開発」が設立された。同社の中核企業は、ここでも東芝と東電だった。

だが、当時、資源エネルギー庁原子力政策課長として政策のとりまとめの任に当たった三又裕生は、後にこんな反省の弁を述べている。

「我々は韓国の原発攻勢が今後も続くんじゃないかと危惧したのです。ちょうど電機メーカーがサムスン一社にやられ、コンテンツの世界でも韓流ブームがおきていた。いま振り返ると、日本を凌駕するかのような韓国の勢いを、我々はあのとき過剰に意識しすぎていたのです。これは私個人の考えですが、何が何でも韓国に負けてはいけないとなりふり構わず受注するのは、かえって日本の国益を損ねることになると思います[*4]」

かつて原子力政策課長だった柳瀬唯夫が「原子力立国計画」を掲げ、民主党政権下で一気に拍車がかかった原発輸出は、東電の福島原発爆発によって一転して先行きが危ぶまれるようになった。安全神話が崩壊した日本製の原発を、はたして外国が買ってくれるか。なすすべもなく原発を相次いで爆発させてしまった東電が、原発の運転や安全管理を指導するというのもブラックジョークとしか受け取られないだろう。

そうした先行きを危惧する見方を払拭したいのか、震災から十日後の二〇一一年三月二十一日、経産省は「原子力エネルギー再復興へ向けて」と題した機密資料を作成している。同機密資料は今後、反原発機運が高まることを懸念し、「原子力なきエネルギー安定供給は現実的には成り立ちえないという厳しい現実を国民に説明」し、そのうえで「原子力存続に向けた政府の再決意を表明。国民に現実的理解を求める」ことを提案、原子力の再生は「ＭＥＴＩ（経産省）の再生そのもの」としている。さらに「原子力再生を何としてでも果たし、世界最先端のエネルギー供給基盤、ひいては輸出基盤を再構築」する必要があると続け、原発輸出の旗はおろさない。今後の原発輸出策として、今回の福島原発事故の情報を分析して、新たに安全基準を高めたうえで、最先端の安全対策を含めて海外に輸出する「事故情報のショーケース化」を提唱した。[*5] この機密資料の作成者は今井尚哉と省内で噂された。

東芝には三月二十五日までに東京・浜松町の東芝本社十五階に、米ＷＨやショー・グループ、エクセロン、バブコック＆ウィルコックスから約三十人のエンジニアが集まり、東芝の技術者とともに「マウント・フジ・チーム」と呼ばれる事故対応チームが組織された。「スリーマイル島事故の経験と汚染水の処理について提言をまとめてもらって、それをもとに対策を講じてもらった」と原子力部門の畠澤守は言う。[*6] ショーのメンバーは五月には「地下水対策のために遮水壁を造るべきだ」と、後手に回る日本政府よりも早く先手を打つ提言をまとめた。

彼ら米国勢の提言も参考にして佐々木は四月十四日、報道各社のインタビューに応じ、福島第一原発の1号機〜4号機について「十年半で廃炉にして現地を更地にできる」と述べ、復旧案をまとめた「総合マネジメントプラン」を経産省や東電に提出したことを明らかにした。その半面、二〇一五年までに全世界で三十九基の原発を受注するという東芝の計画は「実際の着工が少し後ろにシフトすることは考えられる」「今の時点で（原発新設を）やめると言ってきたところはないが、受注できても遅れることがある」と目標の繰り延べを示唆した。[*7]

実際、サウス・テキサス・プロジェクトの発注主だった米NRGは四月十九日、「日本の原発事故によって状況が一変した」（デビッド・クレインCEO）と、建設作業を中断し、建設中の同原発二基について四・八億ドル（約四百億円）の減損を決めた。東芝と組んで同プロジェクトに加わっていた東電も原発事故の影響を受けて早々に同プロジェクトからの撤退を決めた。トルコの共同受注も東電が退くことになり、共同受注は不可能になった。国際原子力開発も中核企業の東電の失速によってベトナムへの輸出の実現性は一挙に遠のいた。

原発推進に舵を切っていたドイツのメルケル政権は一転して脱原発法を制定し、こうした動きが先進国に広がりそうだった。独シーメンスは原発事業撤退を表明し、東芝の本家にあたるGEのジェフリー・イメルトCEOも「原発を経済的に正当化するのは非常に難しい」と発言。二〇一二年十月には、WHに二〇％出資してくれているショー・グループがWH株の買い取りを東芝に請求し、東芝は千二百五十億円を払い込まざるをえなくなった。ショーも、もはや原発の時代は去ったと認識し、WHから逃げたのである。

だが、東芝の佐々木はひるまなかった。「福島で起きた事故をしっかり反省したうえで、じゃあどういう設計をすべきか」、新たな安全性の知見を取り込んだ原発にすれば、「(原発市場は）縮小というより、増えるのではないですかね」と、経産省の機密資料と同じようなことを言うようになった。[*8] サウス・テキサス・プロジェクトも「新たなパートナーを探したい」とあきらめようとしない。原子力一筋に生きてきた佐々木にとって原発は自身のレゾンデートルであり、思い切った軌道修正ができなかった。原発事故後も、東芝の担当者は「チェコやポーランド、フィンランドから新規の引き合いがあります。英国でも提案活動中で、原発の製造だけでなく発電のオペレートも担います」と、原発新造の〝可能性〟に賭けていた。[*9]

米国も、日本が引き続き原発を造り続けることを期待した。民主党政権末期、「二〇三〇年代に原発をゼロ」とする脱原発政策を閣議決定する作業に入っていたころのことである。内閣府の大串博志政務官は日本の原子力政策の転換を説明しようと訪米したところ、国家安全保障会議のフロマン補佐官から「日本が原子力政策をやめた場合、技術者の育成はどうなるのか」「日本の技術を基にした国際貢献は今後どうなるのか」などと、主に原子力技術の継続性という観点から執拗に質問を受けたという。大串は、フロマンとのやりとりを通じて、米国の本音は「いままで通り日本が原発製造を継続することにある」と受け止めた。「明示的に日本が原発メーカーを持ち続けてほしいと言ったわけではないのですが、その暗示するところは日本の原発ビジネスを継続してほしい、ということでした」[*10]

私は、事故後も強気一辺倒の佐々木に対して、東芝の原子力ビジネスの軌道修正は不可避ではないかと思って尋ねたことがある。

――福島第一原発事故によって、もはや原発に将来性はないのでは。

「あなたがたマスコミはすぐそういうことを言うが、関係ない。海外からの引き合いはすごく多いですよ」

――東芝のパートナーの東京電力があういう事態になって、もはや一緒に原発輸出をするというのは、うまくいかないのではないか。

「でもウチにはウェスチングハウスというアメリカの会社があるから。東電の影響がまったくないとは言わないけれど、他の原発メーカーと比べれば、ウェスチングハウスがあるだけウチは影響が軽いよ。だから、しっかりやっていく」

――サウス・テキサス・プロジェクトは実現が危ぶまれ、トルコは有力視されていた東芝ではなく、代わって三菱重工が受注することになった。

「ウェスチングハウスのAP－1000については米NRCが安全審査に五年もかけると言い出したが、三菱重工と仏アレバの（共同開発した新型原発）アトメアは、フランスの当局がたった二年で耐震審査をやると言っているんだ。その違いでウチが落ちて、重工が取っただけ。原発事故後、フランスからサルコジ大統領が日本にすぐやってきて『ウチの国に任せろ』と言ったけれど、結局、事故処理ができていないでしょう。そういうリップサービスの国なんだ。ああいうリップサービスには、私は何らかのペナルティがあってもいいと思っているくらいだ[*11]」

粉飾の増殖

西田厚聰社長時代に始まったバイセル取引を使ったパソコン部門の粉飾は、佐々木則夫が西田の後を襲うと、さらなる拡大を遂げることになった。

佐々木の社長就任が発表された二〇〇九年三月から実際に就任する六月までの間、東芝の各事業部門は入れ代わり立ち代わり新社長に事業概況について〝ご進講〟をすることになった。パソコン部門の社内カンパニーであるＰＣ&ネットワーク社の責任者である下光秀二郎は佐々木のもとを訪れると、「とんでもないことをしてしまいました」と頭を下げ、パソコンのバイセル取引によって二百億円近い利益の水増しをしたことを打ち明けた。リーマンショックで業績が悪化するなか、西田に責められ、田中久雄とともに膨らましたバイセル残高のことだった。

佐々木新体制が発足するにあたって、いきなり大きな〝負債〟を残したことを率直に詫びたのだった。それを聞いて佐々木はこんなふうに驚いたという。

「あれだけパソコン部門の経営環境が厳しいなか当社のパソコン事業は黒字を維持し、西田さん《ヽ》の《ヽ》経営力にただただ感服していたが、なんだ、こんなからくりがあったのか」

佐々木は下光を叱責するのではなく、「これは、素晴らしいからくりだな」と逆に感心したようだった。社長を引き継ぐときに佐々木は「西田マジックの正体はこれか」とピンときたのである。[*1]

それから間もない同年七月、下光に代わってPC&ネットワーク社のトップに就いた深串方彦は当初、下光時代に累増したバイセル取引による残高の縮小を考えたとされる。台湾のODMメーカーへの部品の押し込み販売をやめた場合、パソコン部門の〇九年度第2四半期決算は、五百五十七億円の赤字になると試算された。その旨をバイセル取引の生みの親である田中久雄専務（調達担当）に報告すると、田中は「インパクトが大きすぎる」と難色を示し、解消策を一蹴した。田中も深串も、下光同様、パソコン部門一筋に歩み、西田派の有力幹部だった。

深串は〇九年十月の社長月例で、バイセル取引による利益のかさ上げ分を減らし、第3四半期決算で赤字になる見通しを説明した。

すると、佐々木は「一番会社が苦しいときにノーマルにするのはよくない考え方だ。パソコンのためにも東芝のためにもなっていない」と退けた。

バイセル取引の押し込み販売によって一時的に利益が計上されても、いずれは買い戻して解消しなければならないため、バイセルの残高は社内で「借金」と呼ばれていた。佐々木は同十二月のマネジメント・ミーティングの後、田中に対して「借金は必要悪であるが、やむを得ない。できれば百五十億円程度やれないか」と逆にバイセル取引の活用を持ちかけている。佐々木は「バイセル取引の仕組みはどこかで見直す必要性がある」とは思っていたものの、いざ業績が悪化しそうだとなると、部品の押し込み販売による見かけ上の利益のかさ上げ、すなわち「粉飾」はやむを得ないと考えるようになっていた。*2

本来、そうした不正会計を是正すべき立場にあった財務担当の村岡富美雄副社長は〇九年十月の社長月例に同席し、佐々木と深串のやり取りを聞いていたうえ、十二月のマネジメント・ミーティングの後、田中に対して「借金返済は第3四半期は猶予するので、百五十億円の改善をやってもらいたい」と、佐々木を後押ししており、CFOの村岡もバイセル取引による粉飾を許容していたと考えられる。*3

バイセル取引が始まった後、〇五年度以降、四半期決算末である六月、九月、十二月、翌年三月に利益が出て、それ以外の月はその反動で赤字に陥るという損益推移をたどるようになっていたが、〇九年度以降はその振れ幅がきわめて大きくなり、明らかに異常になった（次頁参照）。

パソコン部門でバイセル取引による粉飾が拡大していったころ、テレビやDVDなどの映像部門では「キャリーオーバー」と呼ばれる粉飾手口が広がっていった。キャリーオーバーとは東芝の隠語で、本来は計上できない収益を計上したり、計上しなければならない経費の計上を

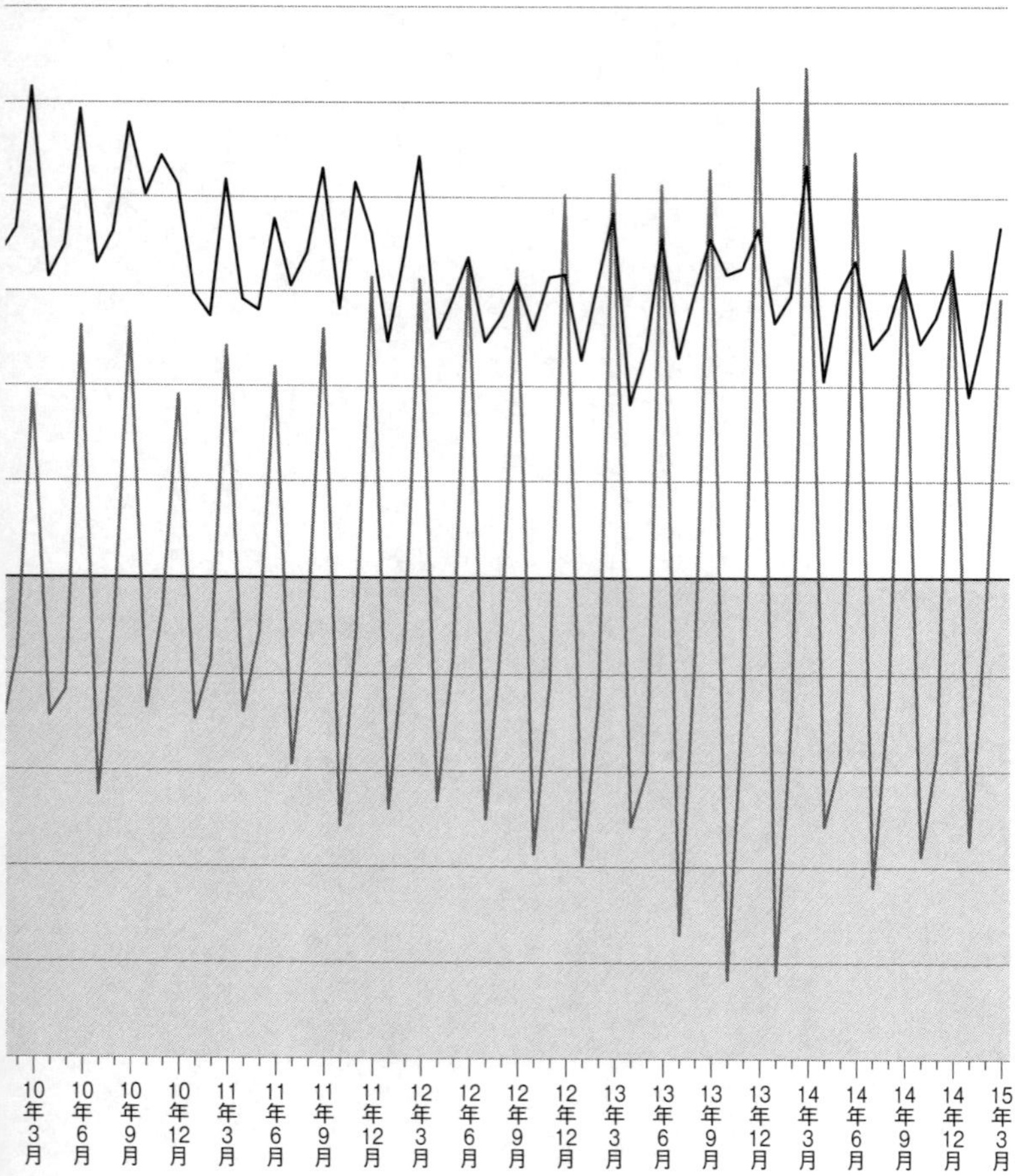
10年3月
10年6月
10年9月
10年12月
11年3月
11年6月
11年9月
11年12月
12年3月
12年6月
12年9月
12年12月
13年3月
13年6月
13年9月
13年12月
14年3月
14年6月
14年9月
14年12月
15年3月

〔東芝・パソコン事業の月別売上高・営業利益の推移〕
（2005年4月～2015年3月）

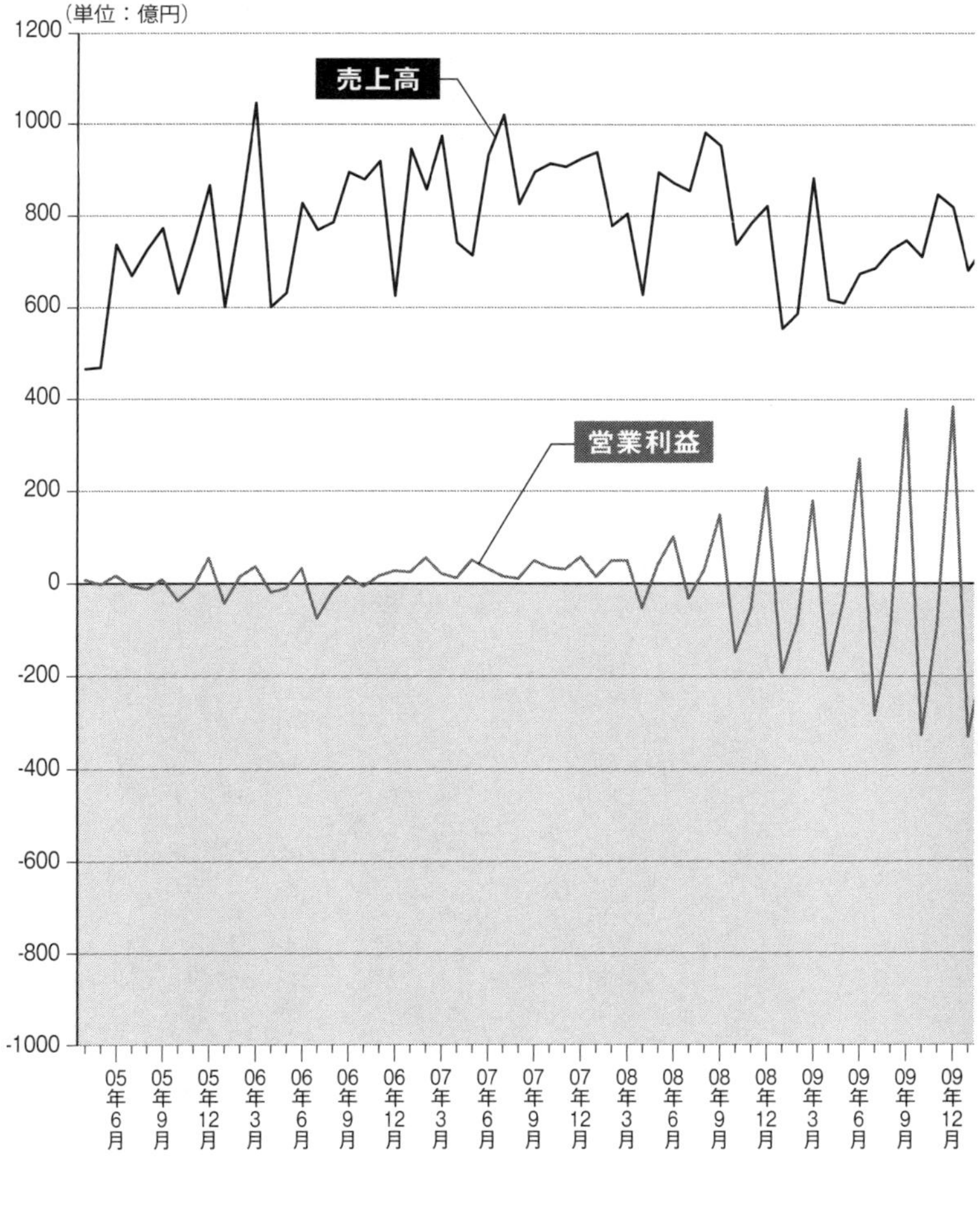

先送りしたりして、一時的に利益が出ているように見せかける手口で、遅くとも一九九〇年代半ばには行われていた。それが本格的に拡大したのは、映像部門の赤字脱出の号令がかかった西田時代の〇八年度からだった。薄型テレビブームに加えて家電エコポイント制度（〇九〜一〇年度）によってテレビのセールスが伸び、さらにアナログ放送が一一年七月に終了し、地上波デジタル放送に移行する「地デジ」ブームが牽引し、テレビの買い替え特需が発生し、映像事業は黒字化まであと一歩と迫った。このため「できることは何でもやれ」とばかりに無理が広がった。

東芝は、テレビやDVDなどAV機器を購入した顧客からのクレームに対応するコールセンター業務を専門業者に外注していたが、コールセンター業者から業務委託費の支払いを要求されても、〇八年ごろから支払いをあえて翌四半期に先送りするようになった。テレビの製品カタログやパンフレットを大手広告代理店の電通につくってもらい、電通からその請求書が届いても、意図的に会社の会計システムへの入力を遅らせ、同様に支払いを翌四半期以降に先送りした。ブルーレイディスクやDVD機器は販売台数に応じて画像圧縮技術やデジタル放送に関する特許料の支払いが必要となるのに、特許料支払いのために本来は計上しなければならない引当金を計上しなかった。南米のテレビ市場の市場調査を調査会社に頼んでおきながら、調査料を請求されると、これも支払いを先送りにした。

一二年に深谷工場でテレビの生産を終えると、売れ残った二億円余の評価損は本来発生した四半期に計上せず、翌四半期に先送りにした。一一年に米国の液晶テレビ生産会社を台湾のODMメーカーのコンパルに売却した際に、不要となった八億五千万円余の部材の評価損も、発生した決算期に計上せずに先送りした。ポーランドのテレビ工場では必要以上に液晶パネルなどの材料を仕入れてしまい、これら余った約十億円の部材の評価損を計上しなかった。

ODMメーカーに製造を委託したテレビを引き取る際には値引きしてもらったように装って支払額を減らしたものの、「東芝側が突然、機種の絞り込みをして開発費や金型費が無駄になった」ということにして、値引き相当額を損害賠償金として相手メーカーに支払っていた。損害賠償名目で支払うと、営業外費用となるため営業損益自体は悪くならないからだった。液晶パネルメーカーからパネルを仕入れる際には、大幅な値引きを受けながら翌四半期に値引き相当額を開発費名目で払い戻した。パネルメーカーから販売奨励金（リベート）を受け取って実質的な値引きをしてもらっても、翌四半期には同額を開発費名目で戻していた。これらはいずれも取引先を巻き込み、同額を返済することを条件に表向き値引きを受けたことにして、経費を圧縮する手口だった。

グループ会社間の取引では互いの収益と費用の計上時期をずらすことによって、表面上の損益を操作し、このズレを東芝の隠語で「ミスマッチ」と呼んだ。たとえば、物流子会社の東芝ロジスティクスから物流費の請求が回ってきて同社は売り上げに計上していても、東芝の映像部門はあえて支払いを会計システムに入力せずに、翌四半期以降に先送りしていた。

こうしたキャリーオーバーの手口は何十種類にも及び、日本だけでなく中国、欧州や東南アジアの現地法人も巻き込んでいるため、部署ごとにキャリーオーバーをまとめた「管理表」という裏帳簿までつくらなければならなかった。[*4]

ちりも積もれば山となるような、あの手この手の細かな粉飾の積み重ねによって東芝の映像事業は〇八〜一〇年度の三年間、黒字になった。テレビ大手のソニーが長く赤字に沈んでいた時期に東芝が再建に成功したように見えたのは、こうしたからくりがあった。キャリーオーバーでかさ上げした部分を除くと東芝の映像事業は赤字だった。

経理・財務畑を歩んできた久保誠は一一年六月、転出していた東芝モバイルディスプレイ社長(後にジャパンディスプレイに統合)から財務グループ担当の取締役に戻ると、バイセル取引がどうなっているのかが気になった。

彼は〇八年二月にパソコン部門であるPC&ネットワーク社の経理担当幹部から「バイセル取引というおかしなことが行われている」と聞かされ、関心をもつようになった。だが、この経理担当幹部が手を尽くしても、パソコン部門幹部のガードが固くて実情がよくわからない。その秘密主義は奇異な印象を与えた。最終的には久保が直接、調達・ロジスティクス担当の田中久雄執行役専務に問いただすことになった。田中の返事は「何もやましいことはしていない。損益調整はしていない」というもので、久保は怪しさを感じながらも、それを信じるしかなかった。

久保が復帰した一一年、パソコン部門と映像部門が統合されて新たに一つの社内カンパニー、デジタルプロダクツ&サービス社がつくられ、そのトップとなったのがテレビ部門出身の大角正明だった。久保は大角を呼び出して、「バイセルっていまどんな感じ？」と聞いてみると、「実は四百億円もある」と聞かされて驚愕した。「iPhone4発売以降、スマートフォンが爆発的に普及してパソコンが売れなくなった。テレビもエコポイントなど牽引するブームが終わって、売り上げが急減していた。規模を狙った経営が行きづまっていたころだった」と久保は回想する。このとき久保は、バイセル取引が粉飾の道具に使われているというよりもむしろ、バイセルの残高は過剰な部品在庫ではないかという認識の方がまさっていた。久保と大角はバイセル取引の残高を解消する計画にとりかかった。同年十一月、大角が全社月例報告会の席上、バイセル取引とキャリーオーバーの段階的な解消を唱え、一一年度第3四半期に五十億円、同第4四半期に五十五億円、一二年度には半期に百億円ずつなどの段階的な解消策を立案した。

だが、なかなか計画通りに解消しない。一二年五月、久保が「なんで予算を組んでいるのに解消してくれないの。解消してくれないと困ります」とたしなめたところ、隣席の社長の佐々木から逆方向の叱責が飛んだ。

「借金を返すのはいいが、自分のお金がない中で、だれの金で返すのか」

そしてこう怒鳴りつけた。

「解消してもいいが、赤字にすることは絶対に許さないからな」

深串方彦が一二年六月、大角の後任として社内カンパニーのデジタルプロダクツ&サービス社を任せられると、久保は「大角さんとの間で解消する約束ができているので、深串さんもそれを引き継いでくれますよね」と確認した。

同年三月末時点の押し込み利益は四百六十一億円にもなっており、それを三年かけてゆっくり減らすことを考えた。だが、深串は安売り品を大量に売ってパソコン部門の不振を挽回する誘惑にかられていた。規模のビジネスの幻想からどうしても覚めないようだった。これに失敗してかえって損益が悪化したため、佐々木は激怒した。

結局、バイセル取引の解消は「実力黒字により返済」するとし、部門の正規の黒字によって穴埋めしていくことになった。一二年度第2四半期の営業黒字見込み額はわずか一億円しかなかったため、バイセル取引によって生じた押し込み販売の解消はできなかった。

九月以降、パソコン部門の上半期の赤字は拡大し、結局、バイセル取引拡大に手を染めることになった。深串が赤字額が二百一億円になると報告すると、佐々木は「まったくダメ、やり直し」と宣告し、こう言った。

「何を考えているんだ。自分の至らなさで赤字をつくっておきながら、さらにバイセルをやるというのは、赤字を増やして、さらに俺の財布から金を盗むというのと同じだぞ」

九月二十七日、上半期末の同月三十日まで残り三日と迫るなかで、赤字がさらに二百四十八億円に拡大するという報告を受けると、佐々木は「あと三日で百二十億円の営業利益を改善してほしい」と命じた。佐々木から「田中さんにも加わってもらえ」という指示を受けて、深串は二十七日夕方、下光や田中、久保らと鳩首《きゅうしゅ》協議した。たった三日間しかないため、台湾のODMメーカーを活用することはできず、東芝は東芝トレーディングや東芝情報機器杭州社という子会社に対して、マスキング価格によって高値にかさ上げしたハードディスク・ドライブなどを売却し、「益出し」をすることにした。両子会社は身内であり、なんらマスキングをする必要がない相手なのにもかかわらず、田中の部下の調達担当の松木寛が子会社側に「緊急事態」と称して指示。杭州社側からは「アブノーマルな処置であると十分理解したうえでのご指示か」「この取引がグループの会計処理に疑義をもたれないか懸念される」と反発を受けても強行した。もはやトップによる粉飾の強要といえた。

それでも足りない。すると田中が「私は台湾のODMメーカーのトップと親しいから」と言って、台湾メーカー側から請求されているパソコン設計費の減額や繰り延べをお願いすることにした。東芝が注文したパソコンの生産委託計画を突然変更した際、先方に設計費の未回収分が生じる。これを負けてもらおうという算段である。

こうして身内の子会社を使ったバイセル取引の押し込みによる利益捻出や、設計費の減額などのキャリーオーバーを実施して、佐々木の要求にこたえることができた。

さすがに「三日で百二十億円捻出」という不正にかかわると、経理・財務出身の久保は「これは問題だ」と考え、一二年暮れ、休日に財務部のスタッフを呼び集めてバイセルとキャリーオーバーを解消する計画を立てた。この時点で約八百億円にものぼるバイセル残高を一気に正常化すると、赤字になる。繰り延べ税金資産を取り崩すことになり、過剰な人員を抱えたパソコン部門のリストラも必要になる。二千億円を超える赤字規模になりそうなため、増資などの資本増強も考えた。彼らが「裏中計」と呼んだ対策を持参して佐々木に直訴すると、「赤字は絶対に許さない」と怒鳴りあげ、「ダメな事業を即、切るというのは破滅主義」「利益が出ていないからやめるというのは大学教授みたいな意見だ」と、よく理解できないロジックで一蹴された。[*5]

〝暴君〟が支配する東芝において、もはや、まともな経営改革は一顧だにされなくなった。一二年九月以降のパソコン部門は四半期決算期末の利益が売上高を上回る異常な事態に陥っていた。利益が売上高より多いというのは通常ありえないことである。西田の側近だった能仲久嗣は、あくまでも彼の言い分だが、「少なくとも私がパソコン部門を見ていた〇八年度まではバイセル取引を使った不正会計はなかった。全部そのあとですよ」と、佐々木時代に急拡大したことを示唆する。[*6]

佐々木がバイセルの解消はもとより、減損や償却など利益を圧縮することを極端に嫌ったのは、会長の西田との関係が悪化するなか、自身のよりどころを「利益」に求めたからだと思われる。佐々木は財務部の社員にひそかに歴代社長の売上高や利益のランキング表をつくらせ、どの社長が歴代何位なのかわかるよう順位づけた通信簿のようなものを作成した。それによると、岩田弍夫以来の歴代九人の社長の中で、佐々木は営業利益一位、純利益一位、そして税引き前利益と売上高は二位だった（次頁参照）。

このランキング表を持参して東芝のドンの西室泰三の部屋を訪れ、佐々木は自分がいかに優れた経営者であるかをアピールしたらしかった。歴代社長ランキング表の中で、西室は営業利益八位、純利益六位、税引き前利益七位と思わしくない成績が記されており、佐々木の自慢話をどんな気持ちで聞いただろう。「こんなのをもらって、西室さんもびっくりしたでしょうね」と西田は振り返る。「佐々木は、西室さんの前で『私が東芝で利益を一番出しました』と言いたかったのでしょうね。あの表を優秀ぶりを示す尺度だと思っているのですよ」[*7]

佐々木の「一番になりたい」という思いが、東芝の粉飾を拡大させ、減損・償却・引当金計上の回避という悪習を持ち込むことにつながった。

子供の喧嘩

歴代社長ランキング表の一件からうかがえるように、佐々木には幼い面があった。

社長	年度	①売上高		②営業利益		③税引前利益		④税引前利益（特殊損益控除後）			⑤純利益		⑥純利益（特殊損益控除後）	⑦FCF	
		実績	平均値	実績	平均値	実績	平均値	特殊損益	控除後税前利益	平均値	実績	平均値	平均値	実績	平均値
渡里	61 (1986)	33,076	7位 33,076	516	9位 516	780	780	0	780	5位 780	342	342	5位 342		
青井	62 (1987)	35,724		1,101		1,255		144	1,111		607				
	63 (1988)	38,009		2,480		2,348		▲56	2,404		1,194				
	H1 (1989)	42,520	6位 42,086	3,159	2位 2,109	2,697	2,008	▲152	2,849	1位 2,032	1,318	945	2位 956		
	2 (1990)	46,954		2,621		2,589		▲57	2,646		1,209				
	3 (1991)	47,224		1,185		1,149		0	1,149		395				
佐藤	4 (1992)	46,275		802		860		0	860		206				
	5 (1993)	46,309	5位 47,923	680	4位 1,241	902	1,187	0	902	4位 1,188	121	420	4位 421		
	6 (1994)	47,908		1,280		1,207		▲6	1,213		447				
	7 (1995)	51,201		2,202		1,777		0	1,777		904				
西室	8 (1996)	54,534		1,543		1,255		▲66	1,321		671				
	9 (1997)	54,585	4位 54,906	823	8位 920	187	277	▲1	188	7位 601	73	81	6位 316		
	10 (1998)	53,009		305		112		▲171	283		▲139				
	11 (1999)	57,494		1,010		▲448		▲1,059	611		▲280				
岡村	12 (2000)	59,514		2,321		1,881		251	1,630		962			2,769	
	13 (2001)	53,940		▲1,136		▲3,767		▲1,931	▲1,836		▲2,540			▲1,764	
	14 (2002)	56,558	3位 56,834	1,155	5位 1,127	531	240	▲76	607	8位 531	185	▲129	8位 46	1,236	2位 839
	15 (2003)	55,795		1,746		1,450		378	1,072		288			1,332	
	16 (2004)	58,361		1,548		1,106		▲77	1,183		460			624	
西田	17 (2005)	63,435		2,406		1,782		▲319	2,101		782			1,980	
	18 (2006)	71,164	1位 69,456	2,584	6位 1,217	2,985	1,133	197	2,788	6位 815	1,374	▲2	9位 192	▲1,513	▲951
	19 (2007)	76,681		2,381		2,556		616	1,940		1,274			▲756	
	20 (2008)	66,545		▲2,502		▲2,793		775	▲3,568		▲3,436			▲3,513	
佐々木	21 (2009)	63,816		1,172		250		▲544	794		▲197			1,985	
	22 (2010)	63,985	2位 62,935	2,403	1位 1,880	1,955	1,243	▲15	1,970	2位 1,438	1,378	639	1位 756	1,594	1位 1,052
	23 (2011)	61,003	(63,784)	2,066	(2,188)	1,524	(1,582)	▲25	1,549	(1,794)	737	(908)	(1,035)	▲422	(934)

（注）実際のランキング表はA4判1枚。著者が独自入手したものを、体裁だけ変更して掲載した。

〔佐々木則夫社長がつくらせた歴代社長のランキング表〕

東芝 連結業績推移（1976年～2011年）

12-10・22財務部

・各年度の数値は各年度に公表した数値（リステートなし）
・特殊損益　1976年～2000年：単独の特別損益を連結ベースに修正し、税引前利益から控除
2001年～2011年：特殊損益（構造改革、資産売却、その他）を税引前利益から控除
・09年1Q（営業利益▲376億円、税前利益▲621億円、純利益▲578億円）を補正
・12年度は10/12変動見通しベース（FCFは9/24取締役会ベース）

単年度 営業利益ランキング

順位	社長	年度	営業利益
1位	青井P	1989年	3,059億
2位	青井P	1990年	2,621億
3位	佐々木P	2012年	2,600億

★主要計数業績ランキング（在任期間平均）1976年～2011年　09/1Q補正後

①売上高

1位	西田P	69,456億
2位	佐々木P 補正前（2位）	63,784億 62,935億
3位	岡村P	56,834億

→ 為替影響8,540億を考慮すると1位

②営業利益

1位	佐々木P 補正前（2位）	2,188億 1,880億
2位	青井P	2,109億
3位	佐波P	1,587億

→ 含む12年度も1位　2,298億

④税前利益（特殊要因控除後）

1位	青井P	2,032億
2位	佐々木P 補正前（2位）	1,794億 1,438億
3位	佐波P	1,329億

⑥純利益（特殊要因控除後：想定）

1位	佐々木P 補正前（2位）	1,035億 756億
2位	青井P	956億
3位	佐波P	572億

→ 含む12年度も1位　1,133億

⑦FCF

1位	佐々木P 補正前（1位）	934億 1,052億
2位	岡村P	839億

社長	年度	①売上高		②営業利益		③税引前利益		④税引前利益（特殊損益控除後）			⑤純利益		⑥純利益（特殊損益控除後）	⑦FCF	
		実績	平均値	実績	平均値	実績	平均値	特殊損益	控除後税前利益	平均値	実績	平均値	平均値	実績	平均値
岩田	51（1976）	13,842		674		225		17	208		36				
	52（1977）	15,049	9位 16,245	687	7位 952	213	500	▲32	245	9位 497	24	186	7位 185		
	53（1978）	17,032		937		535		6	529		232				
	54（1979）	19,056		1,511		1,025		18	1,007		453				
佐波	55（1980）	20,996		1,683		1,231		▲40	1,271		502				
	56（1981）	23,437		1,586		1,123		▲5	1,128		443				
	57（1982）	24,010	8位 27,112	1,442	3位 1,587	1,013	1.313	6	1.007	3位 1,329	384	562	3位 572		
	58（1983）	27,069		1,762		1,351		▲53	1,404		590				
	59（1984）	33,428		1,836		1,857		0	1,857		861				
	60（1985）	33,730		1,215		1.305		0	1,305		594				

フランスのルーブル美術館に東芝のＬＥＤ照明が三千二百個も導入されることになり、二〇一一年十二月六日、小松一郎在仏特命全権大使ら約四百五十人が出席するなか、佐々木とルーブルのアンリ・ロワレット館長が記念式典をとりもった。ＬＥＤ化によって消費電力は従来比七三％も減少し、環境への影響面でも景観の面でも高く評価された。その功績をたたえるということで、佐々木は本邦二人目というグランド・メセナ褒章を授与された。

　すると、帰国後、受賞を自慢したらしい。それが西田は気に入らない。

「あれは私の時代に『フィリップスに負けるな』と言って取った仕事だったんです。それを彼はあたかも自分個人の功績で受賞したみたいなことを言うからね。あれは会社に対する功績でフランスがくれたものですからね、個人の功績ではないの。社内には『あれは本当は西田さんですよね。それなのに佐々木は……』と、こういうふうに言いに来る者もいたのです」

西田はそう言って憤懣やるかたない。[*1]

　翌一二年五月ごろ、佐々木は、株主に利益を還元する配当性向の比率を問題にし始めた。東芝は西田が社長時代に「配当性向三〇％」という方針を決めていたが、佐々木はそれをやめたがった。経理・財務部門の久保誠と前田恵造を呼んで、佐々木は「いまの中期経営計画の目標が達成されると、営業利益が五千億円になって配当可能な純利益は三千億円ぐらいになる。そのうちの三〇％を株主に還元するとなると、一千億にもなる。これはちょっと多すぎるんじゃないか」と説明した。

佐々木に「どう思うのか」と問われても、久保は返答できない。社長時代の西田に「配当性向三〇％」の方針を進言したのは、当の久保だったからだった。

その少し前、佐々木は久保を呼び、「お前は会長の方を向いて仕事をしているのか、それとも社長の俺の方を向いて仕事をしているのか」と踏み絵を迫り、佐々木は久保から「私は執行側の人間ですので、社長のために仕事をしています」と言質をとっていた。

押し黙ったままの久保に対し、佐々木は先日の言質を引き合いに出して、こう言った。「俺は、お前が配当性向三〇％を維持しようとしていて、俺のやることに陰で反対しているのは知っているぞ。お前はこないだ『執行側の人間だから社長のために働く』と言ったではないか」

結局、久保は佐々木に命じられて、しぶしぶ西田のもとに説明に行かされた。

久保「佐々木社長がこういうご方針のため、配当性向三〇％をやめることをご説明にあがりました。次の取締役会にお諮りします」

西田「そんなのキミじゃなくて社長が言いに来ればいいじゃないか」

久保が縷々《るる》説明したが、西田は一言もない。明らかに不快な様子だった。

久保がその後、佐々木に「会長にご説明にあがりましたが、どうもご納得いただけないようでした」と報告すると、佐々木は「お前の説明が悪いからだ」と叱責した。

取締役会の当日、そもそもは「配当性向三〇％」の方針を決めた側にいた久保が、方針撤回の説明を余儀なくされた。説明を聞き終えた西田は、佐々木に対して激しい口調で質問をした。

「いくらぐらい配当したらいいのか、投資家にとって目安が必要だろう。そのめどが三割。その目安を外して投資家は何を尺度にすればいいのか」。それに対して佐々木が「ほとんどの会社が配当性向の数値目標をもっていない」と反論する。

西田「三〇％を外すのは今年じゃなくてもいいのではないか。機関投資家も重要だが、個人株主も大事。当社の個人株主は比較的長い人が多い。それらの人のことも考えないと」

佐々木「それは増資したときに増えて、だんだん減ってきている」

西田「個人株主の立場に立ってみて、今年やるのが良いのかどうか。もう一度考え直したらどうか」

佐々木「業績が上がれば上がる、下がれば下がるのが当然」

大声で言い争う二人に会議室は静まりかえった。

やがて、会長の西田が正しいか、社長の佐々木が正しいのか、取締役それぞれが自分の見解を述べよ、と踏み絵を迫られることになった。

最初に名指しされたのは半導体担当の副社長の室町正志だった。彼は困惑し切った表情を浮かべたまま、「会長のおっしゃることも理があり、また社長のおっしゃることにも分がありますす。どうするかについては、お二人で改めて話し合ってお決めになられたらいかがでしょうか」と言った。

それを聞いて佐々木は矛を収める決心をしたようだった。「わかった。これだけ議論して結論が出ないなら変えないということにする」と議論を終えた。

取締役会が終わった翌日、久保はまた佐々木に呼びつけられた。「お前の説明が悪いからこういうことになったんだぞ。あのあと、俺は西田会長のところに謝りに行ったんだ。俺がどういう気持ちで頭を下げたのか、わかっているのか。お前のせいでこうなったんだからな」

そのあと、久保は西田に呼ばれた。

「キミのことを本当に考えているのは俺だぞ。佐々木が最初に持ってきたキミの人事案は上席常務だったが、私が『財務担当者は専務じゃないとダメだ』と言って専務にしたんだ。そのことをよく覚えておけ。キミのことを考えてやっているのは佐々木じゃない、俺だからな」

二人の対立は、抜き差しならなくなっていた。

久保は「配当性向をどうするかということで、あれだけの大喧嘩になってしまうくらいだから、いったい何が原因で言い争いになるのか、我々にはまったく予見不能でした」と振り返った。

西田が佐々木と険悪になった背景には著しいコミュニケーション不足がある。

かつては社長月例など社内の会議が終わると、社長が会長や相談役に報告するのが習わしで、西田自身も西室に対してはそうしてきた。だが、佐々木は西田にほとんど報告に行かなかったようだ。

西田は言う。「佐々木は絶対に自分で私に報告をしない。必ず誰かを使いにして報告に来させるのです。法務の島岡聖也もある案件で『取締役会にかけないで、社長決裁で済ますようにしたい案件がございまして……』なんて言いに来たから、『お前は法務だろ。法務の人間がコンプライアンスに違反するようなことをやっていいのか』と言ってやったことがありましたよ。そういうのがしょっちゅうだったんです」

もっとも「西田さんが細かい数字をあげて佐々木さんをやり込めることが続いたから、あれでは報告に行く気がなくなるだろう」（元社外取締役）と、佐々木に同情的な見方もある。

それに加えて、佐々木の振る舞いが、彼の求心力を衰えさせた。佐々木は部下の報告に納得がいかないと、バインダーを投げつけたり、ボールペンを相手の顔めがけてダーツのように投げたりした。「お前は零点だ」「バカもん」などと罵詈雑言は日常茶飯事だった。

提出される資料類には完璧を求め、数十回と書き直しをさせるのが当たり前となった。取締役会などに経営企画部門が提出する資料は「Ｖｅｒｓｉｏｎ20」や「Ｖｅｒｓｉｏｎ30」などとあり、何度も修正させられた痕跡がうかがえた。長年在職した社外取締役は「百回も書き直しをさせられた人がいた。いくらなんでも嘘だろうと思ったが、これは本当なんだ。書類づくりに疲弊してしまう社員があらわれたんだ」と言う。西田もそれを認める。「『この点が足りないから書き直しなさい』と指示して修正させれば、一、二回で済むんです。それを佐々木は具体的にどう直せと言わないで『ダメだ、やり直し』と命じるから、命じられた方はどこが悪いのかわからない。それで何十回も書き直しをやらせるんです。私が聞いたのは最高で百五十四回も書き直しをさせたそうです」[*2]

先の社外取締役は「西田会長と佐々木社長、それぞれが互いに競い合うようになって会社の中が割れてしまった」と振り返る。半導体や家電、パソコンなどの部門の幹部は佐々木に怒鳴られるのを嫌がって西田に説明にあがり、室町を始め「佐々木を何とかしてください」と不満をこぼすものが続出するようになった。そうした動きを知った佐々木は当然、面白くない。「俺よりも先に会長の方に報告に行っているのではないか」と疑心暗鬼になった。

社外取締役はある日、西田に対して、こんな苦言を呈した。「佐々木社長は社員に厳しすぎる。いろいろな問題が私の耳にも入ってきています。佐々木さんはあなたが選んだ人でしょう。あなたにも責任がありますよ」。そのときの西田の返事は「失敗しました」というものだった。社内に亀裂が走るなか、実力者の西室泰三と岡村正は自身の社外活動に熱心で、西田、佐々木の二人の仲裁に入ろうとしない。「西室さんも岡村さんも、私が知る限り、仲裁のようなことをした形跡はない」と、この社外取締役は言う。[*3]

東芝の社内は、連邦が崩壊した旧ユーゴスラビアの内戦のような状態に突入した。

久保は一二年五月ごろ、西田がこんなことを漏らすのを耳にしたことがある。

「こうなったら、絶対に佐々木を引きずりおろすからな」

民主党政権は、普天間基地移設や福島原発事故対応の不手際、さらに小沢一郎による党内抗争によって有権者が離反し、二〇一二年十二月の総選挙で壊滅的な敗北を喫した。自民党は地滑り的大勝利を収め、再び政権を手中に取り戻した。選挙戦中、自民党の安倍晋三総裁がデフレ脱却のための大胆な金融緩和に言及すると、経団連の米倉弘昌会長は「無鉄砲な政策だ」などと批判したため、安倍は米倉を敬遠するようになった。

安倍政権が発足すると、民主党政権が停止していた経済財政諮問会議が、三年半ぶりに復活することになった。経済財政諮問会議は自民党の小泉政権で活用され、不良債権問題の克服や郵政民営化など大きな経済政策の司令塔の役回りを果たしてきた会議体である。一二年暮れにそのメンバーが公表されると、そこに財界代表として選ばれたのは経団連会長の米倉ではなく、まだ財界の要職に就いていない東芝社長の佐々木則夫であった。経済財政諮問会議のメンバーは議長役の安倍晋三首相のほか、麻生太郎財務相、菅義偉《すがよしひで》官房長官、茂木《もてぎ》敏充経産相、甘利明経済再生担当相、それに白川方明《まさあき》日銀総裁らそうそうたる顔ぶれである。その十一人のメンバーの一人に佐々木が選ばれたのだった。

安倍政権は、民主党政権が「経済無策」だったとみなし、新たに経済再生担当相を置き、同相として入閣し、諮問会議を切り盛りすることになったのが甘利だった。甘利は、自身の甥が佐々木と同じく東芝の原子力部門で働いており、その縁で知り合った佐々木と気が合った。経産相を務めたことのある甘利は、自民党商工族の実力者でもあり、ウェスチングハウス買収後、国策と寄り添うようになった東芝との関係はいっそう近くなった。そうした縁を背景にした佐々木の抜擢人事である。財界で何の役職にも就いていない佐々木を選んだ理由について、甘利は記者会見で「今回のメンバーの人選は私が推薦させてもらった」と述べ、そのうえで「会社の窮地を救うような発想をもって、会社の経営を立て直した点に私は注目している。しかも発信力がある」と持ち上げた。*4

本来なら東芝にとって栄誉なことであるが、西田は、佐々木の就任を祝福する気になれなかった。そもそも経済財政諮問会議の民間議員は、過去は奥田碩ら経団連会長の〝指定〟ポストだった。「佐々木は辞退して、米倉さんを推薦するのが筋だろう。なんで自分で受けてしまうんだ」。久保は西田がそう言うのを聞いた。*5 常任顧問だった田井一郎は、西田が「事前に佐々木から何の相談もなかった。佐々木は西室さんにも相談しないで受けた」と、こぼすのを聞いた。「そのあとは『なんで佐々木が……』と怒ってしまって、完全に爆発してしまったのです」と田井。*6

やはり常任顧問だった庭野征夫も言う。

「あのときは西田さんが怒って、怒って、どうしようもなかった。とにかくあれが決定的で、二人は仲が悪くなってしまった」*7

経団連会長を夢見た西田だったが、結局その願望は果たせないままになっていた。それなのにまだ経団連の副会長にすらなっていない佐々木が、従来なら経団連会長の指定席だった経済財政諮問会議の民間議員のポストを得た。

さらに一三年二月十二日には佐々木が経団連副会長に就任することが内定した。次期経団連会長の有力な後継者候補の資格を得たのである。

異変はその二週間後に起きた。

サプライズ人事

東芝は二〇一三年二月二十六日、浜松町の本社で社長交代の人事を発表した。この年の六月の株主総会で、社長の佐々木則夫が退任し、代わりに調達部門を歩んできた田中久雄が新社長に就くという人事案だった。東芝の社長はおおむね四年交代が慣例化しており、〇九年六月に就任していた佐々木が降板するのは不思議なことではない。

問題は佐々木のその後の処遇だった。社長を退いた後、会長になるのが通例だったにもかかわらず、佐々木は副会長という〝中二階〟に押し込められ、現会長の西田がそのまま会長職を続投することになった。佐々木が財界で次期経団連会長候補として取りざたされるようになっていたため、佐々木が経団連会長になる資格——すなわち現職の会長か社長であること——ではなくして、彼が経団連会長になる芽を摘むことを狙った人事のように映った。

「絶対に佐々木を経団連会長にしないためにやった人事でしょう。ほかに考えられない。このまま西田さんが会長を辞めて佐々木さんが会長になったら、そういうことがありうるわけだから」。そう当時の東芝常任顧問は受け止めた。[*1]

記者会見は西田が仕切った。「東芝をグローバル企業として飛躍させるため、外国人従業員を含めた潜在力を最大限に生かせるリーダー像が求められます」として、フィリピンや英国、米国に十四年間の駐在経験がある田中に次期社長の白羽の矢が立ち、取締役会に設けられた指名委員会で全会一致で決まったと説明した。さらに続けて「経営を監督する会長職には私が指名委員会の全会一致で決まりました」と自身が続投することを告げた。佐々木の処遇については「会長からの特命事項や国や財界の重要な役職を担当する」と説明した。

つめかけた記者たちからは当然、「副会長」という異例のポストに佐々木が就き、西田が会長に居座ることを疑問視する声が上がった。

——なぜ副会長なのですか。

西田　「副会長は東芝では初めてではない。上場してからは初めてだが、過去には金子さんという方がいます」

西田の言う「金子さん」とは一九四三年から二年間余、副会長を務めた金子堅次郎のことだった。先例がないわけではないとはいえ、七十年前にさかのぼらないと見つからない点では極めて異例の人事だった。

——田中さんが六十二歳で、佐々木さんとは一歳しか違わない。若返りという点を考慮しなかったのか。

西田「結論的には年齢は関係ない。当社の場合、単一の事業をやっているわけではない。ずいぶん数が減ったとはいえそれでも三十四もの事業があります。三十四の事業があるというのに、一つしかやってこなかった人が東芝の経営を見られるでしょうか」

原発一筋しかやってこなかった佐々木を批判したかのような言い回しだった。

記者たちの面前で、「一つのことしかやってこなかった」と言われた佐々木は、会見終了後のぶら下がり取材で、「西田さんだってパソコンしかやっていないじゃないか」と反論している。

西田が田中に対して「もう一度、東芝を成長軌道に乗せてほしい」と語れば、佐々木は「業績を回復し、成長軌道に乗せる私の役割を果たしました」と切り返した。

西田は田中の起用理由について、「グローバルな経験を重視しました」と言い、海外経験がない佐々木をあてこすったように聞こえる発言をした。

そして、西田自身が田中のことを「彼が最適だと思い、指名委員会に推薦しました」と言った。佐々木も「田中は、グローバル企業として成長するため、ロジスティクスでも大きく貢献してきた」と、自身も彼を後任社長に推薦したと示唆した。

この点を西田は後々まで怒って言う。

「田中は私が推薦したの、佐々木は指名委員会にまったく別の人を推薦していたのだから……」

さらに続けてこう釈明した。「社長交代を発表するときには、やはり田中のことを褒めてやらないといけないでしょう？　彼のいいところ――海外経験が長くてグローバル――ということを指摘すると、佐々木には海外経験がないから、自然と佐々木を批判したように記者たちは思ってしまうわけです。しかし私としては全然、佐々木を批判したつもりはないんです。田中の良い点を強調したら、それが結果的に佐々木には、ない点だったんだ」[*2]

調達部門を歩んできた田中を社長に起用するというのは、東芝の歴史の中で極めて異例のことだった。田中は一九七三年に東芝に入社し、資材部に配属されて以来、調達一筋の男だった。西田は起用理由を「東芝は三兆円くらいの資材や部品を調達している。ものづくりの観点、サプライチェーンの観点で調達の仕事は極めて重要」と語ったが、もちろんそれだけが起用理由ではあるまい。田中は、パソコンのバイセル取引を差配し、粉飾の秘密を握る男だったからである。このころバイセルによる残高は八百億円を超えていた。西田は佐々木のことを「強い被害者意識があって、その裏返しで破壊的な行動に出る」と評したが、確かにバイセルの残高の異様な累増ぶりは「破壊的」であった。

田中を社長にし、西田が会長に居座ったまま、佐々木を副会長にする人事案は、佐々木が経済財政諮問会議の民間議員に内定した二〇一二年十二月ごろから翌年の一三年二月まで数回にわたって東芝の取締役会に設けられた指名委員会で検討されたとみられる。指名委員会は、社外取締役の小杉丈夫（裁判官出身の弁護士）、伊丹敬之（経営学者）、それに会長の西田の三人で構成されていた。

佐々木は当初、もうしばらく社長をやっていたかったようだ。指名委員会の正式な委員ではないが、現職社長はオブザーバーとして指名委員会に出席し、次の社長候補を提案できる慣例があった。佐々木はその慣例を利用してオブザーバー出席し、自身の社長在任を一年延長することを提案しようとしたという。それに対して西田が「そんなのはキミのわがままだ」と一蹴。西田からすると、「社長がオブザーバー参加できるのは、自分以外の適当な人物を後任社長に提案するためという趣旨であり、自分で自分のことを推薦するのは単なるわがまま」と映ったからしい。二人の社外取締役の面前で西田は佐々木を叱りつけ、佐々木は抵抗しようとしたが、あきらめて退出したという。この一件があるため、西田は後々まで「田中久雄を推薦したのは私。佐々木は別の人を推薦したの」と言うようになった。

東芝は委員会等設置会社として、社外取締役をメンバーに加えた指名、監査、報酬の各委員会が常設されていたものの、小杉や伊丹が二人の喧嘩を止めることはできなかった。一橋大や東京理科大で教授を務めた経営学の泰斗の伊丹に対して、同じく理科大教授に転じた東芝元常務の森健一は「なんで経営学者のあなたが西田と佐々木を喧嘩両成敗できなかったのか。社外取締役の任務を果たしていないではないか」と苦言を呈したところ、伊丹は苦笑いを浮かべるだけだったという。

「あれほど理論と実践が食い違ってはダメだよね」と森は語った。[*3]

西田会長・佐々木副会長・田中社長のトロイカ体制が内定した二カ月後の一三年四月、もうひとつのサプライズ人事があった。指名委員会が、常任顧問に退いていた半導体部門出身の室町正志元副社長を取締役に復帰させることを内定したのである。室町は常任顧問に退いてたった一年で取締役に復帰することになった。

室町は復帰した翌年の六月には社長経験がないにもかかわらず会長に就き、通例だと会長になるはずの佐々木は副会長という中二階に閉じ込められたままになるが、そうした一年先の首脳人事をにらんだ布石だった。

西田と佐々木の不仲と東芝の首脳人事の異常さは、朝日新聞の内山修、福山亜希、上栗崇のスクープ的な連載記事「東芝サプライズ人事」によって広く世間に知れ渡ることになった。[*4]このあと西田は「週刊現代」のインタビューに応じて、「社長を新しい人にかえて、もう一度東芝の再生を図らないと、大変なことになってしまう」と、公然と佐々木批判を展開するようになった。

「確かにこの四年間は、利益は出ていますが、しかし売り上げはどんどん下がっている。売り上げが減っているのにどうして利益が出ているのかといえば、固定費のカットです。もちろんカットすべき無駄なコストはありますが、東芝の礎だったり、将来の芽となる固定費もあります。それを四年間ずっと削っていく。これでは将来の芽を摘んでいるも同然です」

「自分のときにだけ利益が出ればいいんだという考えで経営をやってしまうと、縮小均衡に陥って、会社が潰れてしまいます。経営とは本来、次の社長に成果の果実を摘んでもらうためにやるものなのです。それが固定費のカットばかりをやっていたら、二十万人の会社では、とても会社を動かせません。事業部長の仕事ではないんですから」[*5]

自身が社長として引き立ててきた相手を、これだけ公然と非難するのは、日本の企業社会、とりわけ財界首脳を輩出してきた名門企業では、異常なことである。

一年後の一四年六月、西田は会長を退き、相談役に就任した。後任の会長には予定通り、副会長の佐々木ではなく、出戻りの室町が就いた。社長経験者である佐々木が副会長に据え置かれたまま、社長経験のない出戻りの室町が会長に就任するのはきわめて変則的な人事だった。「自分が会長のときはまだ佐々木を抑えられたが、もし、佐々木が会長になると、誰も彼を抑えることができない」という西田の考えから、そうしたらしかった。「被害者意識の裏返しで、佐々木は自分がひょっとしたら見くびられているのではないかと疑うと、他人に対してものすごく高圧的に出てしまうんだ。他人の立場になって考えるというのができないの。それでものすごく破壊的な行動に出てしまうんだ」と西田は言う。だから抑える人が必要という考え方だった。

「上層部のいろんな人にヒアリングしましたが、聞くに堪えないようなことが、出てくる、出てくる。『窓から飛び降りろ』とか『辞表を書いてこい』とか、あんな恐怖政治をやるようじゃ、とても会長にはできないと思いました」と西田。[*6]

この間の事情について、社外取締役だった経営学者の伊丹は「語らないのが私の哲学」と述べ、弁護士の小杉は「指名委員会のことはお話しできない」と沈黙を守っている。[*7]

プロジェクト・ルビコン

田中久雄が社長に就いた直後の二〇一三年七月、副社長の久保誠はただちに田中のもとに駆け寄り、「バイセル取引を解消しないと大変な問題になりますよ」と、佐々木時代にはできなかった抜本的な改革を促した。パソコン部門のバイセル取引を考案したのが当の田中だったから受け入れてくれるかどうか心配したが、予想に反して田中は「久保さん、わかりました、ぜひ、やってください」と二つ返事で了承した。

「こっそりなんてできませんよ。これまでの戦略が間違っていたと堂々とやるしかありません」。そう久保が念を押すと、田中は「わかりました」と即答した。

社長の田中の了承のもと、バイセル取引の全面的な解消をめざす「プロジェクト・ルビコン」がスタートした。加わったのは田中、久保を始め、深串、牛尾文昭取締役執行役上席常務（人事グループ担当）、島岡聖也法務部長らで、経営企画、法務、人事、財務の各部横断的な大がかりなチームが組織された。

パソコン部門と映像部門を統合した社内カンパニーであるデジタルプロダクツ&サービス社の全体を分社化させるか、あるいはパソコン部門、映像と家電部門をそれぞれ分社化（コンピューティング・ソリューション分社とコンシューマ・エレクトロニクス分社の二つの会社を新設）させるかして、身の丈にあった経営にして経営規律を高めることが検討課題にあがった。あわせて八百四十億円にもなっていたバイセル取引の残高を解消することを目指し、とりあえず一三年度中に四百億円を解消するという計画を立てた。バイセル解消によって赤字に陥るため、繰り延べ税金資産の取り崩しも検討された。

田中のもと経営企画、法務、財務、人事のコーポレートスタッフが全体のスケジュールやスキームを立案する「フェイズ1」の後、社内カンパニーのデジタルプロダクツ&サービス社や広報部門が加わる「フェイズ2」に移行する案だった。社内外向けの「ストーリー作り」が広報室に託された。分社化とともにバイセル取引の残高を解消するため、実行にはトップの強力なリーダーシップが欠かせなかった。[*1]

このとき東芝は半導体など電子デバイスや社会インフラ事業は好調だったが、テレビとパソコンが足を引っ張った。田中は、機種数を大幅に減らすことや人員の配置転換による固定費削減を骨子とした損益改善策を七月に策定し、アナリストや記者たちに「売り上げ・利益の拡大を目指すとともに経営のスリム化とコスト削減を図る」と公約した。さらに、田中にとって就任後初となった八月の経営方針説明会では、記者に問われると、テレビやパソコンは「撤退することは一切考えていない。とはいえ赤字では事業継続する意味はまったくありませんので、この下期で必ず黒字化を達成したいと思っております」と大見得を切った。

だが、状況は思わしくない。田中は八月、社内カンパニーのトップの深串方彦らに対して、こう伝えた。

「（業績悪化は）ひとえに予想外のパソコン、テレビ、家電の損益悪化が原因です。第２四半期損益が第１四半期損益と同じ状況なら、弊職としては従来からの見解を変えて、パソコン、テレビ、家電事業からの日本を含む全世界からの完全撤退を考えざるを得ません。これは決して脅かしではありません」

田中は九月に再び深串に対して、「テレビ事業の下期黒字化は弊職が公に宣言しているいわば公約です。ありとあらゆる手段を使って黒字化をやり遂げなければなりません」と命じている。[*2]

同じ九月、田中は久保に対して「極秘の相談がある」という電子メールを送っている。

「市場の期待値を考えるとベストなシナリオは、DS社（デジタルプロダクツ&サービス社、テレビやパソコンの社内カンパニー）の損益が第1四半期（二百六億円の赤字）比で半減し、二桁（九十九億円の赤字）になること（中略）、そこで相談です。これまでの方針とは少し異なりますが、少しバイセル借金を増やして、何が何でもDS社を九十九億円の赤字にとどめたいと思っています」

田中としては、プロジェクト・ルビコンで検討中の社内カンパニーの分社化やパソコンのバイセル残高のうち四百億円を一三年度中に解消することには協力するから、少しのバイセル借金（十五億円程度）は認めてほしい、と読める文面だった。バイセルによる粉飾解消という大局的な見地に立てず、証券アナリストたちに約束したカンパニーの損益改善という、目先の、つまり短期的なことを優先して考えがちなのだ。

久保はこれに対して「私はバイセルを増やすことには反対です」とは言ったものの、「田中社長が決断された場合には一〇〇%従いますし、ベストを尽くします」と返信し、バイセル取引の続行には従った。ただし、田中の決断に従う条件として、深串や村戸英仁執行役常務らにバイセル解消のやる気がないようであれば、「クビにしてほしい」と強い口調で直訴した。プロジェクト・ルビコンについて連日のように経営企画部と財務部で議論しているものの、「パソコンのトップの危機感のなさは目を覆うばかりです」と指摘し、現実は、調べていくうちに新たな〝借金〟の存在が相次いで浮かび上がり、そのたびに深串らは「なんとか抜本策を先延ばしできないか」と先送りを嘆願するばかりだったという。[*3]

プロジェクト・ルビコンが始まったというのに、深串たちは「西田さんの了承がないとできない」と言い出し、バイセルの解消に及び腰で、協力的ではなかった。久保は田中におおむねこういう趣旨を伝えている。

「バイセルの〝借金〟返済も、現状のビジネスにメスを入れて解決することにも、彼らは極めて消極的です。現状の事業のやり方を変えたり、抜本的な構造改革をしたりすることに対して驚くほど消極的で、無言の抵抗が大きいです。従来の事業のやり方を大きく変えるような決断をすることを、無意識に避けているような気がします」

最終的には田中が西田からバイセル解消など抜本的な構造改革の了承をとることになり、それが実現したのは、やっと十一月のことだった。西田のゴーサインを受けてパソコン部門のトップたちがプロジェクト・ルビコンに加わったのは、さらに遅れて一四年一月だった。東芝は正常化に向かう貴重な時間を半年間近く空費してしまった。

やっと一四年九月と十二月の二回に分けて、バイセル残高約四百億円を解消できた。当初の腹案よりも一年遅れてしまった。東芝経営陣の様子は、軍部の本土決戦派の抵抗を恐れて、なかなかポツダム宣言を受け入れられない敗戦時の大日本帝国の指導者層と似ている。

一方、米ウェスチングハウス（ＷＨ）の新型原発ＡＰ－１０００の建設工事に関して、「コストオーバーラン」と称される建設コスト増が東芝に報告されている。二〇一三年四月、WHの責任者である志賀重範から「(WHの監査を担当している)監査法人のアーンスト&ヤング(E&Y)が『ウェスチングハウスの、のれんに減損の懸念がある』と言っている」と連絡があった。さらに八月には、八千六百十万ドルのコスト増が発生すると東芝に報告されたが、実はこれはWHが把握していた十億ドルを超える潜在的なコスト増のごく一部にすぎなかった。久保も同じころ「WHの潜在リスクが十六億ドルにもなる」とWHの出向者から知らされている。[*4]志賀が一四年一月にまとめた報告書には、一三年九月の時点で十二億ドルもの余分にかかっているコスト増(コストオーバーラン)を、東芝から送り込まれた十五人のコスト削減チームの手によって工事に必要な人員を〝精査〟するなどして、四億八千二百万ドルにまで圧縮した、とある。[*5]志賀は、WHが請け負った米国の原発建設でコストが著しく増加していることを早くから知る立場にいた。

WHの決算をチェックするE&Yは福島第一原発事故以降、「仏アレバの例を見ても減損が必要」などと主張して、WHの単体決算の減損を迫るようになった。仏アレバは、フィンランドのオルキルオト原発3号機の建設を受注したが、工事が手間取ったうえ、発注元の電力会社と訴訟にもなり、二〇〇九年に完成する予定が遅れに遅れていた。工事費は当初予定の三倍の一兆六千億円規模に膨らみ、アレバは深刻な経営危機に陥った。

E&Yはそれを引き合いに出して、福島第一原発事故以降、全世界で受注していた原発建設が先送りされたため、ＷＨにのれん代の減損を迫った。ＷＨはＫＰＭＧを雇って反論に努めたが、結局、一二年度に約七百六十億円、一三年度に四百億円をそれぞれ減損した。

米ＷＨがのれん資産を減損しているにもかかわらず、それを傘下に有する東芝は、ＷＨの、のれん代について「減損判定テストの結果、減損する必要はない」として減損しなかった。東芝の財務部門は米ＷＨの減損に伴って東芝連結決算の減損が必要になってくると考えたが、東芝の監査を請け負っている新日本監査法人側の「減損の必要はない」という判断をそのまま受け入れた。

だが、東芝の財務部門は、ＷＨ、米サウス・テキサス・プロジェクト、白物家電の工場や東芝ライテックの資産について今後、減損の可能性があると考えた。監査法人の新日本から各事業部門が問いつめられる場合、「どのように説明したら説得力を増すか教えてほしい」と各部門からの要望を受け、東芝の財務部門が仲介する格好で新日本対策としてデロイトトーマツグループを雇うことが決まった。[*6]

福島第一原発事故のさなか、菅直人を感服させるほどの原発の第一人者であった佐々木則夫が社長であった時代は、到底ＷＨの減損を切り出せる状況にはなかった。自分が一番原発に詳しいという過剰な自信と「減損＝失敗」という意識から、損益にマイナスの影響を与えることをしたがらなかったのだ。

だが、佐々木から田中に交代した一三年六月以降は、ＷＨを減損することを探ってもよい時期だったが、東芝はその好機を見送り続けた。
東芝は、WHというもう一つの爆弾が破裂寸前だった。

内部告発

証券取引等監視委員会に二〇一四年十二月ごろ、東芝の会計不正を指摘する内部告発が寄せられている。

「内部告発やタレコミに類するものは何百件とくるのですが、東芝に関して言えば、非常に信憑性の高い内容のものが一件きました。正義感にかられた人が『会社をまっとうにしたい』と思ってやったと思われます。重電部門の工事進行基準に関するものでした」

当時の幹部はそう振り返る。[*1]

工事進行基準とは、土木・建設工事や大きな機械類の製造に関して、収益とコストを工事の進捗度に応じて計上する会計ルールのことをいう。

内部告発を受けて証券監視委は開示検査課の小出啓次課長らが早速、調査を始めた。まず同年暮れ、東芝の決算の監査を受け持っている新日本監査法人に調査に入り、東芝の監査帳票の調べに入った。金融庁の公認会計士・監査審査会事務局は、オリンパスの粉飾決算を見逃した新日本に一二年冬から一三年春にかけて検査に入り、新日本による東芝の監査もチェックしたが、東芝に粉飾が行われていることまでは見抜けないでいた。

証券監視委は翌一五年一月に東芝に予備的な調査にやってきた後、二月十二日、金融商品取引法二十六条の定める「投資家保護のために帳簿書類の検査ができる」規定に基づき、東芝に報告命令をするとともに開示検査に入った。具体的には、東芝の電力システム社の原子力、火力、水力発電事業及び社会インフラシステム社などの工事進行基準に関する資料を見せてほしい、ということだった。

田中久雄は二月二十七日の定例取締役会でホッとしたような表情を見せている。「証券監視委が調査にやってきましたが、対象は電力システム社と社会インフラシステム社、コミュニティ・ソリューション社だけです。ご安心ください。そこでは大きな問題はありません」。出席した取締役は、このときの田中の発言と安堵した表情は、パソコンのバイセル取引が含まれていなかったからだろうと受け止めた。社長、副社長、さらに財務部や経営企画部のスタッフが参加する社長月例の場で、バイセル取引は再三再四、話題になっていた。プロジェクト・ルビコンも始動していた。バイセルによる不適切な会計は、経営幹部層のかなり多くの者の知るところになっていた。

監視委の検査が始まるなか、三月十一日には、新日本のホームページのお問い合わせコーナーにこんな匿名の書き込みがあった。

「東芝　原子力事業部の粉飾　進行基準にかかわる会計処理にて故意に工事原価総額を圧縮し

（過少に見積もり）、工事進捗率を上昇させ売上高を過大計上している案件、慎重な検査をお願いします」

一週間後の同十八日、東芝の監査を担当している新日本の濱尾宏パートナー、腰原茂弘シニアパートナーが来社し、取締役会に設けられた監査委員会の委員である久保誠と島岡聖也の二人の取締役に対して、「これは、不正による重要な虚偽表示を示唆する内容のため、東芝の経営陣に質問し、追加的な監査手続きに入らなければならない」と通告した。

驚愕した久保が、副会長の佐々木に新日本の書き込みの件を報告すると、佐々木には思い当たる節があるようだった。間髪を入れず、こう言った。

「だいたい誰がやったのか、察しがつくよ」

続けてこう言った。

「ゲンエイカンの奴だな」[*2]

ゲンエイカンとは「原営管」と書く。原子力営業管理部のことだった。

原発の配管の技術者出身の佐々木は基本的には設計など技術面に詳しいエンジニアだった。しかし、原子力事業部長など次第に管理職として出世街道を歩むうちに、原子力に関する工事進行基準を会計上〝操作〟できることに気づくようになったとみられる。

佐々木が社長時代、工事進行基準を操作してコストを計上しなかったり、利益を捻出したりし、一一年度に七十九億円、一二年度に百八十億円、一三年度には二百四十五億円も粉飾するようになった。

たとえば、東芝の原子力事業部は二〇一二年一月、神奈川県から重粒子線治療装置を七十一億円で受注したが、それは事業戦略上、競合の日立製作所と三菱電機に勝つため、あえて見積もり工事原価九十億円を大きく割り込む安値受注だった。重粒子線治療装置は成長が見込める新規事業だったが、東芝はこの当時、受注競争でライバルに相次いで競り負け、社内カンパニーの電力システム社のトップだった五十嵐安治は、「今後の展開のために何としてでも受注したい」という気持ちが強く働き、東芝のおひざ元の神奈川県で赤字覚悟の受注につながった。営業部門から「工事受注損失を計上したい」と再三要望があっても、五十嵐は損失引当金を計上しなかった。五十嵐には「工事損失引当金の計上は、損失が確実に発生することが明らかになって初めて計上すべきものであり、確実になる前に計上すると事業部のコスト削減努力を弱めてしまう」という考えがあった。田中久雄社長は電力社の業績悪化を改善するよう五十嵐にプレッシャーをかけ続けており、そのこともあって五十嵐はますます損失計上を切り出せなくなった。[*3]

北海道電力の泊原発の付帯設備装置の建設をめぐっても同じようなことがあった。東芝が〇九年十二月、同工事を十一億円で契約したものの、完成後もトラブルが相次いだため、東芝サイドで無償の保証工事をすることになった。東芝は子会社の東芝プラントシステムに一〇～一四年にかけて工事を委ねたが、同社に対して正式な注文書を発行せず、四十二億円の工事請負代金を見積もり工事原価総額に含めていなかった。[*4]

原子力部門を中心に火力、水力発電の分野で工事進行基準を悪用した不正会計がはびこるようになった。佐々木の強引すぎるやり方に対して、足元の重電部門では不満が高まっていた。その会計処理を任された者の誰かが不正を告発したらしかった。

プロジェクト・ルビコンに加わっていた法務出身の島岡聖也取締役（監査委員会委員）は二〇一五年一月二十六日、「パソコン部門の分社化などの再編策に関して、会計処理上、不適切なものがないかどうか法律家や会計士ら専門家に聞いて問題がないことを確認してほしい」と監査委員会の委員長である久保に伝えた。

その半月後、証券監視委は東芝に乗り込み、検査に入った。

田中は二月二十七日の取締役会では安堵の表情を浮かべたものの、三月九日、こっそり横浜市鶴見区の自宅のマンションを妻と思われる女性名義に改めた。証券監視委の検査の進展によってはバイセルなどの粉飾が露見し、自身の責任が問われると予想したのかもしれない。

島岡は同十九日、再度、久保に要望を伝えた。久保の後任のＣＦＯだった前田恵造は四月一日、パソコン事業再編の会計処理には不適切なものは含まれていないと回答した。だが、島岡は納得しなかった。

証券監視委の幹部はこのころのことをこう語った。[*5]

「開示検査課の面々が東芝に出かけて帰ってくるたびに表情が険しくなっていきました。彼らから報告を受けるたびに『重傷だな、少なくとも社長は辞めざるを得ないな』と私も思うようになりました。これは、我々の一般的な手法ですが、『我々としては問題点のあるいくつかを指摘しますから、あとはご自身の手で総点検してください』という指導を東芝に対して行ったのです」

東芝は四月三日、インフラ工事の会計処理に問題があったと発表した。人事担当で法務も所掌した牛尾文昭が切り盛りして、東芝社内に特別調査委員会が設置された。委員長は会長の室町正志が務め、委員には東芝から社外取締役の島内憲、牛尾、執行役常務の井頭弘（経営監査部長）が起用された。社外からは森・濱田松本法律事務所の北田幹直弁護士とデロイトトーマツファイナンシャルアドバイザリーの公認会計士、築島繁が加わっている。

島岡はこの特別調査委員会でパソコン部門の会計処理について調査してほしいと依頼する文書「ＰＣ構造改革に関する会計処理に関する調査のお願い」を十ページほど作成し、北田や築島ら特別調査委のメンバーに配布しようとした。「バイセルのことを聞こうとすると、皆避ける。本当のことを教えてくれない」という気持ちが島岡にはあった。「自浄作用を発揮しないと会社が存亡の危機に陥る」という問題意識が彼を駆り立てた。調査委員会の委員長である室町会長はそれに対して、「けしからん。過去に本人（島岡）も当事者としてかかわり相談を受けていたことを認識させろ」と指示し、プロジェクト・ルビコンのメンバーであることを想起させようとした。田中も「どうかなっちゃったのではないか」と、足元の島岡の反乱に驚いた。「まずは社内で徹底的に議論すべき」と久保。その前任のCFOだった村岡富美雄は「S氏(島岡のこと)の行為は暴挙としかいいようがありません」と考えた。すでに常任顧問に退いていた村岡までが「島岡を説得してほしい」と引っ張り出された。田中は室町と打ち合わせたうえで、田中、久保、前田、渡辺幸一財務部長、桜井直哉法務部長で島岡の説得に全力をあげることにした。

島岡はその説得をいったんは受け入れ、四月七日、「室町会長、田中社長に申し訳ない。特別調査委員のメンバーに本件を伝えると、かえって混乱が生じるリスクが大きいことは理解した」とメールで伝えた。しかし、「会社側のロジックが外部に通用するのか、森・濱田松本法律事務所からオピニオンをとってほしい、もし、そのときの弁護士の意見が『リスク大』だったら、改めて対応策を議論させてほしい」と釘をさすことも忘れなかった。

いったん引っ込むかに見えた島岡だが、同十九日、「専門家の意見を含めてデータに基づく客観的で実質的な判断を書面で」いただけるよう要望した。「私ではなく天網に誠実かどうかを示せる最後のタイミング」と島岡。桜井はあわてて知人の西村あさひ法律事務所の弁護士に見解を求めたが、それは桜井をして「通常は法的見解にとどまるところをあえて会計処理の妥当性にまで踏み込んで判断を出してもらったので、弁護士としては限界に近い内容」と吐露する代物だった。室町はこれで島岡が納得してほしかった。もし、無理ならば、西田厚聰、佐々木則夫の歴代社長に島岡の説得に乗り出してもらうつもりだった。しかし、島岡は納得しなかった。市場の数倍の価格で部品をＯＤＭメーカーに売っていたとしたら、そんな高値買いした部品は、ほかに転売することはできず、東芝が引き受けるしかない――。そうした東芝に引き取り義務の発生する高値の部品が、「実質借金という形で今回清算することになっているのではないか」と、バイセル粉飾の核心を突く疑問を投げかけた。

島岡の反乱に経営幹部層が右往左往するなか、財務部長の渡辺幸一は社長の田中にこんな不気味なメールを送った。

「今後、特別調査委員会によって相当、深掘りされた検証が進むことになると思います」

自宅を妻らしき女性名義に変えた田中は不安な気持ちでいっぱいだったのだろう。

「今回の課題は原子力事業の工事案件と初物案件（ＥＴＣ、ＡＭＩ＝スマートメーターのこと）であって、それ以外は特に問題がないという論理の組み立て方が必要です」

そう特別調査委を位置づけたうえで、こんなメールを渡辺に送っている。

「そうでなければ会社の体質、組織的な問題に発展します」

特別調査委の事務局は、サーバなどにためられた大量のメールを電子的な手法を使って短時間で解析する「フォレンジック調査」によって社内の膨大な電子メールを調べていくうち、様々な部門で無理な「チャレンジ」が行われ、粉飾らしきことが横行していることを知るようになった。そうしたメールを解析していく過程で、バイセルの不正を疑った島岡が〝正しい〟行動をしようとしたのに、室町や田中たちが組織的に隠蔽しようとしていたことを知って義憤にかられる社員も現れた。

東芝経営陣の不正行為は、フォレンジック調査によって浮かび上がった電子メールをコピーした社員たちによって、報道機関にばらまかれることになった。[6]

もはや田中の意図を超えて事態は進んでいた。森・濱田松本法律事務所の弁護士は「東芝の経営陣を排し、第三者の目からなる調査委員会の設置が必要だろう」とアドバイスした。特別調査委員会は設置されてわずか一カ月で機能しなくなった。東芝は統制のとれない状態に陥り、自滅に向かっていた。

東芝は五月八日、第三者委員会を設置することを決めた。

綱川智社長の記者会見。2017年8月10日。

第六章
崩壊

疑惑発覚

東芝の田中久雄社長は二〇一五年七月二十一日午後五時、東芝本社の記者会見場に現れた。以前と比べ痩せ、やつれた様子だった。東芝が第三者委員会に委嘱した報告書がこの前日までにまとまり、その中で田中を含む西田厚聰、佐々木則夫ら歴代トップが不正会計（粉飾）を〝強要〟していたことが明らかになった。それを受けての記者会見である。

「二〇〇八年度から一四年度第3四半期まで税引き前損益で千五百億円の修正が必要です。今回の原因として幹部の関与のもと組織的に実行されたとの指摘を受け、会計の意識・知識の欠如、当期利益至上主義などが認定されました。かかる事態を厳粛に受け止め、心よりお詫びを申し上げます」

深々と頭を下げた田中にカメラのフラッシュが一斉にたかれた。

「本件の重大責任は経営陣にあり、私は経営責任を明らかにするため本日をもって社長を辞任いたします。私の後任は暫定措置として会長の室町正志が務めます」

西田が佐々木の専横を排するため、一三年六月に擁立された田中は、わずか二年でトップの職を辞することになった。

続いて室町が、「それでは関係者の進退について説明をいたします。歴代の社長である西田相談役、佐々木副会長は本日をもって辞任いたしました。また関連した経営トップとして副社長の下光秀二郎、深串方彦、小林清志、真崎俊雄、監査委員会委員長の久保誠がすべての役職について本日をもって辞任することになりました。なお、執行役上席常務の牛尾文昭が代表執行役に就任し、日常の業務を遂行することを取締役会で決議しました」

室町を除けば総辞職に近い格好で幹部層が入れ替わることになった。東芝の経営陣が崩壊したといってもよかった。

つい数カ月前まで田中は、これほどの展開になるとは予想していなかっただろう。四月の特別調査委員会の発足当初は、何としてでも「今回の課題は原子力事業の工事案件」などであって、「それ以外は特に問題がないという論理の組み立て方が必要」と調査範囲を限定しようとしていたからである。だが、特別調査委が社内の電子メールをフォレンジック調査してみると、短期間のうちに社内各所で、東芝用語で「チャレンジ」と呼ばれた無理な〝粉飾〟の強要の数々が行われたことが判明した。東芝の決算の監査を請け負っている新日本監査法人は四月末、そのことを知ると、「東芝が気にしているところを追加的に私たちに監査させてくれ。必ず五月の決算発表には間に合わせるから」と言ってきた。しかし、これに対して森・濱田松本法律事務所の弁護士が「そんなことで収束させるのはよくない」と、より独立性の高い第三者委員会の設置を要求。室町や田中、牛尾ら六人はゴールデンウイークの連休を返上して毎日出社し、さて新日本に委ねるべきか、それとも第三者委員会を設けたほうがいいのか、いったいどっちが深傷を負わないか、再三再四、議論を繰り返した。なかでも田中が心配していたのはバイセル取引だった。「バイセルはまったく問題がないけれども、疑いを持ってみられると、おかしいと思われるかもしれない」。そんな言い回しで気にしていた。危機感が強まった田中は、特別調査委が設置された四月初め以降は記者たちの前に姿を現すことがなくなり、予定していた記者会見の出席も急遽取りやめた。

フォレンジック調査によって映像事業のキャリーオーバーや半導体の在庫価格の操作など無理な会計操作が続々判明し、バイセルも隠し通せなくなった。「おかしいと思っていて申告せず、あとでそれが判明したら、それこそアウトですよ。少しでもグレーと思ったら申告してください」。小田原評定を延々続ける六人の背中を、森・濱田松本の弁護士がそう助言して押した。連休が終わる寸前、田中は周囲に「ほかに手がない、しょうがない」と言って、第三者委員会を設け、そこにバイセル取引についての調査も委ねることを決断。五月八日に第三者委員会設置を発表した。

三カ月ぶりに記者たちの前に姿を現したのは、その第三者委員会の報告書がまとまり、自らの辞任を発表するこの日、七月二十一日だった。[*1]

長期間にわたる粉飾決算のケジメをつける必要があるため、東芝の社外取締役たちは、東芝のドンというべき西室泰三に動いてもらい、西田と佐々木の勇退を促してほしかった。だが、西室はいざとなると自らは出ようとしなかった。「なぜだか知らないけれど、西室さんは西田さんのことを怖がっていた。だから西室さんは西田さんにモノが言えなかった」。そう社外取締役の一人は指摘する。結局、彼ら外部から来た社外取締役が佐々木に辞任を促したところ、佐々木はあっさり副会長の辞任を了承してくれた。問題は西田だった。「かなり抵抗された。西田さんは辞める気はなかったんだ。一回目の会談ではダメで、二回目でやっと了承いただいた」と、社外取締役は打ち明けた。[*2]

西田、佐々木の辞任と同時に下光、深串、小林、真崎、久保ら何らかの形で不適切な会計処理にかかわった関係幹部も一斉に役職を辞任することになった。彼らの少なくとも一部に引導を渡したのは会長の室町だった。その一人は第三者委員会報告書が公表される約十日前の七月十日ごろ、「悪いけれど、いろいろと出てきちゃってさ。常任顧問としてきちんと処遇するからやめてくれないか」と促されている。このとき室町は「佐々木さんと田中さんには覚悟を決めてもらった。西田さんにも辞めてもらうことになった」と言っており、歴代三トップの首に鈴をつけた後でそれ以外の副社長ら幹部クラスの辞任の段取りが決まったとみられる。[*3]

うまく逃れたのが室町だった。西室は、東芝の記者会見翌日の二十二日、日本郵政の記者会見で、「室町も「辞めたい」と言ってきたが、「私は相談役として『絶対に辞めないでくれ』と言った」と明らかにした。「残るのはつらいかもしれないが、それをあなたに期待したい」という西室の意向も手伝って、室町の残留が決まった。すると、第三者委員会の報告書の草稿に記載されていた室町正志の名前は、削除されることが決まった。東芝の法務部の社員が、第三者委員会の事務局となっている丸の内総合法律事務所を秘かに訪れ、報告書の草稿から室町の名前を消したのである。[*4] あの報告書は、罪をかぶせられるものと延命されるものを峻別したのだった。

田中は記者会見でついぞ粉飾決算における自身の明確な関与を認めなかった。部下たちに「直接的な指示を出した記憶はない」「私としては不適切な処理を指示した認識はない」と言い、西田や佐々木からのプレッシャーは「特にございません」と語った。パソコン部門の粉飾の原因となったバイセル取引という仕掛けを考案したのは田中であり、それを悪用して架空の利益の捻出に関与してきたのも田中だったが、そのことに対する反省の念や贖罪の気持ちは、記者会見からはまったく感じられなかった。具体的なことを問われると慎重に言葉を選んで、「第三者委員会の報告書をご覧ください」「個別の内容は差し控えさせていただきます」と、言質をとられることから逃げた。最高の経営責任者であったにもかかわらず、自身の責任は蚊帳の外に置いたのである。

同じ日の午後七時から第三者委員会の記者会見が開かれた。委員長の上田廣一は元東京高検検事長を務めたヤメ検弁護士。冒頭、彼は「東芝から委嘱された調査事項は、工事進行基準案件、映像事業の経費計上の会計処理、半導体ディスクリート、システムＬＳＩの在庫評価、パソコン事業の部品取引の会計処理です」と調査範囲が限定されていることを強調し、そのうえで「これらの不適切な会計処理には、経営トップや社内カンパニーのトップによる意図的な利益のかさ上げや費用・損失計上の先送りが認められ、組織的に不適切な会計処理が認められる。経理部、財務部、経営監査部、監査委員会の内部統制も十分に行われませんでした」と語った。

記者やアナリストたちの多くの関心は、高値づかみしたウェスチングハウスの減損処理にあったが、それについては彼らが委嘱された調査範囲外であるとし、かわされた。過去のカネボウやライブドアの粉飾事件同様に「刑事事件として問われるべきではないか」という質問に対しては、元東京地検特捜部長でもあった上田は「過去の事例と照らし合わせて考えてみていただきたい」と答えるにとどまった。証券取引等監視委員会には、粉飾決算（有価証券報告書虚偽記載）を検察に刑事告発するにあたって「重要性の基準」などのベンチマークがあるが、上田が言う「過去の事例」とはおそらくそうした基準との整合性のことを指していたと思われる。重要性の基準では、売上高や利益に占める粉飾額などを尺度にしており、その物差しからすると、東芝の売上高は五兆～六兆円と規模が巨大なため、それと比して粉飾額は大きいとはいえない。さらに上田は室町の関与については「ありません」と言い切った。

東芝の決算を長年にわたってチェックしてきた新日本監査法人の責任については、第三者委員会の委員である山田和保（公認会計士）が「結果として監査法人から多くの問題が指摘されなかったが、監査法人のアンテナにひっかからなかったと言って監査人が緩かったとはいえない。別途調査しないと公平なことは言えない」と妙にかばった。山田は一九七八年に等松・青木監査法人（後のトーマツ）大阪事務所に入り、レピュテーション・リスク本部長などを務め、一四年六月に退任したばかりの、デロイトトーマツグループのOBだった。会見のひな壇に座る山田の横には、デロイトトーマツグループで、リスクマネジメントや不正調査を専門とする小杉徹パートナーが控え、会見場にはデロイトの人間が何人も来ていた。

東芝は不正会計が発覚後、室町を委員長にした社内組織の「特別調査委員会」を設けたが、フォレンジック調査で問題が多岐にわたることが判明し、社外委員に委嘱した「第三者委員会」に切り替えることになった。

通常なら五月上旬に行われる決算発表が、不正会計の影響によって延期されるという前代未聞の事態に陥り、さらにやはり六月末までに提出・公開される有価証券報告書の作成も先送りになった。東芝のような名門企業では極めて異常な事態だった。この異常時に、黒子として重要な役回りを演じたのが、会計監査を始め税務や法務、M&Aなど様々なアドバイスをするデロイトトーマツグループだった。デロイトは、新日本が東芝の会計上の問題点や疑問点をつく際に、ひそかに東芝側に新日本にどう回答したらいいのか、相手の手の内を読んで対抗策を指南していた。それだけでなく、特別調査委員会や第三者委員会の実務を担い、「東芝スキャンダル」の落としどころを東芝経営陣と探る〝用心棒〟役も果たしていた。

東芝の財務担当の前田恵造専務は、サンフランシスコ駐在のデロイトの山澄直史に対して四月二十三日、粉飾が明らかになったことによって過去の決算を修正する「過年度修正」の方法や問題案件の原因分析とともに、「類似事象調査の範囲確定」などについてアドバイスをいただきたいとメールを送っている。このときのメールの文面から、山澄は特別調査委員会案件の財務部のアドバイザーという役回りに就いていたことがうかがえる。山澄は以後、東芝財務部の香川勉主計担当グループ長との間で過年度修正のやり方など技術的な問題について相談と助言を繰り返しやりとりしている。

東芝はさらに、新日本監査法人、デロイトトーマツ、森・濱田松本法律事務所と打ち合わせ、第三者委員会に委嘱する事項をあらかじめ決めておく相談をした。

渡辺幸一財務部長が室町や田中、牛尾文昭、桜井直哉法務部長らに送ったメールによると、東芝案は「ステップ1」として「東芝としてすでに判明していることを包み隠さず報告する」とし、すべての社内カンパニーや連結対象子会社を調査対象とすることにした。さらに東芝案には、「深掘り調査が必要なスコープの決定」を「ステップ2」とし、「例えばPCの部品取引、映像の経費計上、半導体の在庫評価」を調査対象範囲にあげている。

だが、この東芝案の中には金額が最も大きくなるはずの米ウェスチングハウスの減損は入っていなかった。

渡辺が送付したメールには、さらにこんなことが書かれていた。特別調査委員会の委員でもあったデロイトの築島繁を始め、惣田一弘、小杉徹の各パートナーと五月十六日夕方打ち合わせたところ、東芝の「ステップ」に違和感はないとしつつ、三人はこんなことをコメントしたという。

「デロイトとしては、調査をやりながら問題が見つかり、スコープが広がることは避けたい(第三者委員の心証対策)、他に懸念がないのかもう一度確認をしてほしい」

あらかじめ調査範囲を限定し、問題が広がらないよう類焼を予防したいというのだった。

さらに「減損等へのインパクトはすでにステップ2の深掘り調査に含めているか？」と、東芝側に尋ねてみてもいる。

東芝は五月十七日、工事進行基準についての調査を第三者委員会に依頼し、同二十二日に映像、半導体、パソコンの会計処理の調査も追加して委嘱した。

東芝の桜井が五月二十八日、室町や田中、前田、牛尾、渡辺幸一財務部長らに送ったメールには、第三者委員会の委員になった丸の内総合法律事務所共同代表の松井秀樹弁護士が森・濱田松本の藤津康彦弁護士にこんな連絡を寄越したとして、松井の発言内容を紹介している。

「ウェスチングハウスとランディス・ギアの減損について、丸の内総合としてはこれを調査するか否かは会社で判断すべきとの見解である」

ランディス・ギアはスイスのスマートメーターメーカーで、東芝は二〇一一年、産業革新機構と組んで買収していたが、これもWH同様、高値づかみが噂されていた。松井は二社に減損リスクがあると認識していたから、こんなメールを送ったのだろう。そして桜井はこんな自身のコメントを加えている。

「本件を第三者委に委嘱する可能性はまったくないと思いますが、（フォレンジック調査で明らかになった）メールを見た以上、第三者委としては何らかのアクションが必要で、報告書に『減損について検討すべき論点が認識されているが、本調査の範囲外であるため、本委員会では詳細調査は行っていない』などの記載がなされる可能性があります」[*5]

そもそも第三者委員会は、「日弁連のガイドラインに準拠し、東芝と利害関係を有しない中立・公正な外部の専門家から構成される」[*6]はずだが、東芝のケースはそうでもなかった。第三者委員会の調査補助者として調査活動にかかわったデロイトは、これまで東芝から様々な相談を受け、それへの対処法を指南していた。しかも、第三者委員会の山田和保委員はデロイトトーマツグループのOBだった。デロイトと同じく第三者委員会の調査補助者になった丸の内総合も、東芝の連結子会社の原子燃料工業と顧問契約を結んでいた。ともに中立・公正な外部の専門家とは言いがたかった。

しかもデロイトと丸の内総合は第三者委員会の調査範囲をどう限定するか、東芝と落としどころを探っていた。東芝の第三者委員会は「第三者」といいつつ、東芝からの独立性や主体性に乏しく、クライアントである東芝にいちいちお伺いを立てていた。粉飾の全体の真相を突き止める性格のものではないのだ。

うまく立ち回ったデロイトと比べて愚かだったのが、東芝の監査を受け持ってきた新日本監査法人だった。新日本は、オリンパスが巨額の損失を「飛ばし」ていたことを担当監査法人として見抜けず、金融庁から二〇一二年七月、業務改善命令を受けた脛に傷持つ〝問題監査法人〟だった。その前科に続いて今度は東芝である。

東芝の不正会計疑惑が発覚した当初、新日本の執行部の危機感は乏しかった。東芝の第三者委員会報告書が発表された直後の七月二十二日、同二十三日の二日間、執行部は臨時パートナーミーティングを開き、オリンパスに続いて東芝の粉飾を見抜けなかったことについてパートナーの会計士たちの動揺を沈静化しようとした。クライアント企業から不信を抱かれて問いただされたときに、パートナーたちがどう対応すべきか、あるいは対外的にどう釈明すべきか、法人内で意思統一と想定問答の周知徹底を図るために催されたものだった。

その席で監査の品質管理担当の持永勇一専務理事は「我々は東芝に騙されました」と切り出し、プロジェクターで資料を投影しながら説明し始めた。カネボウ、オリンパス、東芝などを比較した資料が配られ、「完璧なテクニックで騙された」「東芝は組織的な対応をしており、社外取締役が異を唱えても改善が図られなかった」「我々は東芝の経理部長から嘘の説明をされた」などと言って、自分たちに非がなかったことを力説した。

そのうえで「社外秘」と記された想定問答が配布され、クライアント企業や外部から問い合わせがあった場合はこう答えるというQ&Aについて説明された。たとえば「クライアント（東芝）からの接待などのなれ合いの関係はなかったのか」という質問には「確認はしていないが、一切なかった」、「過去のオリンパス事件とは何が違うのか」という問いには「組織ぐるみの不正は今回が初めて」と答えるよう奨励された。さらに「過去において東芝の監査は日本公認会計士協会や金融庁の検査対象にならなかったのか」という問いには、「協会が一九九九年三月期（九八年度）と二〇一四年三月期（一三年度）の二回、金融庁が一一年三月期（一〇年度）の東芝の決算における監査を検査して適正とみなしているのでウチは大丈夫ですよ」と答えるよう指示された。参加したパートナーたちは、持永の口ぶりから「当局が検査しています」と言っているように受け止めた。東芝監査は当局の検査を通じて、お墨付きを得ている、というのである。[*7]

驚いたのは金融庁だった。金融庁の公認会計士・監査審査会は、新日本のような大手監査法人には「品質管理レビュー」と称して二年に一回の割合で検査に入ることにしており、新日本には一二年冬から一三年春にかけて検査を行い、抽出した新日本の監査の中には東芝も含まれていた。このときの公認会計士・監査審査会の事務局長はこの後、証券取引等監視委員会事務局長に転出する佐々木清隆だった。同審査会の室長は「結果的に見逃したと言われればそれまでですが、私たちは基本的には手続きが適正かどうかを見ているので、監査法人を組織ぐるみで騙すようなケースは見抜けない」と困惑した表情で釈明し、むしろ金融庁幹部の間には「新日本が自分たちの責任逃れの言い訳に私たちを使っている」と反発が強まった。[*8]
こうした危機感のない執行部にいらだった新日本の中堅パートナーたちは、ひそかに金融庁と連携しながら英公一理事長ら執行部に抜本改革を迫ったが、英は自身の責任を認めることに関しては頑なに拒否して居座りを画策した。英と大木一也経営専務理事は金融庁に自分たちの改革案をもって日参し、その改革案とは①東芝の監査を受け持った濱尾宏パートナーと持永の退任、②役員報酬の自主返上——という甘いものだった。これに金融庁側が「どういう事態なのかわかっていないのではないか」と反発し、「箸の上げ下ろしまで懇切丁寧にご指導いただき」（新日本のあるパートナー）、ようやく英の退任が決まった。金融庁は十二月二十二日、新日本に対して新規契約業務の三カ月停止と業務改善命令を発動した。翌年一月には二十一億円余の課徴金の支払いも命じられている。
こうした経過をたどっていくうちに、「執行部があまりに社会常識に反して甘すぎる」と、若手を中心に「有志の会」という〝反乱軍〟がつくられ、英執行部に連なる旧体制の打破に立ち上がった。無投票の信任投票をもくろんでいた旧体制に対して彼らは選挙を要求し、ついに執行部は全員が総退陣に追い込まれた。選挙戦の結果、若手の改革派代表の大久保和孝がナンバースリーの経営専務理事の座を射止めるという、ささやかな政権交代がおきた。
大久保支持の中堅パートナーは役員選の直後、怒りが収まらないといった風情でこう打ち明けた。「みんなウェスチングハウスはどこかで減損が必要とわかっていたはずなのに、それを政治的な判断で見送ってきたのです。パソコンのバイセル取引を使った粉飾は、監査としての分析的な手続きがまったくなされていない。東芝の経理に言われたままの機械的な処理になっている。ウチは完全になめられていたとしか思えません」[*9]

こうした改革派に担がれて誕生した大久保は「東芝に悪意がありすぎた。これだけの大きな会社が組織ぐるみの粉飾をしたというのは例がないですね」と東芝を批判したうえで、デロイトトーマツに釘をさすことを忘れなかった。

「東芝から高いコンサルタント料をもらって広範囲にわたってアドバイスをしていた。ウチの監査対策を含めてね。これには頭にきますね[*10]」

検察の姿勢

第三者委員会報告書を見て対応が大きく変化したのが、証券取引等監視委員会だった。かつて特別調査課長としてライブドア・村上ファンド事件を手掛けた佐々木清隆がこの年の七月、事務局長に就いたものの、彼は第三者委員会報告書の出る前の七月十三日に私がインタビューした時点では「東芝はとても刑事事件になるような案件ではないですよ」と言っていた。当初は積極姿勢ではなかったのだ。

そんな証券監視委の姿勢を金融庁の上層部は「ちょっと甘すぎる」と受け止めていた。審議官級の幹部が言う。

「第三者委員会の報告書も意図してバランスシートに触れていない印象を受けた。私見ですが、本当はバランスシートが悪いから必要な利益をかさ上げするためにチャレンジしてきたのでしょう。海外から日本はコーポレート・ガバナンスが甘すぎると言われ続けてきたのに、東芝のように課徴金だけで一件落着にするのはおかしい。本当は悪い奴は牢屋にぶち込むようにしなくちゃ。我々が監査法人の検査をいくら厳格化したところで、クライアントからお金をもらって雇われている以上、彼らも厳しいことが言えない。限界があって無理ですよ。東芝のように露見したものを厳しく断罪しないと……」

審議官級幹部はそう続けた後、「でも最近の特捜部は非常に弱くなっていて。簡単な事件しかやらないんだよな」と冷笑した。[*1] 佐々木も第三者委員会報告書が公表された後の八月に入っても、「とても特捜部が出てくるような案件ではないですよ」と言っていた。

こうした証券監視委の姿勢が大きく変わったのは、この年の秋以降だった。東芝は西田、佐々木、田中ら五人の旧経営陣に損害賠償請求訴訟を提起したが、請求額は三億円と高給取りの歴代社長を相手取ったにしては少額だった（その後、請求額は三十二億円に拡張された）。さらに「日経ビジネス」が米ウェスチングハウスの減損処理をしていたのに東芝が連結決算上では減損処理をしておらず、隠していたことをスクープ。[*2] 東芝は第三者委員会報告書の発表を機に事態の沈静化を進めたかったが、むしろその経営姿勢や開示姿勢を疑問視する声が広がり、収拾がつかなくなってしまった。

そんな世論に後押しされた証券監視委は、課徴金の納付を果たさせるための調査をしていく過程で、東芝の粉飾は経営トップが主導した悪質な事犯であると認識を深めていった。

第三者委員会が調査したのは〇八〜一四年度第3四半期までだったが、証券監視委は、このうちの一一年度と一二年度の二つの決算期を切り取って重要事項の虚偽記載があると認定。さらに虚偽の開示書類をもとに一〇〜一三年まで三千二百億円の社債を市場から調達していたことも指摘し、証券監視委は十二月七日、過去最高の七十三億円余の課徴金納付命令を下すよう金融庁に勧告した。ふだんならば課長級のレクチャーなのに、このときは事務局長の佐々木自らが会見室に姿を現し、「東芝が世界的な大企業であるうえ、委員会等設置会社にもかかわらずコーポレート・ガバナンスがまったく機能しなかった」と背景説明を行った。佐々木は、あえて会見場に姿を見せた理由を「これは、日本のコーポレート・ガバナンスの中で看過しえない問題だと思いました。だから、あえて特別な対応をしたのです」と語った。*3

この当時、佐々木には証券監視行政を変えたいという意識があった。一九九〇年代後半以降、大蔵省の護送船団行政が徐々に終焉し、金融・証券の自由化が推進されてきた。それに伴い、悪質な事案があれば事後的に裁かれる「事後チェック型の市場監視」に取り組んできたのが、証券監視委だった。ライブドア、村上ファンド両事件は、そうして摘発されたものである。だが「摘発して一件落着型」では、増え続ける悪質事案や時代の要請に対応しきれないと佐々木は考えた。「たとえば、いま起きたことが半年後や一年後に問題となることがありうる」と、将来を見据えて不正の予兆を早期発見するフォワード・ルッキングな視点を重視するとともに、「形式的な処分ではなく事案の根本原因を探っていく」という深度ある分析ができる組織にしようとしていた。発足時二課二百人体制だった証券監視委は二十五年を経過して六課七百六十人体制に充実していた。

もともと原子力部門などの工事進行基準の情報提供から始まった証券監視委の調査は、東芝のパソコン部門のバイセル取引に焦点を絞り、検察への刑事告発を前提とした犯則調査に切り替わった。年が明けた二〇一六年以降、取り調べたパソコン部門の関係幹部から悪質性を認識していたとする供述が相次いで寄せられ、「話を聞いているうちに事態がだんだん深刻になった」（元幹部）という。パソコン部門の粉飾額が大きいことと赤字を黒字にしている点を悪質性が高いとみなし、立件のベンチマークである「重要性の基準」や、赤字を黒字と偽装して悪質性が高いとされる「クロアカ基準」を満たしていると考えた。証券監視委は一六年二月から三月にかけて、ＣＦＯだった村岡富美雄元副社長や田中久雄元社長ら経営幹部に対して相次いで事情聴取している。

一方、調べられる側の東芝によると、一〇年度から一二年度の三年分の決算を重点的に調べられ、証券監視委は青梅工場にも調査にやってきたという。柴田淳志青梅事業所長やＰＣ＆ネットワーク社の若林宏・元経理部長、生産調達担当や資材部長らからのヒアリングも行われた。

パソコン部門は三月初めに多めの生産計画を立てて購買した大量の部品を台湾ODMメーカーに卸し、三月下旬になると生産計画を大幅に縮小して、少ない台数の完成品パソコンを引き取る取引を繰り返して、差額を「利益」としていた。

証券監視委が二〇一六年春ごろまでに供述や証拠から想定した見立ては、

① 東芝は米ウェスチングハウスを高値づかみして減損の先送りをしてきた。それが背景にあって粉飾に走った

② 西田厚聰社長が東芝を粉飾体質の会社にしてしまった。自分の出身母体のパソコン部門を粉飾の道具にしたため、競争力を失っても縮小・撤退できなかった

③ 西田から佐々木則夫に社長が代わる際の引き継ぎ期間に、佐々木はパソコン部門のバイセル取引について説明を受け、「パソコンの西田」の実態がどのようなものだったのか認識を改めた。そして自分もこの手法を使える、と考えた

④ パソコン部門は最初からバイセル取引を予算に組み込んでおり、現実のパソコンビジネスとは実態が大きく乖離するものだった

⑤ 佐々木の後に田中久雄が社長に就いたのは、佐々木時代に異常に膨らんだバイセルの残高を西田が圧縮しようと考えたからだった

——というものだった。

ただし、バイセルの残高が急増したのは佐々木時代で、課徴金の対象となった有価証券報告

書も佐々木が社長時代の一一年度と一二年度だけを切り取っている。このころ、西田と佐々木は社内で激しく対立していたのにもかかわらず、しかし、証券監視委は「西田が佐々木や田中と共謀した」という構図を描いて立件を模索していた。「佐々木や田中が単独ではできない。背後に西田がいて西田が人事も含めてすべて決めていた」（幹部）と見立てたのだが、この見立てには西田を摘発したいという逸《はや》る気持ちから生じる無理があった。

一一〜一二年度に絞れば主犯格は佐々木だが、佐々木だけを刑事告発すると、不正会計の全体の構図をゆがめてしまう。かといって西田や田中を「佐々木と暗黙の共謀をした」とするのも無理があり、やはり同様に真実からかけ離れてしまう。社長月例の議事録などの証拠が多い佐々木やフォレンジック調査で多くのメールが出てきた田中と比べて、西田は証拠に乏しい。東芝の中には次第に「証券監視委は西田をあきらめ、佐々木と田中をやるつもり」と受け止める見方が広がっていった。

だが、日本長期信用銀行や日本債権信用銀行の粉飾決算事件のように、原因をつくった頭取は時効で逃げおおせ、敗戦処理にあたった後任頭取たちが運悪く逮捕・起訴されたものの、事件としての建て付けが無理筋だったゆえに結果的に無罪になった例もある。証券監視委OBには「犯罪者として断罪できるかというと違う気がする。そもそも、部品在庫を押し込むというのは意外に単純な手口で中小企業にもよくあるようなケースだ。オリンパスの悪質性とは違う」と指摘した。

主戦論を唱える証券監視委に対して、検察は「部品取引は虚偽ではなく実態がある」「過去の重要性の基準から見て粉飾額が小さい」などとして立件には消極的だった。あくまでも歴代三社長の刑事責任を問おうとする証券監視委に対して検察は二〇一六年七月、刑事告発の受理は難しいという考えを伝えた。こうした検察の消極姿勢が一斉に報じられると、検察出身の佐渡賢一委員長は怒りが収まらなかった。

「過去の重要性の基準に照らし合わせて、パソコンだけでは金額が小さいとか言うけれど、重要性の基準とは、いくら以上とか何割以上なんていう定量的な基準ではないんだ。悪質性が問題なんだ」

「検察は取引実態はあるとか言っているけれど、そんなのは論点がずれている。そんなことではなくてバイセルが利益を水増しする手段として使われていて、歴代の社長がそういうものと知っていて使っている点が問題なんだ」

検察は粉飾額の規模や技術的な点をあげたが、もちろん消極姿勢の背景には経産省政権とも呼ばれる安倍政権が睨みをきかせていることも影を落としただろう。要は東芝をやりたくないのだ。

この後、さらに異例の展開をたどった。証券監視委は八月、記者会見をして自分たちの東芝事件に関する見解を公にしようとした。従来は検察への刑事告発は事前に検察側とすり合わせて行われてきたが、担当幹部は「証券監視委はいままでのような検察の下請け機関ではない。

これまでの関係を見直してウチの判断と検察の判断が違うということがあってもいいと思っているのです」と語った。前代未聞の記者会見の開催に驚いたのは金融庁の高官たちだった。金融庁の幹部は「証券監視委は、出向で来ている検事と親元の検察庁との調整が欠かせないところなのに、両者が対立してしまっては禍根を残す。そもそも（金融庁の）森信親長官は本件にあまり関心がないんだ」と、あわてて火消しに躍起になった。見解を表明すると意気込んだ証券監視委は、見解公表の記者会見すら開催できずに追い込まれた。

「検察は財務省主計局みたいな組織になってしまったね。出てきたものをチェックするだけ。大阪地検の証拠改竄事件の後遺症が大きく、自分で捜査することに及び腰になってしまった」

そう証券監視委幹部はこぼした。[*4]

切り売り

東芝第三者委員会が二〇一五年七月に公表した報告書によって、東芝が過去長期間にわたって有価証券報告書を偽る「粉飾決算」をしていたことが明らかになると、東京証券取引所は九月十五日、東芝の株式を「特設注意市場銘柄」に指定した。

特設注意市場銘柄とは、いきなり上場廃止にするほどではないが、東証が「要注意」とみなしていると投資家に注意喚起する銘柄である。東証は東芝の内部管理体制に深刻な問題があるととらえ、東芝は一年後に東証に内部管理体制確認書を提出し、その審査を経て合格しないと指定は解除されない仕組みである。東芝にとっては不名誉なことだったが、過去に粉飾が明らかになったエネルギーベンチャーのエナリスやオリンパスなど指定を受けた後に解除された例もあり、東芝は当初、一年以内に内部管理体制を改め、旧に復する考えだった。

そこに追い打ちをかけたのが、ウェスチングハウス（ＷＨ）の「のれん」代の減損問題だった。会計上の「のれん」とは、もとは老舗の暖簾に由来し、転じて計数化できない知名度や伝統などのブランド価値を意味する。ＷＨの場合は、二千数百億円の純資産をはるかに上回る金額で東芝高値づかみして買収したため、その差額の三千五百億円が東芝の連結貸借対照表上、「のれん」代として計上されていた。東芝が〝老舗〟のＷＨの名声や海外ネットワークなど〝暖簾〟にブランド価値を見出したとして計上を正当化してきたが、二〇一一年の福島第一原発事故とシェールガス革命による世界的な原子力の退潮を受けて、この正当化は誰が見ても非常に難しくなっていた。東芝は毎年、「のれん」を減損する必要があるかどうかをチェックする減損テストを実施し、そのたびに「減損の兆候はない」と結論づけて、三千五百億円の「のれん」代の計上をそのままにし、減損を突っぱねてきた。

だが、米国のＷＨが、監査法人アーンスト＆ヤング（Ｅ＆Ｙ）の指摘を受けて、一二年度に七百六十二億円、一三年度に三百九十四億円、それぞれ減損していたことが明らかになると、東芝の姿勢はあまりにも辻褄が合わないものとなった。子会社のＷＨが減損していて親会社の東芝がしていないことは不自然なうえ、WHの一二年度の減損のケースは、子会社の損害見込み額が「連結純資産の三％以上の変動があった場合は、情報開示する」という東証の適時開示ルールに違反しており、東芝が意識的に子会社の減損を隠蔽したのではないかと受け止められたからだ。実際は、東芝の有価証券報告書が作成された後になって、E&Yとの間でもめていたWHの減損の決着がついたため、東芝の連結決算に反映する時宜を失し、開示しなければならないことを失念してしまったのだった。

このWHの減損について、当時の財務担当役員は東証の開示ルール違反を指して、「あれはチョンボだった」と振り返り、そもそも「いつかウェスチングハウスは減損するつもりだった」と語った。

「追いつめられて減損するのではなく、タイミングを見て戦略的にやるべきだった。その時期を見計らっていた」

彼は一四年十月、WHが受注した米国ボーグル原発のAP1000の建設工事現場を視察に行ったが、「いたるところで工事が止まっていた。原子力の素人である自分が見ても、とても順調にいっているとは言い難かった。これは大変なことになると予感した」と振り返った。

「一緒にやっているパートナーの建設会社が工事の過程でミスや不具合が生じると、必ずいったん工事を止めて、どこのだれの責任なのか原因がわかるまでそのままにしてしまうのです。それであちこちで工事が止まっていました」[*1]

原子力部門を歩んできた佐々木則夫や、ＷＨの社長や会長に送り込まれた志賀重範は、一貫してＷＨの減損の必要性はないという強硬なスタンスを崩さなかったが、三十年ぶりの新規原発を手掛けるＷＨを始め、携わる米国の建設会社の工事は、実は「素人目に見てもうまくいっていない」のだった。

株式市場やマスコミに追いつめられた東芝は、ＷＨの減損を決意せざるをえなくなる。それには、減損によって発生する巨額損失を補塡するための、新たなカネが必要だった。

引責辞任した田中久雄に代わって、会長から横滑りした室町正志社長は十一月二十七日、電力・社会インフラグループを所管する副社長の志賀らと記者会見して、原子力事業の連結業績を初めて公表し、一三年度は百九十六億円の、一四年度は二十九億円の、ともに営業赤字に陥っていることを明らかにした。その主因は日本国内の原子力事業だった。ＷＨの減損とは別に国内も不調なのだった。かつて年間二百億円程度の黒字を稼いでいた日本国内の原子力事業は、原発事故以降、赤字を垂れ流すように変質していた。

このころ東芝は、バイセル取引で損益を粉飾していたパソコン、キャリーオーバーで粉飾していた映像事業（テレビ）、それに白物家電の三つの部門で大がかりなリストラを実施することに伴い、二〇一五年度は過去最悪の五千五百億円の純損失を計上する見通しになっていた。それにＷＨの三千五百億円の「のれん」の減損が加わると、債務超過に陥りかねない危機的な財務状況にあった。

その補塡策として当初構想されたのは、東芝の半導体部門を本体から切り離して分社化し、その持ち分を外部に売却する案だった。室町はこのときの記者会見で「半導体は分社化して、IPO（新規上場）も検討している」と言及している。年間二、三千億円もの設備投資が必要な金食い虫の半導体事業を、社内で抱え込んでおくことが相当困難であることは一九九〇年代から社内で言われてきたことだった。もし、半導体部門を上場させるか、あるいは持ち分の一部を売却できれば、株式の売却代金が東芝に転がり込み、しかも、半導体新社は巨額の設備投資資金をある程度、自前で調達できるようになる。NAND型フラッシュメモリーという競争力のある製品をもつ東芝の半導体部門の価値は一兆八千億〜二兆円と見積もられ、東芝が過半数を維持したまま、四九％程度を売れば、一兆円前後の資金が転がり込んでくると見込まれた。東芝の経営危機の打開を一挙に片づけるのは、半導体部門の部分売却か、IPOだった。

東芝は財務アドバイザーに野村證券を雇い、さらに海外にネットワークをもつ米系投資銀行のゴールドマン・サックスも起用し、半導体の持ち分を売却する交渉に入った。すると、米半導体大手のマイクロン・テクノロジーが出資に関心を寄せたという。マイクロンは東芝の半導体部門の五〇％弱を八千億円程度で取得したいという意向を示してきた。

東芝社内では、フラッシュメモリーの開発にかかわってきた小林清志が、不正会計問題で七月に副社長を辞し、顧問になった後でも、半導体分野に隠然たる力を有していた。小林は一九八〇年、東北大理学部修士課程を修了し、東芝に入社。半導体部門を一貫して歩み、フラッシュメモリ事業戦略部長やメモリ事業部長を歴任、フラッシュメモリービジネスの育ての親の一人だった。副社長（電子デバイス事業グループ分担）にまでのぼりつめたが、在任わずか一年で不正会計問題の責任をとらされ、六〇歳で顧問に追いやられ、不完全燃焼だったようだ。

入社年次では小林より五年先輩の室町も、早大理工学部電気通信学科修士課程修了後、一貫して東芝の半導体部門を歩み、四日市工場長や大分工場長、メモリ事業部長などを歴任してきた半導体部門のエリートではあった。二〇〇八年から四年間、副社長に在任した後、いったん常任顧問に退いたが、西田厚聰が佐々木則夫の会長就任を阻止するための〝サプライズ人事〟で一四年に会長として復帰。室町はこうした西田寄りの姿勢、つまり西田の傀儡《かいらい》と見られてきたことに加えて、「半導体の在庫の不正会計にかかわってきたグレーな人物」（元副社長）という評価がもっぱらで、当然のように社内の求心力に乏しかった。

室町は、引責辞任したはずの西田の執務室をそのまま本社三十八階におき、佐々木と田中には三十七階に新たに専用の個室を設ける準備をしている。引責辞任したはずの歴代三社長が何事もなかったかのように社内を闊歩し、さすがに社外から批判を招いた。「社長自身の法令順守意識に問題はないか」「経営者として信任できるか」などをイエス、ノーで回答する室町社長への信任投票が一六年一月、幹部社員百二十人を〝有権者〟にして実施されたが、よほど不信任票が多かったのか、投票結果は取締役会に設けられた指名委員会だけに示され、一般社員にはついぞ明らかにされなかった。

西田や佐々木を諫めることを「とても自分にはできない」と周囲に漏らしていた室町が、フラッシュメモリーは自分たちが育ててきたと考える小林に強気に出られるはずがなかった。小林は半導体部門の分社化を模索し、そのトップに返り咲くことを狙っていたようだ。「いまだに小林が出てきて長広舌を振るっていると聞く。あいつ、半導体を分社化したうえで、そのトップに返り咲きたいんじゃないか。もう一回、復活する道のりを探っているんじゃないか」。元副社長はこんな観測をしている。[*2]

だが、小林以外の半導体部門の有力者は、東芝本体から半導体を分離することには消極的だった。かつて半導体の海外販売で頭角を現してきた東芝のドン西室泰三が半導体部門の売却に反対で、彼を筆頭に、半導体部門を東芝の傘の下においておきたい者は少なくなかった。規模の大きい半導体部門を切り離すには株主総会の承認が必要で、時間と手間がかかることも半導体分社化が忌避される理由となった。

経営上層部も次第に消極的になっていく。経営企画担当の綱川智副社長や、CFOに就任した平田政善は「半導体の市況が悪いときに足元を見られるような売り方をするのはどうか」「半導体は中長期的には東芝を支えるキャッシュカウになる」と考えるようになった。平田は「半導体に毎年、投資し続けるリスクは大きいですが、儲かったときは大きいですから」と言い、マイクロンからの出資受け入れの提案は、「実現する確率が五％程度の話に過ぎなかった。

あくまでも、ワン・オブ・ゼムのアイデアに過ぎず、まじめに考えられなかった」と語った。[*3]

室町はある日、小林にこう切り出した。

「東芝メディカルシステムズを売ることにしたから、キミはもう、あまり動かなくていいよ」

半導体部門の一部売却、ＩＰＯ案が尻すぼみになるなか、一六年一月以降、代わって急浮上したのが東芝にとって虎の子の医療機器部門、東芝メディカルシステムズの売却案だった。同社は売上高が二千七百億〜二千八百億円、営業利益は百七十億〜二百二十億円程度あり、堅実な子会社だった。

医療用機器は、高齢化や医療の高度化の進展とともに、先進国だけでなく新興国にも市場が拡大する有望な分野だった。テレビやパソコンのようなコンシューマーむけ商品ではないため、家電量販店における価格競争にさらされる心配はない。売り先は病院や大学、研究所のため、安定的な価格で商売ができ、値崩れしにくい。なおかつ開発には高度で専門的な技術を要するため、中国や韓国の後発メーカーが簡単に参入できる分野ではなく、競争相手は限られる。

東芝は一九七〇年代以降、医療用機器分野を地道に育て、一時はシーメンスとの統合案や島津製作所の買収案なども浮かんできた。ＣＴでは世界二位のシェアを有し、ＭＲＩや超音波診断装置など画像診断装置にも強みを発揮。分社化した東芝メディカルシステムズとは別に、東芝本体の原子力事業部には重粒子線治療装置の開発部隊も残されており、東芝本体との相乗効果もある。
このとき経営企画担当の綱川はメディカル出身だった。東大卒業後、七九年に東芝に入社し、以来、ほぼ一貫してメディカル・ヘルスケア分野を歩んできた。
東芝メディカルの元社長の浅野友伸は綱川をこう評する。
「医療用機器は広い意味の重電部門にあり、どうしても製造側の意見が強く、販売を見下す傾向にあった。でも、彼は違ったね。販売側の『もっとコストを下げて』『こういうふうにして』というのに耳を傾けるんだ。『何かあったらどんどん意見を言ってください』と。製造の意見を一方的に言い募る人間ではなかったね」
だが、綱川を高く買う浅野も「メディカルだけで、いかんせん経験が乏しい」と指摘した。[*4]
やはり医療機器部門で経理部長として働いたことのある久保誠は「綱川は自分の意見をはっきり言わない。意見があるのかないのか、あれではわからない」と評する。[*5]
綱川は突如浮上したメディカルの売却案に猛反対したとされる。手塩にかけて育ててきた愛娘を嫁にやるような心境だったと後に語っている。しかし、分社化されていない半導体部門に比べて、すでに東芝メディカルシステムズとして本体から切り離されている同社は、会社分割などの手間が省けて簡単に売りやすかった。西室や室町、小林のような後ろ盾が不在で、社内政治力は相対的に弱かった。売上高や損益の面で大きな存在だった半導体と比べると、堅実とはいえ規模はそれより小さいことも、売却対象になりやすかった。「本来は将来性のあるメディカルを残し、半導体の分社化、外部からの資本導入に道を開くべきだった」(元副社長)が、もはや東芝の経営企画部門には、そうした長期的な戦略を描く力は失われていた。

東芝は一五年秋以降、かつてウェスチングハウスが辿ったのと同じような解体の道を突き進んでいった。保有しているＮＲＥＧ東芝不動産株の三〇％を野村不動産ホールディングスに売却、大分工場の半導体ＣＭＯＳイメージセンサーの製造関連施設は千百人の従業員とともにソニーに売却した。パソコン部門は、富士通やＶＡＩＯ（旧ソニー）と三社統合の交渉に入っている。インドネシアのテレビ工場は中国のスカイワース社に売却することで合意した。

さらに冷蔵庫や洗濯機などの白物家電事業は、経産省の財布と言うべき同省傘下の官製ファンド、産業革新機構が仲介してシャープの白物家電事業との統合を模索することになった。革新機構は経産省の意向を受けてシャープ救済に名乗りをあげていた。経産省は所管する国内の電機業界の再編に意欲的だった（最終的には企画倒れとなり、東芝の白物家電事業は中国の美的集団が買収した）。

こうした切り売りが進む一方、受注してきた各プロジェクトの採算を精査したところ、送変電・配電システム事業を中心に不採算案件の損失引当金の計上が相次いだ。これに半導体の在庫処分の評価損が加わり、営業外の損失が雪だるま式に膨らんでいった。東芝は一六年二月四日、前年暮れに五千五百億円と見込んでいた純損失がさらに拡大し、七千百億円の赤字になるという見通しを発表した。

経産省は東芝の先行きを注視していた。WH買収を後押しし、原子力立国計画を策定した柳瀬唯夫は、第二次安倍政権発足と同時に首相秘書官に抜擢された後、一五年八月に経産省に復し、経済産業政策局長になっていた。このころ同時に進んでいたシャープの経営危機とともに東芝の迷走が関心の的だった。

柳瀬はこう言った。

「東芝のように図体の大きい会社だと、まとめて産業革新機構で面倒を見るというわけにはいかないなあ。経産省も担当課が分かれていて、原子力は資源エネルギー庁の原子力政策課だけど、ハイテク・半導体は情報通信機器課になる。それに産業機械課も関係する。各課を集めて対応を整理するしかない」

東芝対応には、大臣官房や各局を横断した関係各課のプロジェクトチームが必要という。安倍の秘書官になる以前に、麻生太郎の首相秘書官を務めたこともある柳瀬はまた、こういう問題意識も持っていた。

「麻生総理も以前、『東芝は大丈夫か、つぶれるんじゃないか』と非常に心配されたことがあり、三井グループを中心に東芝の増資をまとめてもらったことがありました。東芝はもともとバランスシートが悪いんです。とにかくバランスシートの悪さをなんとかしてもらわないと。このままでは、銀行の不良債権処理の問題のように、ずっとひきずっていくことになりますよ」[*6]

先送りしてきたＷＨの減損問題は、日本の長期不況を招いた銀行の不良債権問題と相似形をなすと見抜いていた。原子力立国の旗を振った柳瀬は、評論家のように窮地の東芝をそう評した。

だが、その指摘は的を射ていた。

減損の代償

東芝が二月四日、子会社の東芝メディカルシステムズの株式の過半を売却すると発表すると、買い手には、キヤノンをはじめ、富士フイルムホールディングス、コニカミノルタと英買収ファンドのペルミラの連合体、三井物産と米買収ファンドＫＫＲの連合体などが続々と名乗りを上げ、激しい争奪戦となった。

当初、売却額は三千億〜四千億円と見込まれていたが、売り手市場となり価格は吊り上がった。皮肉にも、まるで東芝がウェスチングハウスを買収した際に英国にしてやられたのと同じような構図がメディカル争奪戦で再現したのである。

純損失がわずか二カ月の間に五千五百億円から七千百億円へと急速に悪化していった東芝は、当初はメディカルの持ち分の二〇％程度を引き続き保有しておく考えだったが、競り合いによる価格高騰を受けてメディカルの全株を手放すことを決めた。さらに、買収希望企業は、買収金額の二割を三月二十四日までに振り込むこととし、いったん東芝に振り込まれたお金はどんな理由があっても返済しないという一方的な条件を入札参加者に突きつけた。

いったんは富士フイルム有利と観測されたものの、乱戦を制したのはキヤノンだった。東芝は三月九日、キヤノンに独占交渉権を与え、同十七日にキヤノンとの間で株式等譲渡契約書を締結した。売却額は当初の見込みの二倍近い、六千六百五十五億円にもなった。だが、その売却スキームは、東芝やキヤノンのような日本を代表する大企業が手掛けるとは思えない極めて変則的な手法が使われた。

決算を乗り切るために三月末までに入金してほしかった東芝は、同じく医療用機器部門をもつキヤノンが東芝メディカルシステムズを買収した場合、公正取引委員会を始め、各国の独禁当局からの審査に時間がかかって入金が遅れることを恐れていた。独占禁止法は、国内売上高が二百億円超の企業グループが同五十億円超の企業グループを買収し、その議決権が二〇％、または五〇％を超える際には、公正取引委員会に対して事前に届け出をさせ、公取委が三十日間、独禁法上の審査をしている間は、株式の取得をしてはならない、と定めている。キヤノンが東芝メディカルを買収するには、この独禁法上の規定が適用されることになるが、公取委の三十日間の審査を待っていると決算期末の三月末をまたいでしまう恐れがあった。

そこで東芝は当初、公取委の審査中であってもお金だけはもらおうと、キヤノンから三月末までに支払ってもらい、東芝メディカルシステムズの株式は公取委の審査終了後に引き渡すことを考えた。しかし、キヤノンからすると、六千六百五十五億円もの資金を投じながら、一時的とはいえ、その見返りの株式を手中に収められないのは変である。一方、東芝も会計士から「東芝メディカルの株式を保有しつつ、キヤノンから支払いだけを先に受けたとすると、キヤノンから入ったお金は『預り金』になり、資本計上できない」と言われた。[*1]

　万策尽きた東芝はキヤノンに対して、この公取委の審査を免れる方策を提案するよう要求し、キヤノンから提案されたのが、特別目的会社を設立し、いったんその特別目的会社にメディカルの議決権付き株式を全株譲渡するという不思議なアイデアだった。キヤノンは東芝に対して六千六百億円余りの購入金額を提示した際に、特別目的会社のMSホールディングを使う方法も一緒に提案し、それを受けて東芝側の弁護士と財務アドバイザーも提案されたスキームを検討し、キヤノンのアイデアに乗ることにしたのだった。

　取引が行われる直前の三月八日、「株式の保有と運用」を目的にした特別目的会社MSホールディングが資本金わずか三万円で設立された。一万円ずつ出資して代表者に収まったのは、住友商事の宮原賢次名誉顧問、元朝日監査法人専務理事の横瀬元治、TMI総合法律事務所の顧問弁護士に転じていた元東京高裁長官の吉戒修一の三人だった。MS社の本社所在地は、吉戒のいるTMI総合法律事務所の入居する東京・六本木ヒルズ森タワーにおかれた。

　東芝はまず東芝メディカルの株式を、議決権付き株式と新株予約権、無議決権株式に変換し、このうち新株予約権と無議決権株式をキヤノンに六千六百五十五億円で売却。議決権付き株式はMS社に売却することにした。MS社の支払った金額は、キヤノンの払った金額と比べると極めて低い金額、わずか十万円だった。ペーパーカンパニーが、たった十万円で東芝メディカルシステムズの議決権付き株式を取得した。普通はありえない取引だった。

MS社は設立間もない単なるペーパーカンパニーにすぎないため、売り上げはない。東芝メディカルを傘下に収めても、大企業を対象にしている独禁法上の規制を免れる。一方のキヤノンが手にしたのは新株予約権であって、議決権を得たのではないため、同様にこの規制を免れうる。東京高裁の長官だった吉戒までが一枚かんだ脱法的なスキームだった。

代表者の一人となった横瀬元治は、「三月初めごろ、TMIからこういうことをやりたいという話が舞い込んだ。違法じゃないから引き受けた」と言った。MSホールディングの「MS」とは、「メディカルサポート」の略称という。

「独禁法の三十日間の審査があるから、こういう形にしたんですよ。東芝もキヤノンも、森・濱田とか西村あさひとかたくさんの弁護士がついているでしょう。そこらへんで話し合って検討してこうなったみたい。メディカルを売った先を〝第三者〟にするということでこうなった。東芝とキヤノン両方からの依頼を受けて作られたそうです。あとはTMIに聞いてください」[*2]

横瀬は「違法ではない」「日本の独禁当局の審査は通ると思う」と話したが、敗れた富士フイルムは「きわめてトリッキーなやり方との印象を受ける。もし、このようなことが認められるならば、競争法が極めて形骸化する」と非難するコメントを公表した。公取委は六月三十日、両社の行為は独禁法違反の恐れがあるとして、キヤノンを注意し、東芝にも口頭で行政指導を行った。記者会見した品川武企業統合課長は「前例がなく、違反に問えないが問題がある。黒ではないがグレー。こういうチャレンジはやめてほしい」と語った。

粉飾という、コンプライアンス上、悪質な問題を起こした東芝が平然と脱法スキームで公取委の規制を免れようとした。しかも、その脱法スキームに元東京高裁長官の吉戒や、日本を代表する大手法律事務所である森・濱田松本、西村あさひ、ＴＭＩの弁護士たちがかかわっていた。キヤノンの御手洗冨士夫会長は日本経団連会長を務めた財界の重鎮でもある。日本のベスト&ブライテストたちは自分たちの利益になることならば平気で法律を無視したのである。

キヤノンは各国の独禁当局の審査が終わった後に新株予約権を行使し、メディカルを傘下に収めたが、後に中国商務省は独禁法に基づく適正な報告を怠ったとしてキヤノンに罰金を科し、欧州連合（ＥＵ）の欧州委員会も「ＥＵの企業買収手続きに違反した疑いがある」とキヤノンに警告を発している。

脱法的な手法を駆使してまでメディカルの売却を急いだのは、ウェスチングハウス（ＷＨ）の「のれん」代を三月末までに減損するためだった。

キヤノンから入金したメディカルの売却代金によって、東芝は三月末時点で、五千九百億円の売却益を計上できることになった。東芝は入金される直前の三月十八日に開いた二〇一六年度事業計画説明会では「減損の兆候は認められない」と強弁していたのに、いざ入金されて懐が温かくなると突如として減損に踏み切ることにした。

室町は四月二十六日、記者会見し、「当社の財務状況の見通しが著しく悪化したことにより、当社の格付けが低下し、資金調達環境が変化し、改めて減損テストを実施したところ、原子力事業の公正価値が帳簿価額を下回り、減損の兆候を認識するに至りました」と述べ、三千五百億円の「のれん」代のうち二千六百億円を減損しなければならなくなった、と発表した。メディカル売却によって予想を上回る金策ができたことで、「銀行の不良債権処理問題」のように東芝を悩ませてきたWHの減損処理が一定程度できることになったのだ。このとき会見に同席した原子力担当の志賀重範副社長は「ウェスチングハウスを買収したとき、AP-1000はまだペーパーリアクターだったが、受注した中国では今年、燃料装荷を迎え、足元の原子力事業は動き出します。事業自体は非常に堅調です」と語った。

粉飾決算の発覚以降、混迷を深めてきた東芝は、ここで底を打ち、反転できそうだった。一時は七千百億円と見込まれた純損益の赤字額も、メディカルの売却益によって四千八百億円台に収まりそうだった。あくまでも〝つなぎ〟役で起用され、幹部社員の間ですら信任されていなかった室町は、この機会をとらえて退任を決意した。

取締役会に設けられた指名委員会が室町の後任に選んだのは、経営企画担当として苦渋のメディカル売却の決断をした綱川だった。粉飾決算に関与しておらず、「クリーン」だったことが決め手になったようだ。会長には原子力出身でWH駐在が長い志賀が選ばれた。志賀を選ぶにあたって社外取締役の小林喜光・指名委員会委員長（三菱ケミカルホールディングス会長）は、志賀が過去のWHの不正会計や減損処理の回避などにかかわってきたことを承知したうえで、「若干グレーと思われる」と評した。だが、「国策的な事業を担っていくうえでも、余人をもって代えがたかった」と言った。

東芝は災厄に見舞われた一五年度に別れを告げ、一六年度は心機一転が見込めそうだった。一五年九月に子会社の東芝テックから呼び戻され、CFOに就いた平田政善は、彼が着任する前から動いていた計画をひとつ追認している。

WHが米建設会社のCB&Iストーン・アンド・ウエブスター社（S&W）を買収し、一五年末までにWHの子会社化するというM&Aの計画だった。

S&Wは、WHが米国で建設中の合計四基のAP-1000の建設工事で、WHのパートナーとしてコンソーシアムを組む仲間だった。WHはS&Wとともに、米サザン電力のボーグル原発と米スキャナ電力のV・Cサマー原発の建設工事を請け負ってきたが、工事の遅延によってサザン電力とコンソーシアム（WHとS&Wで構成）が互いに訴え合う裁判になっていた。スキャナ電力でも訴訟になりそうだった。相次ぐ係争や訴訟懸念によって工事に集中できない。そこでWHは、S&Wの買収によって「係争を終わらせクレームを解決する」ことを考えたという。

かつてWHに勤務歴のある平田は、こんな申し出を「工事が進むのならば……」と前向きに受け止め、それほど深く精査しなかった。粉飾を改めるため過去の決算を修正するなど、てんやわんやの時期だっただけに、気に留める余裕があまりなかった。「お客さんとうまくネゴできて、納期も延長できる、そういう良い条件をもらえるという話だったので、僕らも買収に賛成して……」*3

後にそれが東芝におそろしい災厄をもたらすことになった。

「日の丸」再編

東芝がウェスチングハウスの「のれん代」を減損して、すかさず動き出したのが経産省だった。

経産省の嶋田隆官房長は二〇一六年春ごろ、ひそかに三菱重工業の宮永俊一社長を訪問している。「御社で東芝からウェスチングハウスを買い取っていただけないでしょうか」。三菱重工はもともとWHからPWRの技術供与を受け、両社の関係は深かった。だが、WH買収合戦で東芝に競り負けた後、三菱重工はフランスのアレバと提携関係を構築し、WHとの仲は疎遠になっていた。

嶋田の単刀直入な申し出に対して、宮永はやんわりと、「嶋田さん、これには手を出さないほうがいいですよ」と忠告した。宮永は三菱重工入社後、シカゴ大に留学経験があり、シカゴ地盤のエンジニアリング会社や建設会社に土地勘があった。彼はWHが一五年暮れにシカゴ・ブリッジ&アイアン（CB&I）からストーン・アンド・ウエブスター（S&W）を買収した経緯に〝怪しさ〟を感じたようだった。

「嶋田さん、あそこは評判が悪いよ。工事でもめているようだ。これは危ないよ。あなたは手を出さない方がいいですよ」

キューピッド役を務めた嶋田を、宮永は諭すようにして退けている。

嶋田は与謝野馨の信任が厚く、彼が入閣するたびに大臣秘書官を務めた経産官僚だった。民主党政権時代の福島第一原発事故後、与謝野が「使える男だ」と仙谷由人に紹介。東京電力を救済する原子力損害賠償支援機構が設立されると、その事務局長として東電の〝お目付け役〟に収まった。やがて東電に取締役として入り込み、JFEホールディングス出身の数土文夫東電会長と二人三脚で、東電守旧派（勝俣恒久派）の放逐など東電改革にかかわった。以来、経産省の電力・原子力政策に深くかかわるようになっていた。

嶋田と面会して数カ月後、宮永のもとに今度は、嶋田の後任の官房長に就任することになる高橋泰三が訪問し、やはり同様に「ウェスチングハウスを買収する気はありませんか」と探りを入れに来た。高橋は、柳瀬唯夫の後任の資源エネルギー庁原子力政策課長を務めたのを皮切りに、エネ庁電力・ガス事業部長、エネ庁次長を歴任し、同省を代表する原子力閥である。

おそらく高橋は嶋田から引き継ぎを受けていたのだろう。宮永を安心させようと自信にあふれた様子で、こう言った。

「御心配には及びません。東芝は大丈夫です」

だが、宮永は嶋田に対応したのと同様、やんわりといなし、高橋にお引き取り願っている。

宮永はこのときのことを振り返って、「私は自分が知っていたことを申し上げただけです。CB&Iのことはよく知っていたし、S&Wもある件があって、よく知っていました」と語る。[*1]

CB&Iは、ベクテルやフルーアなど他の米大手建設会社と比べると、「トラブルが多く、あまり付き合いたくない会社」（東芝元副社長）といわれる。S&Wはインドネシアのスハルト大統領の親族への贈賄事件をおこしたうえ、倒産した企業だった。そうした悪評判を耳にしていたのか、宮永は、東芝傘下のWHによるS&W買収にリスクを感じ取ったようだった。

そんなことはもちろん、嶋田も高橋もまったく知らなかった。


三菱重工の宮永を口説く一方、経産省はひそかに日立製作所、東芝、三菱重工三社の首脳を招き、彼ら経産官僚が「お見合い」と呼ぶ極秘の会談を重ねている。

事務局はエネ庁の総合政策課におかれ、同庁の日下部聡長官、高橋泰三次長（途中から官房長に異動）らが出席した。「お見合い」は一六年中に少なくとも三回ほど都内のホテルで開かれ、経産省は核燃料事業の統合を入り口に三社の原子炉プラント事業も含めた再編を視野に入れていた。このとき日下部はプラントメーカーである三社の統合だけでなく、全国に九社ある電力会社の再編も避けられないという問題意識を持っていた。「お見合い」はまず問題意識の共有化を目的としていた。

志賀が「若干グレー」なのにもかかわらず、東芝の会長に就いたのは、こうした〝日の丸〟再編の模索が水面下で進んでいたからだっただろう。経産省とやりとりができる原子力畑出身者が経営幹部に必要なのだ。「経産省が再編を促してきているのは聞いています。具体的に言うと特にＢＷＲのところですね」と東芝の取締役は打ち明けた。[*2]

これまで東電や東北電力、中部電力などがＢＷＲを採用してきたが、福島第一原発事故によってＢＷＲの新設は絶望的になっていた。再稼働さえも難しく、やっと稼働しようとすると住民団体から運転停止を求める訴訟を起こされる。そもそも新しい安全基準に対応するとコスト高になり、電力会社にとってかつてのように原子力が儲かるビジネスにならなくなっていた。日下部たちは、もはや市場は広がらず、確実に縮小してゆくと見ていた。

日立の中西宏明会長は、同社の社外取締役である望月晴文・元経産事務次官と相談しながら、経産省の原子力閥と「猛烈な情報交換」をしていると打ち明けた。

「日下部さんと高橋さん、それに嶋田官房長もかかわっています」

そのうえで中西はこう言った。

「三社で大同団結する合理性はあると思います。正直言って今の日本の国内の原子力事業は非常に難しい局面にあって、お客様の電力会社も、今のように安全規制が強化されるとコストばかりかかり、儲からないビジネスになっています。お客様が儲からない事業なので、私どもも儲かるわけがない（笑）。これを打開するにはどうしたらいいか。単純に三社が一緒になればうまくいくのか、そんな簡単なもんじゃありません。でも今のフォーメーション、今の政策のままでは、確実に立ち行かなくなると思います。東芝救済と思われないような格好で、何かできないか、と。それを考えてもらっています」[*3]

日立の中西は原発メーカーの再編に前向きだったが、三菱の宮永は「我々は炉型が違いますから」と、逆に冷ややかだった。日ごろ政府と歩調を合わせる社風の三菱でさえ、「ウェスチングハウスが減損されるや否や再編なんて、あまりにも虫が良すぎる」（幹部）と深入りしたがらない。なおかつ、当事者である東芝も傍観者的なスタンスを崩さなかったようだ。

経産省の「お見合い」は一六年夏ごろを最後に中断した。

「お見合い」が暗礁に乗り上げるなか、シンガポール政府が東芝に突然、救いの手をさしのべてきた。同国が最大二千億円の支援をし、新鋭の半導体工場を誘致したいというのだった。東芝はちょうど、次世代の売り物となる多層型ＮＡＮＤフラッシュメモリーの量産工場の新設を検討していた時期だった。

多層型フラッシュメモリーとは、いままで平面だったチップを六十四層にも重ねて容量を拡大するもので、三次元（３Ｄ）構造の半導体チップである。すでに韓国のサムスン電子が先行し、半導体製造装置メーカーの米ラムリサーチに専用の深孔加工装置を大量に発注しているといわれていた。それに比べると東芝は資金不足に経営の迷走も加わって出遅れ感が否めなかった。その窮地を察したシンガポールが、法外な優遇条件を示して同国に誘致しようとしていた。東芝は四日市工場で米メモリーメーカーのサンディスクと合弁でＮＡＮＤ型フラッシュメモリーの生産をしてきたが、サンディスクは一五年十月、米ウエスタンデジタルに買収された。東芝にとって新たなパートナーとなったウエスタンデジタルは、新鋭工場はコストの高い日本ではなく、海外にすればいいという考えだった。提携相手も海外がいいと言っている、日本政府は私どもが海外に出て行っていいのですか——東芝はそんな調子で経産省を揺さぶった。

経産省の安藤久佳商務情報政策局長と三浦章豪情報通信機器課長、田中伸彦デバイス産業戦略室長は、日本が競争力を有するＮＡＮＤ型フラッシュメモリーの新鋭工場が海外に移転することに難色を示した。最新の技術がすぐに流出し、新興国にあっという間にキャッチアップされる懸念があったからだ。

安藤と三浦は「東北復興の支援」をお題目に公費を投入して、岩手県北上市にある東芝の子会社（岩手東芝エレクトロニクス）に工場を新設する構想を携えて、霞が関や永田町に暗躍し始めた。経産省の予算はあまり多くないため、各省を巻き込むことを考えた。官邸に上げ、和泉洋人首相補佐官をトップに対策チームを設けることにし、和泉から彼の出身母体の国土交通省をはじめ各省に「知恵を出せ」と指示を下ろしてもらった。「内閣府の地方創生推進交付金が使われないまま、相当残っていた。これを流用できないかと考えました」と関与した官僚の一人は言う。

地元選出の平野達男元復興相はこう打ち明けた。

「東芝は、最新鋭の半導体を四日市工場だけに集中して生産すると、大地震など自然災害が起きた際のリスクが高まるので、分散したいということだったんです。外国は喉から手が出るほど東芝の工場をほしがっていたので、そうなるとまずい、と。それで政府に頼みに来て、和泉さんや安藤局長が中心になって対応を検討することになりました」[*4]

平野は安藤から「最大で三兆円の投資になる」と聞かされ、地元への工場新設に期待を寄せた。

経産省は二〇一六年十月から十二月にかけて東芝の新鋭半導体工場支援に策をめぐらしていた。

最高学府を出た日本のエリートたちは、このあとに起きる危機をまったく予想していなかった。

「騙された」

経産省が東芝の半導体工場の新設を公費で支援しようと駆けずり回っていた二〇一六年十一月のある日、東芝会長の志賀重範は川崎市のホテルの宴会場で一人、暗い顔をしていた。

その日、ウェスチングハウスの買収十周年記念を祝うパーティーが開かれていた。集まったのは、東芝でWH買収にかかわった者やWHに出向経験のある者ばかりだった。原子力担当の畠澤守執行役常務が「出張先のパリからまっすぐこの会場に駆けつけました」と言って沸かせ、会場のあちこちで久闊《きゅうかつ》を叙《じょ》する杯が重ねられた。東芝の原子力部門を歩んだ同じ釜の飯を食った身内の集まりだったが、志賀は場違いなほど暗く沈んだままだった。

「どうしたんですか」。参加者の一人が声をかけても、志賀はずっと押し黙ったままだった。頰がこけてげっそりして見えた。

「なんでシカゴ・ブリッジ&アイアン（CB&I）からストーン・アンド・ウエブスター（S&W）なんかを買収したんだい？　評判が悪い会社だけれど、大丈夫かい？　だいたいウチが土木工事まで手を出して大丈夫か」

そう尋ねられると、志賀は暗い表情のまま、「お金が足りないんです」「お金を払ってもらえないんです」と言った。

「お客様からお金を払っていただけないんです……」

その様子を見て参加者の一人は「彼の、あんな様子を見たことがない」と背筋が寒くなった。

志賀は東芝の会長である。それが、うつろな表情で「お金が……お金が……」とつぶやく。

「何かとんでもないことが東芝で起きている」。そう参加者は慄然とした。

この会場で志賀は、「あなたが不正会計にかかわったと言われているけれど、本当なのか」と、尋ねられてもいる。

だが、彼は無言のままだった。[*1]

志賀は不正会計にかかわっていた。

志賀は、東芝がWHを買収後、二〇〇六年十二月に同社の上級副社長に就任して以来、一四年までほぼ一貫して同社に駐在し、自身の秘書だった米国人女性と再婚している。いわば東芝側のWHの生き字引的な存在だった。WHは一三年八月、AP-1000の事業で八千六百万ドルほど余分なコストがかかっていることを東芝に報告したが、これは、WHが米国と中国の新設原発で把握した十二億ドルものコスト増の一部に過ぎなかった。以来、志賀は、いかにしてかさむコスト増を減額するかに心血を注ぐようになり、東芝から東電の柏崎刈羽原発の建設にかかわった経費削減の専門家を招いてコスト減にあたらせたり、コスト増を決算に反映させようとするWHの監査法人アーンスト&ヤングに論駁するために、当時東芝の監査を担当していた新日本監査法人を動かしたりしてきた。彼は、ＷＨの新型原発ＡＰ－１０００の受注工事がうまくいっていないことを最も早くから知りうる立場にいた。

ＷＨのダニー・ロデリック社長は、志賀が暗い顔をしていた一カ月後の十二月初め、その前年の二〇一五年暮れにＣＢ＆ＩからＳ＆Ｗを買収したときと比べて、米国における原発建設プロジェクトの残工事費用の見積もりが著しく増加していくのを困惑して受け止めていた。

彼はコスト増の報告を「悲痛な思いで受けました」といい、「この件が明らかになってからは昼夜を問わず、休日返上で状況の把握に努めてきました」と後に打ち明けている。

ロデリックは、プログレスエナジー・フロリダパワー社副社長、ＧＥと日立の合弁会社であるＧＥ日立ニュークリアエナジーの上級副社長を経て一二年にＷＨの社長に招かれていた。

「私がウェスチングハウスに入社したとき、〇八年に大きな事業機会を期待されて締結した米国建設案件の契約が、事業環境の変化で大きなリスクを抱えており、以来、私は契約の問題には細心の注意を払ってきました」

そう語るロデリックがＳ＆Ｗの買収を主導した。Ｓ＆Ｗ買収後の一六年六月、綱川新体制が発足すると、志賀は東芝の会長に就任し、ロデリックはＷＨの会長に就くとともに東芝の電力部門の社内カンパニー、エネルギーシステムソリューション社のトップも兼ねるようになっていた。

ロデリックはWH社長に就いて以来、「売上至上主義で、後になって重いツケを払わなければならない仕事」ではなく、「確実に利益が確保できる仕事」を心がけたというが、このあと、起きたことは彼の心がけとは逆だった。[*2]

WHは二〇〇八年、米国のボーグル原発二基とV・Cサマー原発二基の合計四基のAP-1000を請け負う契約をした際に、原子炉やタービンなどの機器はWHが受け持つ一方、土木・建築工事は東芝とともにWH買収に一役買った米ショー・グループ傘下のS&Wが担うことにし、WHとS&W両社でコンソーシアムを組むことにした。このあとCB&Iがショー・グループを買収したため、S&WはCB&I傘下になった。

東芝で原子力部門を歩んできた元副社長によると、両原発の受注時の見積もりはWHが受け持つ原子炉とタービンなど機器の金額が一基あたり二千億～二千五百億円だった。S&Wが担う土木・建設工事費用は一基あたり二千億円だった。合計で一基あたり四千億～四千五百億円で、それが両原発で合計四基、約一兆八千億円になる。このうち、WHが受注した一基二千億～二千五百億円という機器の金額算定は、「かなり高めに見積もっており、余裕を持たせた金額だった」（同元副社長）という。仮に全体の費用が当初の見積もりよりかさんでも、ひとつのサイト（原発二基）あたり最大で約九百億円まではクライアントの電力会社が面倒を見てくれる契約になっていた（このクライアントが見てくれる予備的な費用を含めて二兆円のプロジェクトだった）。余裕度の高い見積もりに加えて、いざというときの予備費もあり、「決して大きな損が出るようなものではなかった」（同）という。[*3]

しかし、米国内で三十年ぶりとなる原発建設は、WHにとってもS&Wにとっても不慣れで、工事に手間取った。とりわけ二〇一一年の東電・福島第一原発事故以降、米原子力規制委員会（NRC）から追加安全対策や設計変更などを求められて、工事は遅れに遅れていった。ボーグル原発を発注したサザン電力が「これ以上、コストが増えるようなら払わない」と言えば、工事を請け負うS&Wは「だったら工事をやめる」と言い出す。サザン電力とコンソーシアムとの間で追加コスト負担をめぐる訴訟が起きたほか、スキャナ電力とコンソーシアムの間、さらにはコンソーシアム内のWHとS&Wとの間でも費用負担をめぐって訴訟になりそうな雲行きだった。工事が遅れて困るのはWHだった。

志賀とロデリックは、S&Wを買収して傘下に収めることで相互の争いを解消させようと考えた。米国はブッシュ政権時代、原発新設を進めようと、二〇二〇年までに運転開始した原発には、発電した電力に応じて一キロワットアワーあたり一・八セントを減税するなどの支援策を講じていた。それに間に合わせなければ、サザン、スキャナの両電力会社から損害賠償を求められるかもしれなかった。二人は、もめごとを早く終わらせ、工事に集中する態勢作りを急ぎたかった。WHは両電力に納期の延長などを認めてもらう代わりに、工事費が一定の金額を超えて増えた場合は、WHが全額を負担するという「固定価格契約」を改めて更新した。工事費が増えれば青天井でWHが負担しなければならない不利な条件だったが、「仕事が欲しいWHが電力会社に足元を見られて、無理して結ばされた契約だった」（元副社長）という。それをS&W買収後も更新した。

このときにすでにS&Wには工事の遅延によって多額の労務費負担があったと考えられる。WHのS&Wの買収価格は、企業買収では異例のことだが、ゼロ円。つまり、ただだったからである。ただ（0円）の企業買収なんて、普通はありえないM&Aである。

東芝によると、S&Wを買収した一五年十二月の時点で同社の純資産はマイナスだった。東芝が公表した適時開示資料には「マイナス資産の会社を買収することになるために、買収価額が取得純資産の公正価格を上回る見込みであり、当該超過金額をのれんとして計上する」とある。S&Wはマイナス価値、つまり価値がゼロ円以下なのに、WHはそれに価値を見出してゼロ円で買ったため、その差額の八千七百万ドル（約百五億円）を「のれん」に計上した。しかし、この「金額は初期的な見積もりによるものであり、外部監査人の評価を得たものではありません」（同資料）[*4]とあり、東芝とWHは、企業買収につきものである監査法人を雇った厳しい資産査定（デュー・ディリジェンス）を行わないでS&Wを買収したのだった。畠澤守は「CB&Iからもらったs&Wの財務諸表がしっかりしたものだったから買収を判断した。CB&Iを信じた」[*5]と、渡された財務諸表を分析しただけで買収を決断したという。

買収は、サザン電力やスキャナ電力との、「訴訟となっているものも含め、全てのクレームについて相互に免責することに合意」（プレスリリース）するのを急ぐ余り、時間を要するデュー・ディリジェンスを先送りしたと推測される。ＷＨは「のれんの金額およびその資産価値については、買収完了から一年以内に外部の会計監査人と適正な手続きを経て確定」（同）することにした。[*6] そもそも「マイナス」の値打ちしかないＳ＆Ｗを、よく調べもせずに引き受けてから、いったいどんな傷があるのか、後で精査しようというのだった。

二〇一五年十二月に買収後、志賀とロデリックは、後回しにしていたＳ＆Ｗの資産価値の算定作業に入っている。

ＣＢ＆Ｉが子会社のＳ＆ＷをＷＨに売り払った際に、Ｓ＆Ｗには十一億七千万ドルの運転資金（運転資本）を持たせる約束だったが、買収後、ＷＨが精査したところ、資金はなく、逆に九億八千万ドルの欠損が生じていた。差し引きで二十一億ドルもの違いである。ＷＨは一六年四月、「話が違う」と不足額をＣＢ＆Ｉに請求したが、ＣＢ＆Ｉは支払いに応じず、両社の間で訴訟となった。結局、契約に基づいて、第三者の会計士がＳ＆Ｗの「運転資本」の評価をすることになった。

ＷＨは、さらに大手建設会社のフルーア社に米国の原発の工事費見積もりを依頼したところ、フルーアから一六年十月に示された工事費用の概算は、かなり巨額にのぼりそうだった。だが、その算定には時間がかかる、とのことだった。

ＷＨが建設コストを検証する作業をしていた二〇一六年中に、ＷＨのある管理職が、社内のコスト検証会議において、「かなりのコストがかかっている」と指摘したところ、それに対してロデリックが強い〝圧力〟をかけた。ロデリックは、その管理職の示した数字に難色を示し、「コストを修正するように」と減額修正を要求し、数字を歪めようとしたというのだった。この管理職は、その要求を不穏当と受け止め、指示を断ったところ、管理職の任を解かれる報復人事を受けた。同管理職は翌年の一七年一月八日、十九日にＷＨ内で内部告発し、慌てた東芝とＷＨは内部調査を行うことになった。すると同二十八日、ＷＨの別の幹部がその「不適切なプレッシャー」を目撃したとして、その存在を認めた。[*7]

東芝はＷＨの役員や従業員四十人以上と六十万通以上の電子メールを調べ、「損失を不適切な程度にまで低減するため、不適切なプレッシャーとみなされ得る言動が認められた」（佐藤良二取締役監査委員長）と結論づけた。[*8]「チャレンジ」と称して無謀な売上高や利益を目標とした粉飾が横行し、課徴金の制裁を受けたにもかかわらず、東芝では、その反省や教訓が生かされることがなかったのだ。上層部にとって都合の悪い数字は部下に圧力をかけて歪めようとしていた。そして、またしても内部告発である。

東芝の綱川智社長は十二月二十六日、マスコミ向けに記者会見を予定し、東芝の再建が進んでいることをアピールするつもりだった。粉飾決算で揺れ、ＷＨの減損の代わりに虎の子の東芝メディカルシステムズを売却したものの、半導体NAND型フラッシュメモリーの需要が予想のほか強く、東芝はこの年の八月、十一月の二回にわたって業績予想を上方修正し、純損益で千四百五十億円程度の黒字を確保できる見通しと公表していた。膿を出し切り、再建にめどがつきそうだった。綱川の会見は、東芝にとって久しぶりに明るい、前向きの話題をアピールできる場になるはずだった。

その矢先の十二月半ば、綱川は、WHが買収したS&Wに巨額の損失が発生しそうということを初めて聞かされた。金額は数千億円ということだった。

〝前向き〟な記者会見は突如中止になり、暮れも押し迫った十二月二十七日、綱川はCFOの平田政善、さらに原子力部門を所管する畠澤守とともに、巨額損失が発生することを告げる記者会見をしなければならなくなった。志賀が「お金がない」と暗い顔をしてから一カ月以上たち、ロデリックがコスト増を悲痛な面持ちで受け止めてから数週間が経過していた。畠澤はこのとき会見で「物量、作業員の効率、働く人の人数の三点で当初の見込みと大きな違いがあった」と言い、綱川は、原発にはこりごりという感じで、原子力事業は「見直しは必要だと、そういう位置づけです」「見直しを含めて検討したい」と語った。

このとき明らかにした「数千億円」という漠然とした損失額は、二カ月後の二〇一七年二月、七千億円を超えることが明らかになった。労務費が三十七億ドル、設備費や下請けコストなど調達費の増加が十八億ドル、それぞれ増加し、両原発の総コストは六十一億ドルも増えることになった。半導体で稼ぐ見込みだった利益をすべて食いつぶし、二期連続の巨額損失計上（最終損益である純損益では三期連続の赤字）に陥ることになった。

東芝はついに海外の原子力事業から撤退することを表明した。責任者の志賀は東芝の会長を辞任することになった。

ＷＨは二〇一七年三月二十九日、米連邦破産法十一条（チャプター・イレブン）の適用を申請し、総額一兆円の負債を抱えて経営破綻した。東芝は、ＷＨが破綻して米ニューヨーク連邦裁判所の管轄下に入ることによって、ＷＨを連結対象から外すという「非連結化」をすることができた。経産省に背中を押され、三菱重工から奪うようにして大枚をはたいた買収劇だったが、綱川は「振り返ると（買収は）問題のある判断だった。ガバナンス、意思疎通、経営に関する全般的なこと。そういうことを中心に問題があった」と総括した。[*9] 東芝はＷＨへの債権の貸倒引当金と米国の両原発の親会社保証によって総額一兆円もの損失を計上する羽目に陥った。高値づかみした買収の失敗（投資損失）も含めると、累計一兆四千億円もの巨額損失を蒙った。西室泰三がけしかけ、西田厚聰と佐々木則夫が猪突猛進したＷＨの買収は、東芝にとってまったく大失敗であった。

遅れていた工事を進めようと相互のクレームを相殺するために、Ｓ＆Ｗをただで引き取ったところ、ＷＨは破綻し、東芝は債務超過に陥った。平田はそれを自分たちは「騙された」と受け止めた。「状況を見ていると、まるで我々は、米国の原子力産業に食い物にされてしまった」。[*10]

平田が言うように、人の好い東芝は足元を見られ、海千山千の米国の原子力マフィアに嵌められたのだろうか。それとも、平田はそうとは口にはしなかったが、すべてを知る立場の志賀が皆を騙していたのだろうか。

新日本監査法人に代わって東芝の監査を受け持つようになったPwCあらた監査法人は、WHにおける「不適切なプレッシャー」を問題視し、東芝やWHが米国の原発工事に絡んで以前から損失が拡大していたことを知っていながら隠していたのではないか、と疑った。自信を持って精査できるまで監査法人として決算を承認できないと言い出した。

東芝はWHによって生じた巨額損失を埋めて財務体質を改善するために、利益の源泉である半導体フラッシュメモリー事業を売却することを決めた。

統治不能

経産省は、寝耳に水のウェスチングハウスの巨額損失発生を知るや、東芝のフラッシュメモリー事業の救済が至上命題となった。

綱川が二〇一六年暮れに数千億円規模の損失が発生することを明らかにした翌一七年正月早々、ソフトバンクの社長室に勤務歴のある元スタッフは、経産省所管の団体に出向中の顔なじみの同省官僚からこんな電話を受け取った。「孫さんは、東芝のNAND型フラッシュメモリーに関心ないですかね」。しきりに孫の〝買収〟意向を探りたがっていた。

孫正義率いるソフトバンクグループは前年の九月、英半導体設計大手のＡＲＭホールディングスを破格の三兆三千億円で買収したばかりだった。経産官僚はその連想から東芝のフラッシュメモリー事業にも関心を示してくれるのではないかと考え、打診してきたようだった。「孫さんは、工場とか従業員とか、重いものがついてくるものには関心がないと思いますよ」。社長室の元スタッフは、そう返答した。

一週間後に再度、二人は電話で話している。「東芝が危ないんです。なんとか三月末を乗り切りたいので、孫さんが買収の意向を示したというアナウンス効果だけでも得られないでしょうか」と経産官僚。口約束でもいいから、バックに資金力のあるソフトバンクがついていることを見せつけて、東芝の信用不安を和らげたい。そんな狙いらしかった。[*1]

経産省はこのとき一気に危機モードになっていた。前年暮れまでは岩手県北上市に東芝の半導体工場の新設支援に意を割いていたが、一転して棚上げし、東芝を資金面で支えてくれそうな企業の物色に走っている。原発に反対する成り上がり者の孫は、省内では必ずしも好感をもたれていないが、そんなソフトバンクに打診してみるほど切羽詰まっていた。「このままでは東芝がやばい。ＮＡＮＤ型フラッシュメモリーの技術が中国に流出してはまずい。とにかくこれを国内で守らないといけない」。この問題にかかわる経産省の課長はそう言っていた。中国への技術流出の防止――。これが経産省の最も重要視した政策スタンスだった。

企業としての東芝の永続はどうでもよかった。日本の電機業界にとって数少ない国際競争力の残されたＮＡＮＤさえ、延命できればよかったのである。

東芝にカネを貸しこんでいるメガバンクも思いの外、東芝に優しかった。メーンバンクは旧三井の流れをくむ三井住友銀行だが、むしろ前面に出て仕切ったのは、旧日本興業銀行の後身の、みずほ銀行だった。みずほにとって東芝は「佐藤案件」。つまり、みずほフィナンシャルグループの佐藤康博社長が常務時代に東芝への融資を増やし、Ｍ＆Ａなど提案営業でも成果をあげたことから、行内では「リレーションシップマネジメントの成功例」と広く喧伝された取引先だった。東芝は二〇〇四年七月、総額千三百五十億円のユーロ円建て転換社債を発行したが、この幹事団に野村證券とともに、みずほ証券を優遇して起用。さらにウェスチングハウス買収では、三井住友銀行が「高すぎる買い物だ」と難色を示した半面、みずほは「もし三井住友が渋るようなら当行一行で引き受けてもいい」と救いの手を差し伸べた。以来、東芝は三井住友とみずほを並行メーンとするようになった。だから佐藤は東芝が経営危機に陥ると、むしろ東芝救済に前のめりに身を乗り出した。東芝に恩義を感じていた佐藤は会社更生法の適用の申請のような荒療治をするつもりはなかった。

かくして経産省とメガバンクによって東芝救済のセーフティーネットがつくられていった。

綱川は一七年一月二十七日、ＷＨの損失が七千億円規模になる見通しを公表した際に、半導体フラッシュメモリー事業を分社化して、新会社（四月一日に「東芝メモリ」として設立）の持ち分のうち二〇％程度を外部に売却する考えを明らかにした。東芝の利益の源泉であるフラッシュメモリー事業を、分社化してもなるべく手元においておきたかった。外部に売却するのは二〇％弱にとどめ、その二〇％の持ち分売却によって二千億円程度をひねり出したい考えだった。

競争力のある最先端事業だけに、前年に東芝メディカルシステムズを買収したキヤノンを始め、英投資ファンドのペルミラ、米買収ファンドのベインキャピタルなど十社前後が関心を寄せた。だが、いかんせん二千億円をはたいても二〇％弱の持ち分しか得られないのでは、買い手としては魅力に乏しかった。「ファンドからすると、一九・九％ではうまみがない。たとえば追加で三五％まで買い増せるオプションがついていないと意欲がわかない」（ゴールドマン・サックス）、「事業会社としては二〇％弱の保有では経営に影響を与えることができず、魅力がない」（モルガン・スタンレー）……。マイノリティー出資では東芝に資金をみつぐだけの格好になってしまう。人気は低調で、東芝が意図するような金額を手にすることは難しそうだった。

結局、東芝は二月十四日、ＷＨの損失が七千百二十五億円になり、ＷＨの親会社の東芝も債務超過になると発表した記者会見で、分社化する東芝メモリの株式の過半数を売却すると発表した。韓国のサムスン電子の後塵を拝しているとはいえ、まだライバルは少なく、東芝メモリにはこの分野で競争優位性がある。東芝が持ち分の五〇％超、最大で一〇〇％売る〝身売り〟とあって、東芝メモリの争奪戦は一気に熱を帯びることになった。

韓国の半導体ＤＲＡＭメーカーのＳＫハイニックスは、ＤＲＡＭとフラッシュメモリーをセットにして売り出すうえで、フラッシュメモリーメーカーを手中に収めたがった。ＳＫハイニックスはモルガン・スタンレーをフィナンシャル・アドバイザーに起用して東芝メモリ買収戦に名乗りをあげた。ブロードバンド通信用の半導体を得意とするファブレス企業の米ブロードコムは、積極的にＭ＆Ａを展開して業容を拡大しており、やはり東芝のフラッシュメモリー事業に関心を示した。そして前年の三月、シャープを傘下に収めた台湾の鴻海精密工業も東芝メモリの買収に名乗りをあげた。鴻海は自社単独ではなく、ソフトバンクやアップルからも出資を募ると称していた。

ハードディスクメーカーのウエスタンデジタルも手を挙げた。ウエスタンデジタルは、東芝と共同出資して四日市工場でフラッシュメモリーを製造しているサンディスクを二〇一五年、買収したばかりだった。これまで誼《よしみ》を通じてきた仲だけに、東芝とのパートナー関係を維持できると考えた。

さらにベインキャピタル、ＫＫＲ、シルバーレイクといった買収ファンドも食指を動かした。

一方、東芝は独占禁止法に抵触することを懸念して、半導体部門の海外通の社員を米国に遣わして、同業の半導体メーカーではなく、アップルやマイクロソフトなど半導体製品を使う納入先企業にも入札参加を打診した。米キングストン・テクノロジーや台湾のTSMCなども東芝メモリへの出資に関心を示した。

売り出すのが二〇％弱のときと打って変わって、買い手が続々現れるものの、いかんせん二兆円を超えるという売却額を用立てることのできる買い手はさすがに少なかった。乱戦を制するかに見えたのは、立志伝中の経営者である郭台銘（テリー・ゴウ）率いる鴻海だった。鴻海は、三月下旬に行われた一次入札で入札参加者のなかでは最高値の二兆八千億円の買収価格を提示した。二番手のブロードコムが二兆円強を示し、あとは一兆円台だった。金額だけで見れば鴻海の圧勝は揺るがなかった。

そんな鴻海の動きに対して強い警戒感を持ったのは経産省だった。

経産省はその前年の二〇一六年春、シャープ争奪戦で鴻海に手痛い敗北を喫していた。経産省が自身の影響下にある官製ファンドの産業革新機構を通じてシャープを買収し、手中に収めたシャープを核にして電機業界の再編を試みようとしていたのに、それがトンビに油揚げをさらわれるように、目前で鴻海に横取りされたのだった。誇り高き経産官僚は以来、彼らの統制に従わない鴻海への敵愾心とその経営者、郭台銘への嫌悪感を抱いた。

もともとシャープに対して産業革新機構の活用を思い立ったのは、荒井勝喜情報通信機器課長たちだった。荒井は一二年のシャープの第一次経営危機の際に革新機構を活用した救済策を立案し、財務省の後押しも得たが、石黒憲彦経済産業政策局長や西山圭太審議官らが失敗企業の救済に革新機構が使われることを嫌がって実現しなかった。

西山は〇八年、イノベーション創造機構という官製ベンチャーキャピタル創設の腹案をもっていたところ、リーマンショックが直撃。当時の望月晴文経産事務次官らがそれを大幅に拡大して、すなわち巨額資金を有し、経産省が振り向けたい投資先に機動的に資金を充当できる同省のポケットに改変したのが、革新機構だった。西山はこの革新機構を設立した生みの親であり、その投資先選定に強い影響力を有していた。

経産省は、西山が中心になって日立製作所、東芝、ソニーの液晶部門を統合して中小型液晶メーカーの国策会社ジャパンディスプレイを革新機構の出資のもと設立したばかりで、合流を呼びかけてもシャープがこの国策再編に同調せずに独立を保ったことから、シャープは国策会社ジャパンディスプレイのライバル会社となった。そんなシャープ救済に積極的になれるはずもなかった。「革新機構はライバル会社にカネを出すなんてありえない、という態度でした」と荒井。シャープが頭を下げてきても石黒は面会を断り、革新機構も門前払いだった。

しかし一五年にシャープが第二次経営危機に陥ると、経産省はシャープ救済に一転して前向きになった。石黒が退官し、後任に特定産業や特定企業の保護育成を重視するターゲティング・ポリシー派の柳瀬唯夫が就任。西山も東京電力取締役に転出し、省内に反対勢力がなくなったことが作用した。菅原郁郎事務次官、柳瀬、安藤久佳商務情報政策局長、それに荒井、彼の後任の三浦章豪情報通信機器課長らがかかわり、シャープを産業革新機構で救済する案が固められていった。シャープは革新機構の傘下に入り、事実上解体され、液晶事業はジャパンディスプレイに吸収され、白物家電事業は東芝と統合する道筋が描かれた。

それを土俵際で寄り切ったのが鴻海だった。鴻海が革新機構よりも高値を示したことで、シャープのメーンバンクのみずほが鴻海に軍配を上げ、形勢は一気に逆転した。このとき鴻海の郭をみずほの佐藤康博社長に紹介したのは、両人と親しいソフトバンクグループの孫正義だった。孫の橋渡しで意気投合した佐藤は、鴻海に魅了され、経産省を袖にした。革新機構によってバラバラに切り刻まれる案に対して、鴻海はシャープの一体再生を掲げていたため、「解体しない」こともシャープ経営陣に受け入れられやすかった。

ショックだったのは、土壇場で掠め取られた経産省のお歴々だった。シャープの高橋興三社長を含め幹部連中があれだけ平身低頭して経産省に頭を下げてきたから、同省所管の革新機構を動かしたのに、ハシゴを外されてしまった。事務次官の菅原は、同省所管のクールジャパン推進機構の案件から「みずほを締め出せ」と激高し、あわてて安藤がとりなして怒りを鎮めてもらう一幕もあった。

荒井は鴻海に敗れた後、「ジャパンディスプレイとシャープの液晶部門が一緒になっていたら本当に強い会社になっていたのですがね……」と残念がったうえで、こう語った。

「テリーは『シャープの再建はできる』と自信をもっていました。『なぜですか』とたずねると、『俺が決めるからだ』と(笑)。確かに米国、中国、台湾、日本を飛び回っているテリーの方が、シャープの高橋さんより十倍もグローバルな経営者です。しかし、だからといって、彼の良い噂はきかないですよ。今日言ったことが明日には変わる人。どこまで信用していいのやら……」

鴻海はかつて日立の液晶部門を買収しようとしたものの、ディール成立直前に郭が翻意し、不成立に終わったことがあった。だから「日立の人はみんなテリーを信用していませんよ」と荒井。彼は、鴻海がソニーの二次電池部門を買収しようとした際に、ソニーに対して「ご再考を」と強い行政指導をしたこともあった。

もっとも、そんな荒井も、来日すると必ず吉野家の牛丼並盛りを二人前平らげ、台湾に行けば彼の好物という夫人手料理のジャージャー麺を振る舞って歓待してくれる郭に、日本のサラリーマン経営者にない豪快な魅力を感じていた。「変わるのが早い点が彼のいいところなのでしょうね」とも言っていた。[*2]

シャープの一件があっただけに、経産省の〝鴻海敵視〟政策は、はっきりしていた。同省の担当課長の一人は「鴻海に東芝メモリを取られると技術はすべて中国に流出してしまいます。すでに鴻海傘下に入ったシャープから中国に技術流出しています。日本の競争戦略上、鴻海を始め、中国メーカーの手にNAND型フラッシュメモリーの技術を渡すわけにはいきません」

と大真面目に言っていた。[*3] 経産省は、鴻海がシャープを簒奪した際に、郭台銘との間で技術流出をさせないことや大掛かりな人員削減をしないことなど三項目を約束していたとされ、それが舌の根も乾かぬうちに反故にされたことに怒り心頭に発していた。

入札額では鴻海が圧倒的に優位な状況にあるというのに、経産省傘下の革新機構は四月十八日、東芝メモリの出資に意欲を持っていることを対外的に明らかにした。それから間もない四月中、米買収ファンドのKKRジャパンの平野博文社長は経産省の吉本豊商務情報政策統括調整官と三浦課長から「ウエスタンデジタルと組めませんか」と打診された。「革新機構と日本政策投資銀行も入れます」と二人。このころ経産省は、鴻海が示した二兆八千億円に対抗しようと、〝有志〟を募って連合体を形成しようと模索していた。そこで資金力のないウエスタンデジタルを支えようとKKRに白羽の矢が立ったのだった。このころ経産省は日本メーカーと競合する東アジアのメーカーを加える気はなかった。「中国、韓国、台湾メーカーに持たせるわけにはいきませんから」。吉本はそう平野に告げている。[*4]

意中の組み手は、東芝の四日市工場に出資しているウエスタンデジタルだった。東芝の綱川智社長も平野に「ウエスタンデジタルと組んでくれ」「スティーブ・ミリガンCEOに会ってくれ」と要望を伝えていた。ウエスタンデジタル、KKRに革新機構、政投銀という〝有志連合〟が有力な選択肢として浮かび上がった。

資金力に劣るウエスタンデジタルからすれば、KKRや革新機構がカネを出してくれるとあれば、渡りに船の案のはずだったが、当事者間の意思疎通は何故かちぐはぐだった。東芝メモリは自分たちの分社化構想を「プロジェクト・パンゲア」と呼んでいた。パンゲアとは太古に存在した大陸の名称で、マイルス・デイビスの傑作ライブアルバムのタイトルでもある。彼らは分社化を新たな理想郷の創出という願いを込めて、そう自称していた。

それなのにウエスタンデジタルは尊大な態度で接してきて、彼らの理想郷創造の願望に水を差しているように映った。東芝側は「鴻海やブロードコムが二兆円台の金額を示しているのにウエスタンデジタルは一兆円台しか示せない」と資金力のなさを見下した。もともとの提携相手のサンディスクは東芝よりずっと規模が小さい会社だったため、東芝側は自分たちよりも〝格下〟と見ていた。そのサンディスクを買収したウエスタンデジタルは、サンディスクと東芝との提携契約には「両社の合意がないまま、第三者に売却することを禁じる」という条項があることを示し、ウエスタンデジタルはそれを盾にとって「我々には売却拒否権がある」と言い立てた。売却するのならば東芝に対して独占交渉権を寄越すよう要求するようにもなった。ウエスタンデジタルは「東芝から『分社化しない』『外部資本を導入しない』と言われてきたのに、東芝は分社化も売却もしようとしている。我々は軽んじられている」と受け止めたのだ。一方、小兵と思っていた相手が突然、高飛車な態度を示したことに東芝側は態度を硬化させ、ウエスタンデジタルに全面反論する書簡を送付した。

経産省と東芝の幹部が五月の連休ごろ、訪米してウエスタンデジタルのミリガンＣＥＯに面会を求めたが、ミリガンは面会を拒否するという大人げない態度を取った。CFOと最高戦略責任者を兼ねる弁護士出身のマーク・ロングは、エリート意識の強い経産官僚の前で「経産省がやることは、ジャパンディスプレイといい、ルネサスといい、失敗ばかりだ」と話し、進んで不興を買う愚を犯した。この後、ウエスタンデジタルは国際仲裁裁判所や米カリフォルニア州上級裁判所に東芝メモリの売却の差し止めを求めて提訴。それに対して東芝は、ウエスタンデジタルの社員が四日市工場の情報システムにアクセスできないよう遮断した。両社の対立は泥仕合の様相を呈し、互いに感情的に反発し合った。

経産省が主導した東芝メモリの〝買い手づくり〟は迷走に次ぐ迷走を重ねた。ウエスタンデジタルのちぐはぐぶりが東芝に嫌悪されると、米ブロードコムと米投資ファンドのシルバーレイクの連合体が一時、優勢になった。シルバーレイクには経産省で長年、電機業界を担当してきた福田秀敬が退官後の〇八年以降、スペシャル・アドバイザーに就いていた。経産省は、東芝側に「ブロードコムで決めてはどうか」と推奨していたが、ウエスタンデジタルが六月十四日、東芝メモリの売却の差し止めを求める訴えを米カリフォルニア州の上級裁判所に起こし、さらにブロードコムなど入札参加者にも買収の差し止めを求める訴訟を起こす用意があると脅すと、当のブロードコムは係争に嫌気がさして腰が退け、買収合戦から撤退した。

経産省は結局、ブロードコム＆シルバーレイク連合の擁立を断念し、ウエスタンデジタルと

ＫＫＲの代わりに、韓国のＳＫハイニックスと米買収ファンドのベインキャピタルを引き入れて、革新機構と政投銀と組ませる「日米韓連合」で東芝メモリを買わせようとした。あれだけ「中国、韓国、台湾メーカーには持たせたくない」と言い、菅義偉官房長官に「一般論」として「外国為替管理法上の事前審査の対象になる」と言わしめた経産省なのに、鴻海排除を優先するあまり韓国のＳＫを引き入れることにしたのである。ＳＫの代理人となっていたモルガン・スタンレーが、高飛車な態度をとるウエスタンデジタルが嫌われたことを突いて経産省や東芝に売り込みを図り、ＳＫを滑り込ませることに成功した。経産省はこの連合体にさらにウエスタンデジタルとＫＫＲまでも加えようと企てたが、「競合相手のＳＫとは組めない」（ウエスタンデジタル）、「うまくいくとは思えない」（ＫＫＲ）と成立しなかった。

安倍政権を取り巻く嫌韓ムードを意識し、日本を脅かす韓国メーカーに身売りするという政策上の不手際をごまかすため、ＳＫは東芝メモリに融資はするが、出資はしない（議決権はもたない）という話だった。韓国企業は日本の最先端企業の窮地にお金は用立ててくれるが、支配する気はない、と説明された。しかし、ベイン作成の買収ストラクチャー図によると、確かにＳＫは当初は出資せずに融資だけだったが、いずれ将来は、ベインから東芝メモリの議決権株式を買い取ることになっていた。そんなベインが書いた買収ストラクチャー図が関係者の間に広く出回ると、ＳＫは信用を失った。「騙して東芝を奪う」と疑われたのである。

経産省の〝鴻海憎し〟から始まった策謀に、鴻海の郭台銘は堪忍袋の尾が切れた。彼は鴻海の株主総会後の記者会見の席上、鴻海がシャープを買収しようとしていた一六年一月二十四日、安藤局長が郭を招き、「シャープを買わない方がいいです。もし買いたいのならば産業革新機構を対抗馬にして資金を出させます」と脅されたことを暴露するとともに、経産省がシャープの技術を中国に流出させたと疑っている点は「そんなことをして何かメリットがありますか」と反論した。郭はこうまくしたてた。「経産省は鴻海を敵とみなしていますが、それは間違いです。最大の敵はサムスンでしょう。私たちは東芝を支援することができます。鴻海と互いに垂直統合し、ウィン・ウィンの関係になれます[*5]」

アンチ鴻海から始まった経産省の陣営作りは二転三転し、七月に入ると、韓国のSKを排して再びKKRとウエスタンデジタルにお鉢が回ってきた。革新機構と政投銀と組ませて東芝メモリのスポンサーになるという五月の連休当時の案に戻ったのである。経産省は七月の人事異動で担当局長が安藤から英語に堪能な寺澤達也に、担当課長も三浦から成田達治に交代し、顔ぶれが一新。寺澤は提携相手であるウエスタンデジタルを無視しては東芝メモリの売却はできないと考えた。革新機構も同様に「SKハイニックスでは無理。ウエスタンデジタルと組むよう東芝に考え直すように言ってほしい」と経産省に注文をつけた。寺澤は着任後の七月上旬、表敬訪問に来たウエスタンデジタルのミリガンCEOと打ち解け、ひそかに何度も会談を重ねた。膠着状態に陥っていた局面打開に自ら率先して動き、東芝の綱川智社長や社外取締役に相次いで個別に面談し、「ウエスタンデジタルで決めたらどうか」と再考を促していった。[*6]

貴重な時間を数カ月も空費していた。この間、東芝の綱川智社長は自分の会社のことなのにリーダーシップをとった形跡は見られなかった。本来は経産省の指図を受けずに自らが主体的に決めればいいことなのに、綱川にはそれができないでいた。分社化して独立した東芝メモリは、社長に就任した成毛康雄が発言権を強め、成毛はウエスタンデジタルを忌避した。成毛とその配下の東芝メモリの幹部たちはむしろ、独立王国を盤石にするために外部の資本を入れずに、上場（ＩＰＯ）を目指そうとした。俎板の鯉なのに、その鯉が包丁を握って料理人に指図しようとしたのである。

なかなか東芝メモリの売却先が決まらなかったため、次善の策として経産省と金融庁の指揮下にある官製ファンドの地域経済活性化支援機構が優先株を買う形で東芝本体に出資し、メガバンクが債権放棄などの金融支援をするという案が浮かんだ。東芝や東芝メモリにとっては僥倖といえる案だったが、債権放棄など損失を蒙るメガバンクは当然、そんな案には乗れない。

東芝で「将来の社長候補」と目されてきた豊原正恭執行役上席常務が中国総代表から経営企画部担当に帰任すると、経営企画部門は入札で最高値を示した鴻海を再考するようになった。前年の東芝メディカルシステムズの売却に味をしめたのか、鴻海やＳＫ、ウエスタンデジタルを互いに競い合わせて値段を吊り上げ、東芝にとって都合のいい条件を引き出そうとした。各部門がそれぞれ独自の動きを見せるなか、社長の綱川はどうすることもできないでいた。

綱川は八月十日の記者会見で、「ウエスタンデジタルと和解することと鴻海さんのチームなどを考えている」と言及した。このあと経産省にせっつかれてウエスタンデジタル、KKR、革新機構などの連合体と契約するつもりだった。KKRの平野と会食して「お願いします」といったんは握手した。しかし、成毛以下、東芝メモリがウエスタンデジタルを嫌がって反発すると腰砕けになった。その間隙を突いてSKとベインがアップルを抱き込んで再提案すると、成毛は「なかなかいい案」と言う。綱川は経産省に寺澤局長を訪ね、ウエスタンデジタルでは社内がまとまらないと伝えようとすると、今度は寺澤の逆鱗に触れた。「早くウエスタンデジタルに決めないならば、北上市に新設する半導体の新鋭工場に補助をつけないぞ」。結局、東芝はタイムリミットとされた八月三十一日に決めることができず、決着は順延された。

東芝は、歴代のトップが粉飾決算に手を染めたがゆえに経営危機に陥り、ウェスチングハウスの買収が大失敗だったせいで債務超過に陥ったのだが、東芝の経営陣には、自らがまいた種という自覚があまりにも乏しかった。成毛やその部下たちは東芝メモリという満州国を建国する好機到来と勘違いしていた。豊原や経営企画部門のM&A担当は、買収希望者を延々と競い合わせて好条件を引き出させることに恍惚としていた。

綱川は統治能力を失っていた。相次いだ暴君が排された後の東芝の社内は、まるで終戦直後の日本がそうだったように、中央の権威が失われた。綱川は威厳を失った足利将軍のようだった。割拠する各部門に、もはやその威令は行きわたらなくなっていた。綱川は周囲に「杖をついて暗闇の中を歩いているようだ」と弱音を漏らすことさえあった。

東芝はついにトップに人を得なかった。二十万人の社員にとって悲劇であった。

エピローグ

どんな名門企業といえども、トップ人事を過てば、取り返しのつかないほどの打撃をその企業に与える。一国は一人を以て興り、一人を以て滅ぶ。東芝で起きたことは、それだった。どこの会社でも起こりうることである。三鬼陽之助がかつて書いた『東芝の悲劇』がまた繰り広げられた。

二〇一五年に粉飾決算が表面化して以来、長年先送りしてきた米ウェスチングハウス（WH）の減損、そしてWHの経営破綻、資産切り売りという東芝の凋落は、すべて経営者の失敗に起因するものであり、その意味では「経営不祥事」だった。

穏やかな紳士による経営が長く続いてきた東芝はバブル経済崩壊後、次第に業績が伸び悩むようになり、思い切った刷新を託されて傍流から経営トップが起用された。主流の重電畑でも、昭和四〇年代まで成長の牽引役だった家電畑でもない、海外営業畑出身の西室泰三が社長に抜擢されたのは、だからであった。

彼は腰が低く人当たりは良かったが、コンプレックスに由来する上昇志向が強く、名誉欲は人一倍強かった。おとなしい岡村正は西室が院政を敷くには都合が良く、やがて西室は自身と同様、傍流の海外営業畑出身の西田厚聰を後継者に引き上げた。西田は西室に輪をかけて名誉欲が強く、マスコミ受けするスタンドプレーを好んだ。粉飾決算の温床となったバイセル取引という仕組みを採り入れ、自身の成績向上のために秘かに活用していたのは彼だった。

その西田は、東芝社内でも余人が近づけないほど聖域化していた原子力部門から佐々木則夫を抜擢した。佐々木は西田が秘密にしていた粉飾の手口を破壊的なまでに活用し、暴力的な恐怖政治によって東芝を混乱に陥れた。原発に命をかけてきた彼は、福島第一原発事故後の世界の潮流の変化を無視し、無謀にも原発一筋に邁進し、傷口を広げていった。

そんな佐々木が財界公職で名をなすのに嫉妬した西田は、恥も外聞もなく身内の喧嘩を世間にさらけ出した。社内の混乱を収拾するために起用された田中久雄は、これまた傍流の資材調達部門出身で、ただ西田に唯々諾々とする傀儡に過ぎず、しかも粉飾の手口を発案した張本人であった。やがて社員の内部告発によって積み重なった旧悪が明るみに出ると、暴君たちは去らねばならなくなったが、後の室町正志、綱川智は所詮、その器に非ず、であった。志賀重範はWH破綻に至る最大の責任者だったが、自身の口から真相を詳らかにすることなく、彼は真っ先に遁走した。

歴史に「if」はないというが、もし西室が社長にならなければ東芝の歩みはずいぶん違ったものになっただろう。せめて西室が西田を抜擢しなければ、ここまでの惨状に陥ることはなかったに違いない。東芝の元広報室長は「模倣の西室、無能の岡村、野望の西田、無謀の佐々木」と評したが、この四代によって、その美風が損なわれ、成長の芽が摘み取られ、潤沢な資産を失い、零落した。

東芝で起きたことは、まさに人災だった。

教訓として言えることは、傍流からの抜擢人事は、こと日本の大企業においては成功しない、ということである。なぜならば傍流からの抜擢は、多くの場合、実力者自身の院政とセットとなることが多いからである。日立製作所の古川一夫、ソニーの中鉢良治と平井一夫、日本航空の西松遙、東京電力の清水正孝、失敗企業の失敗経営者はみな、院政を敷きたがった実力者によって引き上げられた〝くぐつ〟であった。傍流の男は、会社の中枢や全体のことがわからない。実力者の腰巾着に過ぎない凡庸・愚鈍の人であり、そもそも将の器ではないのだ。


東芝の悲劇は同時に、この国の専門家たち（プロフェッショナル）の偽善性や欺瞞ぶりもさらけ出した。雇われた会計士や弁護士には社会正義や真実の追究という観点が乏しかった。新日本監査法人は東芝の粉飾決算を是正する善導ができず、デロイトトーマツグループはむしろ東芝の言い訳を弁護し、その隠蔽に力を貸した。彼ら会計士は、「独立した立場において、財務書類その他の財務に関する情報の信頼性を確保する」という公認会計士法第一条に定められた使命を忘却していた。

森・濱田松本や西村あさひ、ＴＭＩ、丸の内総合法律事務所といった企業法務で有名な弁護士たちも同罪だった。東芝メディカルシステムズ売却の脱法的なスキームに元東京高裁長官の吉戒修一までが手を貸していた。やはり弁護士法第一条の「社会正義を実現することを使命とする」は建前に過ぎず、彼らはカネを払ってくれるクライアントのためならば何でもした。彼らプロフェッショナルが少しでも良心をもち、社会正義の実現に関心を示していたならば、東芝の一連の問題の展開は、もう少し違ったものになっていたかもしれなかった。

東芝の粉飾を膺懲《ようちょう》すべき検察庁は、勇み立つ証券取引等監視委員会を抑え込むばかりで、真相究明には及び腰だった。新参者のライブドアだったら簡単に始末したのに、相手が、政官界に影響力のある財界主流の東芝となると、怖じ気付いた。公正取引委員会は東芝メディカルの売却手法が明らかに脱法スキームと承知しながらも、検察への刑事告発を見送り、「注意」や「指導」という簡単な処分で大目に見た。

経済産業省は原子力の再編や半導体部門の売却など〝出しゃばり〟過ぎと言えるほど、よく東芝の世話を焼いた。かつて国土交通省は、日本航空を破綻処理させたうえで再生に導いたが、経産省の東芝への態度はそれよりも遥かに穏やかなものだった。みずほを筆頭に債権者のメガバンクは、かつて三洋電機やシャープに見せた態度とは段違いに東芝に優しかった。

財界の名門企業の東芝は、安倍政権を支える経産省のエリート官僚と深い誼を通じてきた。彼らは原子力政策の失敗の責任をとらされることなく順調に出世し、優雅な天下り生活が保証されている。彼らとの深い交情に加え、福島第一原発の廃炉作業という他の者が担えない公共性の高い業務を請け負っていることは、東芝にとって身の安全を保証する「護符」だった。かくして独立不羈の精神が社内に育まれることがなかった。温和で従順な社員は自立の気概に欠けていた。それも東芝の悲劇だった。

二〇一七年八月末、ブライアン・イーノとチェルヴェロの「メロス」を聴きながら。

著者

注と情報源

第一章　余命五年の男

●凱旋将軍

*1　ここまでの東寿会の模様の記述は出席したOB（元部長）への匿名を条件とした2016年4月20日のインタビューと2017年3月17日の電話取材、及び彼が当時備忘録としてつけていたメモによる。
*2　「FRIDAY」、2016年4月8日・15日合併号、「日本郵政西室泰三社長『体調悪化』で強いられた緊急退任!」。
*3　東芝元副社長への匿名を条件にしたインタビュー。2017年2月28日。

●黒紋付の家

*1　西室家については西室陽一へのインタビュー（2017年3月26日）と黒板行二への電話取材（同4月5日）。
*2　河合薫『私が絶望しない理由』（プレジデント社）、p230。

●武蔵の寮生活

*1　西室陽一へのインタビュー。2017年3月26日。
*2　坂井栄八郎東大名誉教授への電話取材。2017年3月16日。
*3　「エコノミスト」、2014年12月30日・2015年1月6日号、「名門高校の校風と人脈　武蔵高校〈上〉」。
*4　黒板行二への電話取材。2017年4月5日。

●全塾委員長

*1　中谷矩章中谷内科クリニック院長へのインタビュー。2017年3月24日。
*2　『私が絶望しない理由』、p231。
*3　同、p232。
*4　加藤慶二筑波大名誉教授への電話取材。2017年3月16日。
*5　黒板行二への電話取材。2017年4月5日。
*6　『私が絶望しない理由』、p232。

●合併会社のお家騒動

*1　石坂泰三と岩下文雄の確執は、三鬼陽之助『東芝の悲劇』（光文社）、p35～38。
*2　土光敏夫『私の履歴書』（日本図書センター）、p117。
*3　『東芝の悲劇』、p13。
*4　日本経済新聞、1965年4月20日夕刊。
*5　朝日新聞、1965年4月21日。
*6　坂井栄八郎への電話取材。2017年3月16日。
*7　「週刊朝日」、1958年8月17日号、大宅壮一「日本の企業57」。

●死に至る病

*1　「フォーブス」、2003年4月号、「初めての海外赴任」。
*2　髙雄宏政『リーダーの決断』（世界文化社）、p99。

＊3　『私が絶望しない理由』、p227。
＊4　同、p233。
＊5　『リーダーの決断』、p100。
＊6　黒板行二への電話取材。2017年4月5日。
＊7　『リーダーの決断』、p101。
＊8　中谷矩章へのインタビュー。2017年3月24日。

●国際派ベンチャー

＊1　「財界」、1996年9月10日号、「主幹インタビュー」。
＊2　『私が絶望しない理由』、p239〜240。
＊3　ここまでの部下とは、いずれも西室泰三の二人の部下へのインタビュー。2017年3月23日、29日。

●ココムの悲劇

＊1　「文藝春秋」、1987年8月号、熊谷独「東芝機械事件・主役の告白」。
＊2　春名幹男『スクリュー音が消えた』（新潮社）、p105。
＊3　「文藝春秋」、1987年11月号、石坂信雄「東芝・死に物狂いの六カ月」。
＊4　朝日新聞、1988年4月19日など。
＊5　「文藝春秋」、1987年11月号、「東芝・死に物狂いの六カ月」
＊6　東芝元副社長へのインタビュー。2016年2月25日。

●ミスターDVD

＊1　当時の事情を知る元副社長へのインタビュー。2017年3月22日。
＊2　西室泰三と西田厚聰の関係については西室の元部下へのインタビュー（2016年2月19日）、溝口哲也元常務へのインタビュー（2016年2月20日）。
＊3　西室泰三の元部下へのインタビュー。2017年5月19日。
＊4　東芝の二人の元役員へのインタビュー。2016年2月16日、20日。
＊5　長谷亙二へのインタビュー。2017年3月29日。
＊6　長谷亙二へのインタビュー。2017年4月17日。
＊7　山田尚志へのインタビュー。1997年9月3日。
＊8　「財界」、1996年6月25日号、「財界レポート／東芝新社長・西室泰三はDVD交渉でソニー・出井社長の好ライバル」。
＊9　佐藤文夫へのインタビュー。2016年2月19日。
＊10　元専務へのインタビュー。2017年3月22日。
＊11　長谷亙二へのインタビュー。2017年4月17日。
＊12　山田尚志へのインタビュー。2002年3月19日。

第二章　改革の真実

●カンパニー制度

＊1　東芝の元広報担当幹部へのインタビュー。2017年3月23日。
＊2　西室泰三へのインタビュー。1998年9月22日。
＊3　宮本俊樹へのインタビュー。1998年1月24日。
＊4　山本哲也へのインタビュー。1998年5月28日、2016年2月17日。

*5　西室泰三側近へのインタビュー。2016年2月19日。
*6　藤谷和男広報室長の記者会見。1997年10月30日。
*7　西室泰三への取材。1997年10月30日。
*8　総会屋事件の調査結果について藤谷和男広報室長へのインタビュー。1997年12月3日。
*9　西室泰三へのインタビュー。1998年2月9日。
*10 同。1998年5月20日。
*11 佐藤文夫へのインタビュー。2016年2月19日。
*12 香山晋へのインタビュー。2016年3月10日。
*13 東芝第三者委員会「調査報告書」(p283)など。

●ウェルチと出井

*1　西室泰三へのインタビュー。1998年5月20日。
*2　ジャック・ウェルチへのインタビュー。1998年10月9日。
*3　ジャック・ウェルチ『わが経営(下)』(日本経済新聞社)、p350。
*4　佐藤文夫へのインタビュー。2017年3月17日。
*5　取締役会出席者へのインタビュー。2017年4月19日。

●選択と集中

*1　西室泰三へのインタビュー。1998年5月20日。
*2　東芝の西室泰三社長、テックの久保光生社長らの記者会見。1998年8月27日。
*3　森健一へのインタビュー。2016年3月4日。
*4　東芝の元広報担当者への電話取材。2017年4月24日。
*5　ここまでの西室泰三のコメントは西室の記者会見。1998年8月31日。
*6　宮本俊樹へのインタビュー。1998年1月24日。
*7　金井務へのインタビュー。1997年12月17日。
*8　日本経済新聞、1998年5月12日。
*9　「週刊ダイヤモンド」、1998年7月11日号。
*10 朝日新聞、1998年9月1日。

●総合電機のスター

*1　「経済界」、1996年10月8日号、「〝異色〞西室泰三社長の誕生で東芝はどう変わるのか」。
*2　西室泰三へのインタビュー。1998年9月22日。
*3　森本泰生へのインタビュー。1998年9月21日。
*4　同。1999年5月29日。

●フロッピー事件

*1　「創」、2000年1・2月号、「東芝告発ホームページ事件の全経緯と波紋」。
*2　以下、訴状の引用は「週刊東洋経済」、1999年11月27日号、「米国巨大司法リスクの恐怖――特集　東芝1100億円和解に隠された新事実」による。
*3　社内連絡会出席者へのインタビュー。2017年4月27日。
*4　溝口哲也へのインタビュー。2017年5月18日。
*5　東芝元副社長へのインタビュー。2017年4月7日。
*6　朝日新聞、1999年10月29日夕刊。
*7　「SAPIO」、2000年5月10日号、徳本栄一郎「東芝から1100億円を勝ち取った辣腕弁護士の『我に正義あり』」。

*8　同席していた元室長へのインタビュー。2017年3月22日。

●**四副社長の反乱**

*1　森本泰生へのインタビュー。1998年8月31日。
*2　以上のやり取りは浅野友伸へのインタビュー。2017年4月5日、14日。
*3　西室泰三に呼び集められた側近へのインタビュー。2017年4月19日。
*4　ここまでは二人の元副社長へのインタビューなどによる。2016年3月22日、23日。
*5　人事部門の元幹部へのインタビュー。2016年3月15日、4月8日。
*6　佐藤文夫へのインタビュー。2017年3月25日。
*7　西室泰三への取材。1998年12月11日。
*8　「テーミス」、2000年8月号、岡村正「東芝の業績を必ず好転させる!」。
*9　「経済界」、2000年10月10日号、「佐藤正忠の核心interview」。
*10　幹部会出席者へのインタビュー。2017年4月27日。

●**院政の開始**

*1　「月刊BOSS」、2008年4月号、新森の清談。
*2　片山恒雄への電話取材。2017年4月30日。
*3　人事部門の元幹部へのインタビュー。2016年3月15日。
*4　岡村正へのインタビュー。2002年4月19日。
*5　長谷川直人へのインタビュー。2002年4月2日。
*6　ここまでの岡村正のコメントはすべて彼へのインタビュー。2002年4月19日。
*7　福田秀敬へのインタビュー。2002年4月3日。
*8　西室泰三側近へのインタビュー。2017年4月27日。
*9　副社長と同席していた元広報室長へのインタビュー。2017年4月27日。

第三章　奇跡のひと

●**パソコンの出血**

*1　岡村正へのインタビュー。2016年4月6日。
*2　溝口哲也へのインタビュー。2016年2月20日。
*3　岡村正の記者会見。2003年9月16日。
*4　島上清明の記者会見。1998年5月25日。
*5　パソコン事業部の元幹部へのインタビュー。2016年5月6日。

●**小さなジョブズ**

*1　「東芝レビュー」、Vol.56、2001年、歴史を刻んだ東芝の技術12、ノートパソコン。
*2　溝口哲也へのインタビュー。2016年2月20日。
*3　田中宣幸へのインタビュー。2017年5月10日。
*4　東芝の元欧州駐在員へのインタビュー。2016年2月19日。

●**種まき権兵衛**

*1　長田貴仁『経営は言葉である　東芝・西田厚聰の発信力』(光文社)、p109。
*2　ここまでの記述は、三重県の県政だより「みえ」における県知事との対談による。
*3　便ノ山時代の記述は、濱田芳英、世古義明ら近所の人たちへの取材による。2017年5月31

日。
*4 『経営は言葉である』、p111。
*5 浜野耕一郎への電話取材。2017年5月15日。
*6 加藤節へのインタビュー。2017年5月17日。
*7 丸山真男『「文明論之概略」を読む(下)』(岩波書店)、p328〜330。
*8 「文藝春秋」、2006年10月号、西田厚聰「日の丸半導体はサムスンに勝つ」。
*9 「プレジデント」、2008年10月13日号、児玉博「世界を震撼させる『鯨』と『鰯』の二刀流経営」。
*10 西田厚聰へのインタビュー。2008年6月5日。
*11 『経営は言葉である』、p84〜85。
*12 西田厚聰への取材。2017年6月10日。
*13 同。

●イラン現地採用

*1 矢嶋利勇へのインタビュー。2017年5月19日。
*2 『経営は言葉である』、p111。
*3 「月刊BOSS」、2005年11月号。西田厚聰インタビュー。
*4 東芝の広報担当者への取材。2008年6月2日。
*5 西田厚聰への取材。2017年6月10日。
*6 『経営は言葉である』、p83〜84。
*7 「文藝春秋」、2006年10月号、西田厚聰「日の丸半導体はサムスンに勝つ」。
*8 東芝の広報担当者への取材。2008年6月2日。
*9 西田厚聰へのインタビュー。2008年6月5日。
*10 矢嶋利勇へのインタビュー。2017年5月19日。
*11 能仲久嗣への取材。2016年3月4日。
*12 西田厚聰の元部下へのインタビュー。2016年4月18日。

●「社長になりたい」

*1 ここまでは溝口哲也へのインタビュー。2016年4月26日。
*2 西田厚聰の部下の事業部長へのインタビュー。2016年2月22日。
*3 ここまでのエピソードは西室泰三側近へのインタビューによる。2016年2月22日、2017年3月23日。
*4 久保誠へのインタビュー。2017年7月1日。
*5 ここまでの元副社長とは、東芝元副社長の匿名を条件にしたインタビューによる。2016年2月12日、同25日。

●一年お預け

*1 東芝元副社長へのインタビュー。2016年2月25日。
*2 岡村正へのインタビュー。2016年4月6日。
*3 *1と同。
*4 「文藝春秋」、2003年8月号、片山善博「西室東芝会長は官僚に操られている」。
*5 「日経ビジネス」、2003年6月23日号、杉山俊幸「『経団連人事』絡み不信増大」など。
*6 西室泰三へのインタビュー。2003年1月9日。

●バイセル取引

*1 ここまでの田中久雄のプロフィールについては溝口哲也へのインタビュー。2016年2月17日、

20日。
*2　元副社長へのインタビュー。2016年4月28日。
*3　西田厚聰の元部下へのインタビュー。2017年7月1日。
*4　東芝第三者委員会「調査報告書」、p219、および付属資料。
*5　役員責任調査委員会「調査報告書」、p65〜66。
*6　ここまでの記述は、東芝第三者委員会「調査報告書」、p219〜223、役員責任調査委員会「調査報告書」、p74〜76。
*7　西田厚聰への取材。2016年2月26日。
*8　村岡富美雄への取材。2016年4月14日。

●**学識自慢**

*1　「週刊新潮」、2005年4月7日号。
*2　西田厚聰へのインタビュー。2008年6月5日。
*3　長谷川直人へのインタビュー。2008年6月2日。

第四章　原子力ルネサンス

●**高値づかみ**

*1　電気新聞、2006年11月28日。佐々木則夫へのインタビュー記事。
*2　日本経済新聞、2005年7月9日。
*3　朝日新聞、2006年10月18日。
*4　同、2006年6月8日。
*5　ここまでの売却の経緯は、東芝の3人の副社長、社長、三菱重工業の担当役員と広報担当者への2016年2月〜4月にかけての複数のインタビューによって構成した。

●**失敗コングロマリット**

*1　ハワード・ミラーへのインタビュー。1999年1月14日。
*2　マイケル・ジョーダンへのインタビュー。1999年1月11日。
*3　トニー・ウォレスへのインタビュー。1999年1月14日。
*4　東芝元役員へのインタビュー。2017年2月15日。

●**二〇〇六年体制**

*1　東芝の担当役員へのインタビュー。2016年3月2日。
*2　三菱重工の関係幹部へのインタビュー。2016年3月3日。
*3　ここまでの記述は拙著『メルトダウン』(講談社)執筆時の取材によった。

●**危機意識**

*1　香山晋へのインタビュー。1998年10月4日。
*2　藤井美英へのインタビュー。1999年3月4日。
*3　鈴木紘一へのインタビュー。2017年6月14日。
*4　「週刊東洋経済」、2007年12月8日号、「TOP INTERVIEW　西田厚聰」。
*5　東芝の元常務の経営悪化分析ペーパーおよびインタビューによる。2016年3月10日。
*6　「週刊ダイヤモンド」、2009年9月12日号、「編集長インタビュー　東芝社長　佐々木則夫」。

● 「我慢できない男」

*1 「AGORA」、2010年4月号。
*2 ここまでの佐々木の発言は、「文藝春秋」、2009年12月号の佐々木則夫「原子力で売上げ一兆円を目指す」による。
*3 田井一郎へのインタビュー。2016年3月14日。
*4 東芝の元部長へのインタビュー。2016年3月15日。
*5 庭野征夫へのインタビュー。2017年6月12日。
*6 佐々木則夫の元部下へのインタビュー。2017年4月6日。
*7 「文藝春秋」、2009年12月号の佐々木則夫「原子力で売上げ一兆円を目指す」。
*8 奈良林直へのインタビュー。2017年4月6日。
*9 佐々木則夫と庭野征夫への取材。2007年12月12日。
*10 佐々木則夫の先輩役員へのインタビュー。2016年3月2日。
*11 西田厚聰への取材(2017年6月10日)と電話取材(2017年6月26日)。

● リーマンショック

*1 元役員へのインタビュー。2016年3月2日。
*2 西田厚聰への取材(2017年6月10日)と元副社長へのインタビュー(2016年2月12日)。
*3 三菱重工の元担当役員への取材。2017年3月25日。
*4 元副社長へのインタビュー。2016年3月8日。
*5 西田厚聰の先輩の元役員へのインタビュー。2016年2月25日。
*6 岡村正の談話はいずれも本人へのインタビュー。2016年4月6日。
*7 元副社長へのインタビュー。2016年3月8日。
*8 「経済界」、2009年5月26日号。
*9 西田厚聰への取材。2016年2月26日。

第五章　内戦勃発

● 原発爆発

*1 ここまでの官邸におけるやり取りは日比野靖へのインタビューによる。2017年6月28日。
*2 「週刊ダイヤモンド」、2009年9月12日号、「編集長インタビュー　東芝社長　佐々木則夫」。
*3 前田匡史へのインタビュー。2013年11月1日。
*4 三又裕生へのインタビュー。2013年10月22日。
*5 経産省作成の機密資料「原子力エネルギー再復興へ向けて」。2011年3月21日。
*6 畠澤守へのインタビュー。2013年11月14日。
*7 朝日、毎日、読売、共同、日経などのインタビュー記事による。2011年4月15日。
*8 「日経ビジネス」、2011年8月29日号、「編集長インタビュー　佐々木則夫氏　東芝社長」。
*9 米倉和義へのインタビュー。2013年10月18日。
*10 大串博志へのインタビュー。2017年3月24日。
*11 佐々木則夫への取材。2013年11月11日。

● 粉飾の増殖

*1 ここまでは証券取引等監視委員会幹部(2016年8月30日)、東芝元幹部(2017年7月5日)へのインタビューによる。

*2　東芝第三者委員会「調査報告書」、p224〜226。
*3　役員責任調査委員会「調査報告書」、p81。
*4　東京地裁に提出した陳述書。2016年7月12日。
*5　ここまでは証券取引等監視委員会幹部（2016年8月30日）、久保誠へのインタビュー（2017年7月1日）及び、東芝第三者委員会「調査報告書」、p200〜229。
*6　能仲久嗣への取材。2016年3月4日。
*7　久保誠へのインタビュー（2017年7月1日）と西田厚聰への電話取材（2017年6月26日）。

●子供の喧嘩

*1　西田厚聰への取材。2017年6月10日。
*2　ここまでは久保誠（2017年7月1日）、西田厚聰（17年6月10日）、匿名を条件とした当時の取締役（2016年3月14日）の3人への取材で構成した。
*3　社外取締役へのインタビュー。2017年5月11日。
*4　甘利明大臣会見。2012年12月28日。
*5　久保誠へのインタビュー。2017年7月1日。
*6　田井一郎へのインタビュー。2016年3月14日。
*7　庭野征夫へのインタビュー。2016年3月8日。

●サプライズ人事

*1　元東芝常任顧問へのインタビュー。2016年3月5日。
*2　西田厚聰への電話取材。2016年6月26日。
*3　森健一へのインタビュー。2016年3月4日。
*4　朝日新聞、けいざい深話「東芝サプライズ人事」。2013年4月24日〜27日。
*5　「週刊現代」、2013年6月1日号。
*6　*2と同。
*7　伊丹敬之と小杉丈夫への電話取材。2017年7月4日。

●プロジェクト・ルビコン

*1　関係幹部へのインタビュー。2017年7月6日、7月15日。
*2　東芝第三者委員会「調査報告書」、p188。関係幹部へのインタビュー（同）。
*3　同、p231。関係幹部へのインタビュー（同）。
*4　ここまでは久保誠へのインタビュー。2017年7月1日。
*5　ウェスチングハウス社AP-1000コストオーバーラン報告。2014年1月6日。
*6　財務部門幹部へのインタビュー。2017年7月5日。

●内部告発

*1　証券取引等監視委員会元幹部へのインタビュー。2016年5月12日。
*2　久保誠へのインタビュー。2017年7月5日。
*3　東芝第三者委員会「調査報告書」、p44〜51。
*4　同、p58〜65。
*5　証券取引等監視委員会元幹部へのインタビュー。2016年5月12日。
*6　ここまでは入手した様々なメールや内部告発文に依拠した。

第六章　崩壊

●疑惑発覚

*1　ここまでは東芝元副社長への電話取材による。2017年8月22日。
*2　東芝の元社外取締役へのインタビュー。2017年5月11日。
*3　東芝元副社長へのインタビュー。2017年7月5日。
*4　同。
*5　ここまでは入手した様々な電子メールによる。
*6　東芝第三者委員会「調査報告書」、p14。
*7　新日本監査法人の二人のパートナーへのインタビュー。2015年8月5日。
*8　金融庁幹部二人へのインタビュー。2015年8月20日。
*9　新日本のパートナーへのインタビュー。2016年2月10日。
*10 新日本の大久保和孝経営専務理事へのインタビュー。2017年3月9日。

●検察の姿勢

*1　金融庁審議官級幹部へのインタビュー。2016年8月10日。
*2　「日経ビジネス」、2015年11月23日号など。
*3　証券取引等監視委員会の佐々木清隆事務局長へのインタビュー。2016年8月17日。
*4　ここまでは証券取引等監視委員会の複数の幹部と東芝の関係者への2015年8月〜2017年5月までのインタビューによる。

●切り売り

*1　東芝元財務担当役員への電話取材。2017年7月15日。
*2　ここまでの半導体の記述は元副社長への2016年2月12日、2月25日、3月16日の3回のインタビューによる。なお、小林清志本人は自身の関与については「根も葉もない話」と否定した。
*3　平田政善への取材。2016年6月11日。
*4　浅野友伸へのインタビュー。2017年4月14日。
*5　久保誠へのインタビュー。2017年7月5日。
*6　柳瀬唯夫へのインタビュー。2015年9月17日。

●減損の代償

*1　本件に詳しい関係者へのインタビュー。2017年8月2日。
*2　横瀬元治への取材。2016年5月2日。
*3　平田政善への取材。2017年2月28日。

●「日の丸」再編

*1　ここまでの記述は三菱重工幹部へのインタビュー(2017年2月22日、3月1日)と宮永への取材(2017年3月6日)。
*2　東芝取締役への取材。2016年6月11日。
*3　中西宏明への取材。2016年6月2日。
*4　平野達男への電話取材。2017年1月13日。

●「騙された」

*1　参加者への取材。2017年2月23日。
*2　ダニエル・ロデリックが社員に向けたメールより引用。

*3　元副社長へのインタビュー。2017年3月3日。
*4　東芝のニュースリリース「CB&Iの米国子会社買収に伴うのれん及び損失計上の可能性について」に添付された参考資料「米国CB&Iストーン・アンド・ウェブスター社の買収完了について（2016年1月5日適時開示）」。2016年12月27日。
*5　畠澤守の記者会見における説明。2017年2月14日。
*6　東芝のニュースリリース「CB&Iの米国子会社買収に伴うのれん及び損失計上の可能性について」に添付された参考資料「米国CB&Iストーン・アンド・ウェブスター社の買収完了について（2016年1月5日プレスリリース）」。2016年12月27日。
*7　東芝の記者会見における佐藤良二取締役監査委員会委員長の報告（2017年2月14日）と広報担当者の補足説明（7月25日）。
*8　佐藤良二の記者会見。2017年4月11日。
*9　綱川智の記者会見。2017年3月29日。
*10　平田政善への取材。2017年2月28日。

●**統治不能**

*1　ソフトバンクの元社長室スタッフへの電話取材。2017年1月13日。
*2　荒井勝喜へのインタビュー。2015年1月15日、同24日、2016年2月24 日、同3月1日。
*3　経産省課長への匿名を条件にしたインタビュー。2017年1月12日。
*4　平野博文へのインタビュー。2017年8月4日。
*5　郭台銘の記者会見。2017年6月22日。
*6　事情に明るい金融関係者へのインタビュー（2017年8月23日）とKKRの平野へのインタビュー（2017年8月25日）。

参考文献

●『東芝百年史』(1977年)

●三鬼陽之助『東芝の悲劇』(1966年、光文社)
●土光敏夫『私の履歴書』(2012年、日本図書センター)
●河合薫『私が絶望しない理由』(2008年、プレジデント社)
●城山三郎『もう、きみには頼まない　石坂泰三の世界』(1998年、文春文庫)
●高雄宏政『リーダーの決断』(2001年、世界文化社)
●大下英治『ドキュメント東芝の悲劇　次に狙われるのはどこか』(1987年、ダイヤモンド社)
●春名幹男『スクリュー音が消えた　東芝事件と米情報工作の真相』(1993年、新潮社)
●麻倉怜士『DVD　12センチ・ギガメディアの夢と野望』(1996年、オーム社)
●ジャック・ウェルチ、ジョン・A・バーン著、宮本喜一訳『わが経営(上・下)』(2001年、日本経済新聞社)
●前屋毅『全証言　東芝クレーマー事件』(2000年、小学館文庫)
●長田貴仁『経営は言葉である　東芝・西田厚聰の発信力』(2010年、光文社)
●丸山真男『「文明論之概略」を読む(下)』(1986年、岩波新書)
●松本清張『火の路』(1978年、文春文庫)
●大鹿靖明『メルトダウン　ドキュメント福島第一原発事故』(2013年、講談社文庫)
●竹内健『世界で勝負する仕事術』(2012年、幻冬舎新書)
●小笠原啓『東芝　粉飾の原点』(2016年、日経BP社)

●東芝第三者委員会「調査報告書」(2015年7月20日)
●役員責任調査委員会「調査報告書」(2015年11月7日)

大鹿靖明（おおしか・やすあき）
一九六五年、東京生まれ。早稲田大学政治経済学部政治学科卒業。ジャーナリスト。著書に『ヒルズ黙示録検証・ライブドア』（朝日新聞社）、『ヒルズ黙示録・最終章』（朝日新書）、『堕ちた翼 ドキュメントJAL倒産』（朝日新聞出版）、『ジャーナリズムの現場から』（講談社現代新書）。『メルトダウン ドキュメント福島第一原発事故』（講談社）で第三十四回講談社ノンフィクション賞を受賞。築地の新聞社に勤務。二〇一七年、労組委員長選に立候補し、落選。

東芝の悲劇

二〇一七年九月二〇日　第一刷発行

著者　大鹿靖明
発行者　見城徹
発行所　株式会社　幻冬舎
〒一五一-〇〇五一　東京都渋谷区千駄ヶ谷四-九-七
電話　編集〇三-五四一一-六二一一
営業〇三-五四一一-六二二二
振替　〇〇一二〇-八-七六七六四三
印刷・製本所　中央精版印刷株式会社

検印廃止
万一、落丁乱丁のある場合は送料小社負担でお取替致します。小社宛にお送り下さい。

ISBN978-4-344-03175-3 C0095 Printed in Japan
幻冬舎ホームページアドレス http://www.gentosha.co.jp/
この本に関するご意見・ご感想をメールでお寄せいただく場合は、comment@gentosha.co.jpまで。